"互联网＋"
新形态教材

普通高等教育"十三五"精品规划教材

机械设计制造及其自动化专业课程群系列

机电传动控制

主　编　张发军
副主编　钟先友

中国水利水电出版社
www.waterpub.com.cn

·北京·

内 容 提 要

机电传动控制是机械工程、电子科学、自动控制等学科相交叉所形成的一门科学技术。它包括电动机、电气控制电路以及电动机和运动部件相互联系的传动机构。其主要目的是研究解决与实际工程中运动的传动与控制问题。

本书以机电系统中运动的传动和控制为两条主线，分别叙述了机电传动系统动力学基础及其过渡过程与稳定运行要求；结合实际操作需求介绍了电机常用控制元件与基本电路；说明了直流电动机、交流电动机和常用控制电动机的工作原理及其结构特点，重点分析了直流电动机和三相异步电动机的机械特性以及它们启动、制动与调速的原理和相关知识；最后简要介绍了机电传动系统 PLC 变频控制基础等相关知识和典型设备电气控制线路的解读方法。

为便于读者学习，每章开头部分都有目标与解惑部分，用来引入主题知识点，并配有相关设备、数控机床的质疑图片，而每章结束部分均有对本章知识点的小结与拓展，并附有思考与习题。

本书可作为高等院校"机械制造及其自动化""机械设计及理论""机械电子工程"和"电气工程及自动化"等专业"机电传动控制"课程的本科生与研究生教材，也可供从事机电传动及其自动控制领域的工程技术人员阅读与参考。

本书提供免费的教学课件，可以到中国水利水电出版社网站下载，网址为：http://www.waterpub.com.cn/。

图书在版编目（ＣＩＰ）数据

机电传动控制 / 张发军主编. -- 北京 : 中国水利
水电出版社，2018.7（2023.7重印）
　普通高等教育"十三五"精品规划教材. 机械设计制造
及其自动化专业课程群系列
　ISBN 978-7-5170-6110-6

Ⅰ．①机… Ⅱ．①张… Ⅲ．①电力传动控制设备－高
等学校－教材 Ⅳ．①TM921.5

中国版本图书馆CIP数据核字(2017)第304615号

书　　名	普通高等教育"十三五"精品规划教材 **机电传动控制**　JIDIAN CHUANDONG KONGZHI
作　　者	主　编　张发军 副主编　钟先友
出版发行	中国水利水电出版社 （北京市海淀区玉渊潭南路 1 号 D 座　100038） 网址：www.waterpub.com.cn E-mail：zhiboshangshu@163.com 电话：(010) 62572966-2205/2266/2201（营销中心）
经　　售	北京科水图书销售有限公司 电话：(010) 68545874、63202643 全国各地新华书店和相关出版物销售网点
排　　版	北京智博尚书文化传媒有限公司
印　　刷	三河市龙大印装有限公司
规　　格	184mm×260mm　16 开本　14.5 印张　349 千字
版　　次	2018 年 7 月第 1 版　2023 年 7 月第 2 次印刷
印　　数	3001—4500 册
定　　价	39.00 元

▶▶▶▶▶ 前言
PREFACE

很早以前，作者就想依据一个有着时代特征与专业鲜明的系统设备，来将机电传动控制的相关内容集成整合为一本专业教材，以飨读者，如今就真有了这样一个代表性很强的系统装置——数控机床。

数控机床的基本组成包括加工程序载体、数控装置、伺服驱动装置、机床主体和其他辅助装置，而各个组成装置部分就是机电传动与控制的核心内容。作为工程专业技术人员，通过一个系统设备的各个组成环节来认识机电传动控制课程的核心内容，是符合读者认知、学习本书知识体系的规律的。

全书围绕数控机床中所涉及的机电传动控制技术，先后引入各个章节的学习内容。书中每一章节主要是针对初学者看着一种装有程序控制系统的自动化机床而思索的几个相关问题而展开系统讲述。围绕着机电传动控制的系统动力学基础、系统过渡稳定、传统控制元件、传统控制方法、直流电机特性、交流电机特性、控制电机种类、电机启动与调速、PLC 变频控制技术和典型设备控制线路而展开编写。

本书特色主要是：以一个初学者面对数控机床的众多疑问为主线，向读者讲授机电传动控制中的基本概念、基本理论、基本方法和典型应用实例，将编者的科研成果与现代传动控制技术的发展现状及其发展趋势紧密结合起来。在内容安排上考虑到机械专业特点，对涉及过深的电机学、计算机控制以及信息处理等方面仅仅从概念上加以说明，并在相关地方印有二维码，以便需要更深入了解的读者快速索引。前言后附有本书二维码资源列表。在内容上不求高深，力求做到循序渐进、由浅入深，既让读者全面掌握机电传动控制的基本知识，又让读者对现代机电传动控制领域的发展前景有一个较全面的了解。

本书是以编者 20 余年来在机电传动控制教学与研究中的心得、体会与成果为基础，借鉴国内外同行最新研究成果，为满足新时期本科和研究生教学改革与发展的具体要求而编写的。

图书资源总码

在编写过程中，硕士研究生张烽、杨先威、杨晶晶、佘奕、明晓杭、宋钰青、邓安禄等协助编者做了大量的编辑工作，在此深表感谢。

由于编者水平所限，敬请读者对书中的缺点错误提出宝贵批评和意见。

编者
2018 年 3 月

机电传动控制全书二维码链接页码表

序号	章目	资源名称	资源种类	页码
1	第1章	滚珠丝杠	视频	5
2		惯量匹配原则	文档	12
3		黏性阻尼	视频	12
4	第2章	机械爬行现象	视频	27
5		间隙对稳定影响	视频	30
6	第3章	按钮	视频	34
7		行程开关	视频	34
8		光电开关	文档	37
9		接近传感器	视频	36
10		断路器	视频	38
11		空气开关	视频	38
12		继电器原理	视频	40
13		万能转换开关	视频	39
14		电磁继电器	文档	41
15		固态继电器	文档	46
16		固态继电器技术参数	文档	48
17		电动机单方向控制	视频	51
18		电动机正反控制	视频	52
19		熔断器	视频	56
20		熔断器选用	视频	56
21	第4章	电动机驱动正反启停控制演示	视频	65
22		电动机PLC控制演示	视频	77
23	第5章	直流电动机工作原理	视频	82
24		直流电动机结构	视频	82
25	第6章	电动机绕组头尾	视频	102
26		能耗及反接制动	视频	111
27		电动机类型选择	视频	116
28	第7章	步进电动机特点	视频	119
29		直流发电机	视频	129
30		直线电动机	视频	138
31		音圈电动机	视频	139
32	第8章	三相异步电动机启动调试与运行	视频	149
33		变频原理	视频	157
34	第9章	PLC工作周期及过程	文档	173

C ▶▶▶▶▶ 目录
ONTENT

第1章

机电传动系统动力学基础知识

【目标与解惑】

（1）熟悉电力拖动系统的运动方程、运动状态分析；

（2）掌握生产机械负载转矩特性几种类型和各自特点；

（3）掌握生产机械系统中转动惯量的几种折算方法；

（4）理解飞轮矩的计算及其惯量匹配原则；

（5）理解恒功率电动机与恒转矩电动机的概念；

（6）了解机电传动系统中动力学的意义。

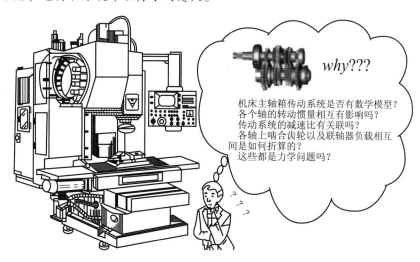

1.1 机电传动系统数学模型建立

1.1.1 机械平动系统数学模型

机械平动系统的基本元件是质量、阻尼和弹簧。建立机械平动系统数学模型的基本原理是牛顿第二定律。

下面以图 1-1（a）所示的组合机床动力滑台铣平面为例说明平动系统的建模方法。

设动力滑台的质量为 m，液压缸的刚度为 k，黏性阻尼系数为 c，外力为 $f(t)$。若不计动力滑台与支承之间的摩擦力，则系统可以简化为图 1-1（b）所示的力学模型。由牛顿第二定律知，系统的运动方程为

$$m\ddot{x} + c\dot{x} + kx = f(t)$$

对上式取拉氏变换，得到系统的传递函数为

$$\frac{X_0(s)}{F(s)} = \frac{1}{ms^2 + cs + k} \tag{1-1}$$

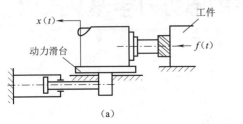
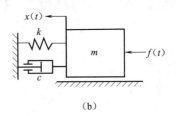

图 1-1　动力滑台铣平面及其力学模型

（a）动力滑台铣平面；（b）系统力学模型

1.1.2　机械转动系统数学模型

机械转动系统的基本元件是转动惯量、阻尼器和弹簧。建立机械转动系统数学模型的基本原理仍是牛顿第二定律。

简单扭摆的工作原理如图 1-2 所示，图中 J 为摆锤的转动惯量；c 为摆锤与空气间的黏性阻尼系数；k 为扭簧的弹性刚度；$T(t)$ 为加在摆锤上的扭矩；$\theta(t)$ 为摆锤转角。则系统的运动方程为

$$J\ddot{\theta} + c\dot{\theta} + k\theta = m(t) \tag{1-2}$$

对式（1-2）取拉氏变换，得系统的传递函数为

$$\frac{\theta(s)}{m(s)} = \frac{1}{Js^2 + cs + k} \tag{1-3}$$

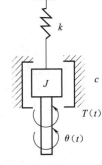

图 1-2　简单扭摆的工作原理

1.1.3　机电拖动系统数学模型

图 1-3 所示为单轴拖动系统，它是由电动机 M 产生转矩 T_M，用来克服负载转矩 T_L，以带动产生机械运动，当这两个转矩平衡时，传动系统维持恒速转动，转速 n 或角速度 ω 不变，加速度 dn/dt 或角加速度 $d\omega/dt$ 等于零，即 $T_M = T_L$ 时，n 为常数，$dn/dt = 0$ 或 $\omega =$ 常数，$d\omega/dt = 0$，这种运动状态称为静态（相对静止状态）或稳态（稳定运转状态）。

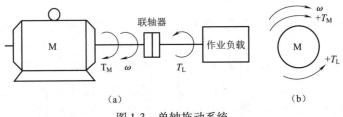

图 1-3　单轴拖动系统

（a）传动系统图；（b）转矩与转速方向

当 $T_M \neq T_L$ 时，速度（n 或 ω）就要变化，产生加速或减速，速度变化的大小与传动系统的转动惯量 J 有关，把上述的这些关系用方程式表示，即为

$$T_M - T_L = J \frac{\mathrm{d}\omega}{\mathrm{d}t} \tag{1-4}$$

这就是单轴机电传动系统的运动方程式。

式中：T_M 为电动机产生的转矩；T_L 为单轴传动系统的负载转矩；J 为单轴传动系统的转动惯量；ω 为单轴传动系统的角速度；t 为时间。

在实际工程计算中，往往用转速 n 代替角速度 ω，用飞轮惯量（也称飞轮转矩）GD^2 代替转动惯量 J，由于 $J = m\rho^2 = mD^2/4$，其中，ρ 和 D 定义为惯性半径和惯性直径，而质量 m 和重力 G 的关系是 $G = mg$，g 为重力加速度，所以，J 与 GD^2 的关系为

$$(J)_{\mathrm{kg \cdot m^2}} = (m)_{\mathrm{kg}} (R^2)_{\mathrm{m^2}} = \frac{(GD^2)_{\mathrm{N \cdot m^2}}}{4 (g)_{\mathrm{m/s^2}}} \tag{1-5}$$

或

$$(GD^2)_{\mathrm{N \cdot m^2}} = 4 (g)_{\mathrm{m/s^2}} (J)_{\mathrm{kg \cdot m^2}}$$

且

$$(\omega)_{\mathrm{rad/s}} = \frac{2\pi}{60} (n)_{\mathrm{r/min}} \tag{1-6}$$

将式（1-5）和式（1-6）代入式（1-4），就可得运动方程式的实用形式：

$$(T_M)_{\mathrm{N \cdot m}} - (T_L)_{\mathrm{N \cdot m}} = \frac{(GD^2)_{\mathrm{N \cdot m^2}}}{375} \frac{\mathrm{d}(n)_{\mathrm{r/min}}}{\mathrm{d}(t)_{\mathrm{s}}} \tag{1-7}$$

式中：常数 375 包含着 $g = 9.8 \mathrm{\ m/s^2}$，故它有加速度的量纲。GD^2 是个整体物理量。运动方程式是研究机电传动系统最基本的方程式，它决定着系统运动的特征。

当 $T_M > T_L$ 时，加速度 $\varepsilon = \dfrac{\mathrm{d}\omega}{\mathrm{d}t}$ 为正，系统为加速运动状态。

当 $T_M = T_L$ 时，加速度 $\varepsilon = \dfrac{\mathrm{d}\omega}{\mathrm{d}t}$ 为零，系统为静止或匀速运动状态。

当 $T_M < T_L$ 时，加速度 $\varepsilon = \dfrac{\mathrm{d}\omega}{\mathrm{d}t}$ 为负，系统为减速运动状态。

系统处于加速或减速的运动状态称为动态，处于动态时，系统中必然存在一个动态转矩

$$(T_d)_{\mathrm{N \cdot m^2}} = \frac{(GD^2)_{\mathrm{N \cdot m^2}}}{375} \frac{\mathrm{d}(n)_{\mathrm{r/min}}}{\mathrm{d}(t)_{\mathrm{s}}} \tag{1-8}$$

它使系统的运动状态发生变化。这样运动方程式也可以写成转矩平衡方程式

$$T_M - T_L = T_d \quad 或 \quad T_M = T_L + T_d \tag{1-9}$$

就是说，电动机所产生的转矩在任何情况下，总是由轴上的负载转矩（即静态转矩）和动态转矩之和所平衡。

当 $T_M = T_L$ 时，$T_d = 0$，表示没有动态转矩，系统恒速运转，即系统处于稳态。稳态时，电动机发出转矩的大小，仅由电动机所带的负载（生产机械）所决定。

值得指出的是，图 1-3（b）中关于转矩正方向的约定：由于传动系统有各种运动状态，相应的运动方程式中的转速和转矩就有不同的符号。因为，电动机和生产机械以共同的转速旋转，所以，一般以转动方向为参考来确定转矩的正负。设电动机某一转动方向的转速 n 为

正，则约定电动机转矩 T_M 与 n 一致的方向为正向，负载转矩 T_L 与 n 相反的方向为正向，根据上述约定就可以从转矩与转速的符号上判定 T_M 与 T_L 的性质了。

若 T_M 与 n 符号相同（同为正或同为负），则表示 T_M 的作用方向与 n 相同，T_M 为拖动转矩；若 T_M 与 n 符号相反，则表示 T_M 的作用方向与 n 相反，T_M 为制动转矩。若 T_L 与 n 符号相同，则表示 T_L 的作用方向与 n 相反，T_L 为制动转矩；若 T_L 与 n 符号相反，则表示 T_L 的作用方向与 n 相同，T_L 为拖动转矩。

例如：如图 1-4 所示，在提升重物过程中，判定起重机启动和制动时电动机转矩 T_M 和负载转矩 T_L 的符号。设重物提升时电动机旋转方向为 n 的正方向。

启动时：如图 1-4（a）所示，电动机拖动重物上升，T_M 与 n 正方向一致，T_M 取正号；T_L 与 n 方向相反，T_L 亦取正号。这时的运动方程式为

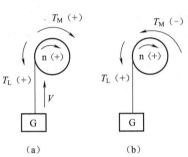

图 1-4 T_M、T_L 符号的判定
（a）启动时；（b）制动时

$$(T_M)_{N \cdot m} - (T_L)_{N \cdot m} = \frac{(GD^2)_{N \cdot m^2}}{375} \frac{d(n)_{r/min}}{d(t)_s}$$

要能提升重物，必存在 $T_M > T_L$，即动态转矩 $T_d = T_M - T_L$ 和加速度 $a = \dfrac{dn}{dt}$ 均为正，系统加速运行。

制动时：如图 1-4（b）所示，仍是提升过程，n 为正，只是此时要电动机制止系统运动，所以，T_M 与 n 方向相反，T_M 取负号，而重物产生的转矩方向总是向下，和启动过程一样，T_L 仍取正号，这时运动方程式为

$$-(T_M)_{N \cdot m} - (T_L)_{N \cdot m} = \frac{(GD^2)_{N \cdot m^2}}{375} \frac{d(n)_{r/min}}{d(t)_s}$$

可见，此时动态转矩和加速度都是负值。它使重物减速上升，直到停止。制动过程中，系统中动能产生的动态转矩由电动机的制动转矩和负载转矩所平衡。

1.1.4 电动机转矩

1. 转矩与扭矩

使机械元件转动的力矩称为转动力矩，简称转矩。

机械元件在转矩作用下都会产生一定程度的扭转变形，故转矩有时又称为扭矩。

转矩是各种工作机械传动轴的基本载荷形式，与动力机械的工作能力、能源消耗、效率、运转寿命及安全性能等因素紧密联系。转矩的测量对传动轴载荷的确定与控制、传动系统工作零件的强度设计以及原动机容量的选择等都具有重要的意义。

转矩与功率的关系：$T = 9\,549\dfrac{P}{n}$。

电动机的额定转矩表示额定条件下电动机轴端输出转矩。转矩等于力与力臂或力偶臂的乘积，在国际单位制（SI）中，转矩的计量单位为牛顿·米（N·m）。电动机轴端输出转矩等于转子输出的机械功率除以转子的机械角速度。功率越大，转矩越大。同功率的电动机，磁极数大的转矩大。

电动机的转矩是一种力矩，力矩在物理中的定义是：力矩 = 力×力臂，这里的力臂就可以看成电动机所带动的物体的转动半径。电动机的转矩 = 皮带轮拖动皮带的力×皮带轮的半径。

电动机的转矩单位是 N·m（牛顿·米），计算公式是 $T = 9\,549\,\dfrac{P}{n}$。P 是电动机的额定（输出）功率，单位是千瓦（kW），额定转速 n 单位是转每分（r/min）。

2. 电动机转矩计算

电动机在机械工程特别是在机械加工切削过程中具有举足轻重的作用，对其主要参数——转矩的计算在不同工况下也有不同方法，下面就电动机在机械工程中的几种计算方法介绍如下：

1）快速空载启动时所需力矩

$$M = M_{amax} + M_f + M_0$$

2）最大切削负载时所需力矩

$$M = M_{at} + M_f + M_0 + M_t$$

3）快速进给时所需力矩

$$M = M_f + M_0$$

式中：M_{amax} 为空载启动时折算到电动机轴上的加速力矩，kgf·m；M_f 为折算到电动机轴上的摩擦力矩，kgf·m；M_0 为由于丝杠预紧引起的折算到电动机轴上的附加摩擦力矩，kgf·m；M_{at} 为切削时折算到电动机轴上的加速力矩，kgf·m；M_t 为折算到电动机轴上的切削负载力矩，kgf·m。

对于系统在采用滚动丝杠螺母传动时，M_a、M_f、M_0 和 M_t 的计算公式如下：

4）加速力矩

$$M_a = \frac{J_r n}{9.6T} \times 10^{-2}，（\text{kgf·m}）\qquad T = \frac{1}{17}s$$

式中：J_r 为折算到电动机轴上的总惯量；T 为系统时间常数，s；n 为电动机转速，r/min。

当 $n = n_{max}$ 时，计算 m_{max}；$n = n_t$ 时，计算 M_{at}。n_t 为切削时的转速，r/min。

5）摩擦力矩

$$M_f = \frac{F_0 \cdot s}{2\pi \cdot \eta \cdot i} \times 10^{-2}\ （\text{kgf·m}）$$

式中：F_0 为导轨摩擦力，kgf；s 为丝杠螺距，cm；i 为齿轮降速比；η 为传动链总效率；一般 $\eta = 0.7 \sim 0.85$。

6）附加摩擦力矩

$$M_0 = \frac{P_0 s}{2\pi \eta \cdot i}（1 - \eta_0^2）\times 10^{-2}\ （\text{kgf·m}）$$

式中：P_0 为滚珠丝杠预加载荷，kg·f；s 为丝杠螺距，cm；η 为传动链总效率；i 为齿轮降速比；η_0 为滚珠丝杠未预紧时的效率，计算公式可扫右侧二维码，一般 $\eta_0 \geqslant 0.9$。

7）切削力矩

$$M_t = \frac{P_t s}{2\pi \eta \cdot i} \times 10^{-2}\ （\text{kgf·m}）$$

视频课：滚珠丝杠传动

式中：P_t 为进给方向的最大切削力，kg·f；s 为丝杠螺距，cm；η 为传动链总效率；i 为齿轮降速比。

1.2 系统基本物理量的折算

在建立机械系统数学模型的过程中，经常会遇到基本物理量的折算问题，在此结合机械进给系统实例，介绍在系统建模中的基本物理量的折算问题。

1.2.1 负载转矩的折算

转矩折算是对系统进行的一种等效变换，其折算两大原则是功率守恒原则和能量守恒原则。上节所介绍的是单轴拖动系统的运动方程式，但实际的拖动系统一般都是多轴拖动系统，如图1-5所示。这是因为许多生产机械要求低速运转，而电动机一般具有的是较高的额定转速。这样，电动机与生产机械之间就得装设减速机构，如减速齿轮箱或蜗轮蜗杆、皮带等减速装置。在这种情况下，为了列出这个系统的运动方程，必须先将各转动部分的转矩和转动惯量或直线运动部分的质量都折算到某一根轴上，一般折算到电动机轴上，即折算成图1-3所示的最简单的典型单轴系统。折算时的基本原则是折算前的多轴系统与折算后的单轴系统，在能量关系或功率关系上保持不变。下面简单地介绍折算方法。

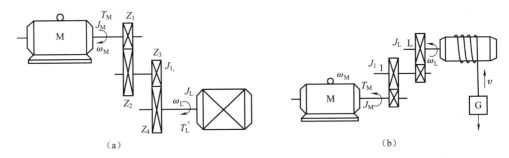

图1-5 多轴拖动系统

（a）旋转运动；（b）直线运动

负载转矩是静态转矩，可根据静态时功率守恒原则进行折算。

对于旋转运动，如图1-5（a）所示，当系统匀速运动时，生产机械的负载功率为

$$P_L' = T_L' \omega_L$$

式中：T_L' 和 ω_L 为生产机械的负载转矩和旋转角速度。

设 T_L' 折算到电动机轴上的负载转矩为 T_L，则电动机轴上的负载功率为

$$P_M = T_L \omega_M$$

式中：ω_M 为电动机转轴的角速度。

考虑到传动机构在传递功率的过程中有损耗。这个损耗可以用传动效率 η_c 来表示。即

$$\eta_c = \frac{输出功率}{输入功率} = \frac{T_L' \omega_L}{T_L \omega_M}$$

于是可得折算到电动机轴上的负载转矩

$$T_L = \frac{T_L' \omega_L}{\eta_c \omega_M} = \frac{T_L'}{\eta_c i} \tag{1-10}$$

式中：η_c 为电动机拖动生产机械运动时的传动效率；$i = \omega_M / \omega_L$，为传动机构的速比。

对于直线运动，图 1-5（b）所示的卷扬机构就是一例。若生产机械直线运动部件的负载力为 F，运动速度为 V，则所需的机械功率为

$$P'_L = FV$$

反映在电动机轴上的机械功率为

$$P_M = T_L \omega_M$$

式中：T_L 为负载力 F 在电动机轴上产生的负载转矩。

如果是电动机拖动生产机械旋转或移动，则传动机构中的损耗应由电动机承担，根据功率平衡关系就有

$$T_L \omega_M = FV/\eta_c$$

将 $(\omega)_{rad/s} = \dfrac{2\pi}{60}(n)_{r/min}$ 代入上式，可得

$$(T_L)_{N \cdot m} = 9.55 \frac{(F)_N (V)_{m/s}}{\eta_c (n_M)_{r/min}} \tag{1-11}$$

式中：n_M 为电动机轴的转速。

如果是生产机械拖动电动机旋转，如卷扬机构下放重物时，电动机处于制动状态，这种情况下传动机构中的损耗则由生产机械的负载来承担。于是有

$$T_L \omega_M = FV\eta'_c$$

或

$$(T_L)_{N \cdot m} = 9.55 \eta'_c \cdot (F)_N \cdot (V)_{m/s} \cdot (n_M)_{r/min} \tag{1-12}$$

式中：η'_c 为生产机械拖动电动机运动时的传动效率。

1.2.2　转动惯量的折算

转动惯量是物体转动时惯性的度量，转动惯量越大，物件的转动状态就越不容易改变（变速）。利用能量守恒定理可以实现各种运动形式的物体转动惯量的转换，将传动系统的各个运动部件的转动惯量折算到特定轴（一般是伺服电动机轴）上，然后将这些折算转动惯量（包括特定轴自身的转动惯量）求和，获得整个传动系统对特定轴的等效转动惯量。

传动系统折算到电动机轴上的转动惯量大所产生的影响主要表现为以下几点：

（1）使电动机的机械负载增大。

（2）使机械传动系统的响应变慢。

（3）使系统的阻尼比减少，从而使系统的振荡增强，稳定性下降。

（4）使机械传动系统的固有频率下降，容易产生谐振，因而限制了伺服带宽，影响了伺服精度和响应速度。但惯量的适当增大对改善低速爬行是有利的。

由于在进行伺服系统设计时离不开转动惯量的计算和折算到特定轴上等效转动惯量的计算，下面就给出这方面的常用公式，以便于分析计算。

1）圆柱体转动惯量

$$J = \frac{1}{2}mR^2 \quad (kg \cdot m^2) \tag{1-13}$$

式中：m 为质量，kg；R 为圆柱体半径，m。长为 L 的圆柱体的质量为 $m = \pi L R^2 \gamma$，γ 为密度，钢材的密度 γ 为 $7.8 \times 10^3 \text{kg/m}^3$；

齿轮、联轴器、丝杠和轴等接近于圆柱体的零件都可用式（1-13）计算（或估算）其转动惯量。

2）丝杠轴折算到电动机轴的转动惯量（引申到后轴折算到前轴）

$$J = \frac{J_\mathrm{S}}{i^2} \quad (\text{kg} \cdot \text{m}^2) \tag{1-14}$$

式中：i 为电动机轴到丝杠轴的总传动比；J_S 为丝杠的转动惯量。

3）直线移动工作台折算到丝杠上的转动惯量

图 1-6 所示为由导程为 L 的丝杠驱动质量为 m（含工件质量）的工作台往复移动，折算到丝杠上的转动惯量为

$$J = m \cdot \left(\frac{L}{2\pi}\right)^2 \quad (\text{kg} \cdot \text{m}^2) \tag{1-15}$$

式中：L 为丝杠导程，m；m 为工作台及工件的质量，kg。

4）丝杠传动时，传动系统折算到电动机轴上的总转动惯量（图 1-7）

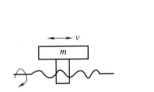

图 1-6　丝杠回转推动工作台

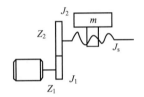

图 1-7　丝杠传动的机械传动系统

$$J = J_1 + \frac{1}{i^2}\left[(J_2 + J_\mathrm{S}) + m\left(\frac{L}{2\pi}\right)^2\right] \quad (\text{kg} \cdot \text{m}^2) \tag{1-16}$$

式中：J_1 为小齿轴及电动机轴的转动惯量；J_2 为大齿轮的转动惯量；J_S 为丝杠的转动惯量；L 为丝杠的螺距；m 为工作台及工件质量。

5）齿轮齿条传动时工作台折算到小齿轮轴上的转动惯量（图 1-8）

$$J = m \cdot R^2 \quad (\text{kg} \cdot \text{m}^2)$$

式中：R 为齿轮分度圆半径，m；m 为工作台及工件质量，kg。

6）齿轮齿条传动时传动系统折算到电动机轴上的总转动惯量（图 1-9）

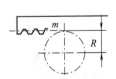

图 1-8　齿轮齿条机构推动工作台

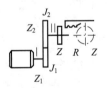

图 1-9　采用齿轮齿条的传动系统

$$J = J_1 + \frac{1}{i^2}\left(J_2 + m \cdot R^2\right) \quad (\text{kg} \cdot \text{m}^2)$$

式中：J_1、J_2 分别为 I 轴和 II 轴及其上面齿轮的转动惯量；i 为传动比；m 为工作台及工件的质量；R 为齿轮 Z 的分度圆半径。

7）工作台折算到钢带传动驱动轴上的转动惯量（图 1-10）

$$J = m \cdot \left(\frac{v}{\omega} \right)^2 \ (\text{kg} \cdot \text{m}^2)$$

式中：m 为工作台及工件质量，kg；ω 为驱动轴的角速度，s^{-1}；v 为工作台移动速度，m/s。

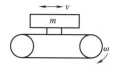

图 1-10   钢带传动带动工作台

8）考虑多级传动比时转动惯量折算方法

由于转动惯量大小与系统动能有关，因此，可根据动能守恒原则进行折算。对于图 1-5（a）所示的多级传动比系统，折算到电动机轴上的总转动惯量为

$$J_Z = J_M + \frac{J_1}{i_1^2} + \frac{J_L}{i_L^2} \tag{1-17}$$

式中：J_M，J_1，J_L 分别为电动机轴、中间传动轴、生产机械轴上的转动惯量；$i_1 = \omega_M / \omega_1$，为电动机轴与中间传动轴之间的速比；$i_L = \omega_M / \omega_L$，为电动机轴与生产机械轴之间的速比；$\omega_M$、$\omega_1$、$\omega_L$，分别为电动机轴、中间传动轴、生产机械轴上的角速度。

折算到电动机轴上的总飞轮转矩为

$$GD_Z^2 = GD_M^2 + \frac{GD_1^2}{i_1^2} + \frac{GD_L^2}{i_L^2} \tag{1-18}$$

式中：GD_M^2、GD_1^2、GD_L^2 分别为电动机轴、中间传动轴、生产机械轴上的飞轮转矩。

当传动速比 i 较大时，中间传动机构的转动惯量 J_1 或飞轮转矩，在折算后占整个系统的比重不大，实际工程中为了计算方便起见，多用适当加大电动机轴上的转动惯量 J_M 或飞轮转矩的方法，来考虑中间传动机构的转动惯量 J_1 或飞轮转矩的影响，于是有

$$J_Z = \delta J_M + \frac{J_L}{i_L^2} \tag{1-19}$$

或

$$GD_Z^2 = \delta GD_M^2 + \frac{GD_L^2}{i_L^2} \tag{1-20}$$

一般 $\delta = 1.1 \sim 1.25$。

10）直线提升多级传动比时转动惯量的折算方法

对于图 1-5（b）所示的直线运动拖动系统，设直线运动部件的质量为 m，折算到电动机轴上的总转动惯量或总飞轮转矩分别为

$$J_Z = J_M + \frac{J_1}{i_1^2} + m \frac{V^2}{\omega_m^2} + \frac{J_L}{i_L^2} \tag{1-21}$$

或

$$(GD_Z^2)_{N \cdot m^2} = (GD_M^2)_{N \cdot m^2} + \frac{(GD_1^2)}{i_1^2} + \frac{(GD_L^2)_{N \cdot m^2}}{i_L^2} + \frac{365 \ (G)_N \ (V^2)_{(m/s)^2}}{(n_M^2)_{(r/min)^2}} \tag{1-22}$$

依照上述方法，就可把具有中间传动机构带有旋转运动部件或直线运动部件的多轴拖动系统，折算成等效的单轴拖动系统，将所求得的 T_L、GD^2 代入式（1-7），就可得到多轴拖动系统的运动方程式

$$(T_M)_{N \cdot m} - (T_L)_{N \cdot m} = \frac{(GD_Z^2)_{N \cdot m^2}}{375} \frac{\mathrm{d} \ (n_m)_{r/min}}{\mathrm{d} \ (t)_s} \tag{1-23}$$

以此可具体研究机电传动系统的运动规律。

1.2.3 飞轮矩的计算

电力系统的转动惯量包括发电机和电动机及其拖动的转动机械的惯量。发电机的转动惯量只是指发电机转子、飞轮及汽（水轮机）转动部分的惯量，飞轮惯量即飞轮矩。

飞轮矩的大小是旋转物体机械惯性大小的体现。

飞轮重量 G 与飞轮轮缘转动惯性直径 D 的平方的乘积即 GD^2 称为飞轮矩，或称飞轮力矩。即

$$GD^2 = 4gJ_F$$

式中：J_F 为飞轮的转动惯量，$N \cdot m/s^2$；$g = 9.8 \, m/s^2$，为重力加速度；G 为飞轮重量，N；D 为平均直径（惯性直径），m。

1. 飞轮矩的折算（旋转负载）

由于旋转物体的动能为 $\frac{1}{2}J\omega^2$，按照能量守恒等效转动惯量和飞轮矩为

$$\frac{1}{2}J\omega_M^2 = \frac{1}{2}J_M\omega_M^2 + \frac{1}{2}J_L\omega_L^2$$

设折算成单轴系后的等效转动惯量为 J，则对应有

$$J = J_M + J_L/(\omega_M/\omega_L)^2 = J_M + J_L/i^2 \tag{1-24}$$

整理即可得与 J 相对应的等效飞轮矩的折算公式

$$GD^2 = GD_M^2 + GD_L^2/i^2 \tag{1-25}$$

2. 飞轮矩的折算（直线负载）

按照能量守恒 $\frac{1}{2}J\omega_M^2 = \frac{1}{2}J_M\omega_M^2 + \frac{1}{2}J_L\omega_L^2 + \frac{1}{2}mv^2$

等效转动惯量和飞轮矩为

$$J = J_M + J_L/i^2 + mv^2/\omega_M^2 \tag{1-26}$$

$$GD^2 = GD_M^2 + GD_L^2/i^2 + 365(Gv^2/n_M^2) \tag{1-27}$$

例 1-1 两对齿轮传动如图 1-11 所示，求折算到电动机轴上的总等效转动惯量。

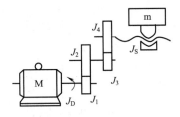

图 1-11 两对齿轮减速器

解：

$$J_\Sigma = J_D + J_1 + \cfrac{J_2 + J_3 + \cfrac{J_4 + J_S + \left(\dfrac{L}{2\pi}\right)^2 m}{\left(\dfrac{Z_4}{Z_3}\right)^2}}{\left(\dfrac{Z_2}{Z_1}\right)^2}$$

例1-2 图 1-12 所示为一进给工作台。直流伺服电动机 M，制动器 B，工作台 A，齿轮 $G_1 \sim G_4$ 以及轴 1、2 的数据见表 1-1，工作台质量（包括工件在内）$m_A = 300$ kg，试求该装置换算至电动机轴的总等效转动惯量 J_Σ，并判断是否满足惯量匹配原则。

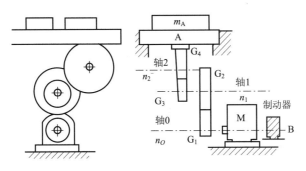

图 1-12 进给工作台

表 1-1 进给工作台的工作参数

n 速度/ $(r \cdot min)$	齿 轮				轴		工作台	电动机	制动器
	G_1	G_2	G_3	G_4	1	2	A	M	B
	720	180	180	102	180	102	90	720	
$J/(kg \cdot m^2)$	J_{G1}	J_{G2}	J_{G3}	J_{G4}	J_{S1}	J_{S2}	J_A	J_M	J_B
	0.002 8	0.606	0.017	0.153	0.000 8	0.000 8		0.040 3	0.005 5

解： 按如下步骤进行（解题参考范例）

（1）所有负载折算到电动机轴上的等效转动惯量 J_L（不包括电动机本身转动惯量）为

$$J_L = J_{G1} + J_B + \cfrac{J_{S1} + J_{G2} + J_{G3} + \cfrac{J_{S2} + J_{G4} + m_A \left(\cfrac{v}{2\pi n_2}\right)^2}{\left(\cfrac{n_1}{n_2}\right)^2}}{\left(\cfrac{n_0}{n_1}\right)^2}$$

$$= 0.002\ 8 + 0.005\ 5 + \cfrac{0.000\ 8 + 0.606 + 0.017 + \cfrac{0.000\ 8 + 0.153 + 300 \left(\cfrac{90}{2\pi \times 102}\right)^2}{\left(\cfrac{180}{102}\right)^2}}{\left(\cfrac{720}{180}\right)^2}$$

$$= 0.169\ 1\ (kg \cdot m^2)$$

（2）折算到电动机轴上的总等效转动惯量 J_Σ（包括电动机本身转动惯量）为

$$J_\Sigma = J_L + J_M = 0.169\ 1 + 0.040\ 3 = 0.209\ 4\ (kg \cdot m^2)$$

（3）判断是否满足惯量匹配原则：

$$\frac{J_L}{J_M} = \frac{0.169\ 1}{0.040\ 3} = 4.196\ 0\ (kg \cdot m^2)$$

不符合小惯量 $1 \leqslant J_L/J_M \leqslant 3$ 的条件，故不匹配。

3. 黏性阻尼系数的折算

当工作台匀速转动时，轴上的驱动转矩必须完全用来克服黏滞阻尼力的消耗。考虑到其他各环节的摩擦损失比工作台导轨的摩擦损失小得多，故可以仅考虑工作台导轨的黏性阻尼系数影响。

4. 弹性变形系数的折算

视频课：黏性阻尼

（1）轴向刚度的折算：当系统承担负载后，系统在结构上都会产生轴向弹性变形。根据动力平衡原理和传动关系，可计算出轴向刚度。

（2）扭转刚度的折算：在输入转矩的作用下，轴的弹性变形同时对应有附加扭转角。根据动力平衡原理和传动关系，可计算出扭转刚度。

1.2.4　关于惯量匹配原则

实践与理论分析表明，$\dfrac{J_L}{J_M}$ 比值大小对伺服系统的性能有很大的影响，文档：惯量匹配原则

且与直流伺服电动机的种类及其应用场合有关，通常分为两种情况：

（1）对于采用惯量较小的直流伺服电动机的伺服系统，其比值通常推荐为

$$1 \leqslant \frac{J_L}{J_M} \leqslant 3$$

当 $\dfrac{J_L}{J_M} > 3$ 时，对电动机的灵敏度与响应时间有很大的影响，甚至会使伺服放大器不能在正常调节范围内工作。

小惯量直流伺服电动机的惯量低达 $J_M \approx 5 \times 10^{-3}\ \text{kg} \cdot \text{m}^2$，其特点是转矩/惯量比大，机械时间常数小，加减速能力强，所以其动态性能好，响应快。但是，使用小惯量电动机时容易发生对电源频率的响应共振，当存在间隙、死区时容易造成振荡或蠕动，这才提出了"惯量匹配原则"，对数控机床伺服进给系统有采用大惯量电动机的必要性。

（2）对于采用大惯量直流伺服电动机的伺服系统，其比值通常推荐为

$$0.25 \leqslant \frac{J_L}{J_M} \leqslant 1$$

所谓大惯量是相对小惯量而言的，其数值 $J_M = 0.1 \sim 0.6\ \text{kg} \cdot \text{m}^2$。大惯量宽调速直流伺服电动机的特点是惯量大、转矩大，且能在低速下提供额定转矩，常常不需要传动装置而与滚珠丝杠直接相连，而且受惯性负载的影响小，调速范围大；热时间常数有的长达 100 min，比小惯量电动机的热时间常数 2~3 min 长得多，并允许长时间过载，即过载能力强。其转矩/惯量比值高于普通电动机而低于小惯量电动机，其快速性在使用上已经足够。因此，采用这种电动机能获得优良的调速范围及刚度和动态性能，因而在现代数控机床中应用较广。

1.3　生产机械的机械特性

上面所讨论的机电传动系统运动方程式中，负载转矩 T_L 可能是不变的常数，也可能是转速的函数。同一转轴上负载转矩和转速之间的函数关系，称为生产机械的机械特性。为了便于和电动机的机械特性配合起来分析传动系统的运行情况，今后提及生产机械的机械特性时，除特别说明外，均指电动机轴上转速与负载转矩之间的函数关系，即 $\eta = f(T_L)$。

生产机械运行时常用负载转矩标志其负载的大小，因不同类型的生产机械在运动中受阻力的性质不同，其机械特性曲线的形状也有所不同，大体上可以归纳为以下几种典型的机械特性。

1.3.1 恒转矩型机械特性

所谓恒转矩负载是指生产机械负载转矩的大小不随转速 n 变化，其大小为常数，这种特性称为恒转矩负载特性。此类机械特性的特点是负载转矩为常数，属于这一类的生产机械有提升机构、提升机的行走机构、皮带运输机以及金属切削机床等。

依据负载转矩与运动方向的关系，可以将恒转矩型的负载转矩分为反抗转矩和位能转矩。反抗转矩也称摩擦转矩，是因摩擦、非弹性体的压缩、拉伸与扭转等作用所产生的负载转矩，机床加工过程中切削力所产生的负载转矩就是反抗转矩。反抗转矩的方向恒与运动方向相反，运动方向发生改变时，负载转矩的方向也会随着改变，因而它总是阻碍运动的。

为此，根据负载转矩的方向特点又分为反抗性和位能性负载两种。

1. 反抗性恒转矩负载

反抗性恒转矩负载的特点是负载转矩的大小不变，但负载转矩的方向始终与生产机械运动的方向相反，总是阻碍电动机的运转，当电动机的旋转方向改变时，负载转矩的方向也随之改变，始终是阻转矩。属于这类特性的生产机械有轧钢机和机床的平移机构等。其负载特性如图 1-13 所示。

2. 位能性恒转矩负载

位能性恒转矩负载的特点是负载转矩由重力作用产生，不论生产机械运动的方向变化与否，负载转矩的大小和方向始终不变。例如，起重设备提升重物时，负载转矩为阻转矩，其作用方向与电动机旋转方向相反；当下放重物时，负载转矩变为驱动转矩，其作用方向与电动机旋转方向相同，促使电动机旋转。其负载特性如图 1-14 所示。

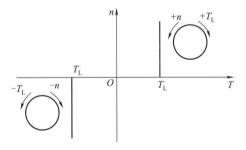

图 1-13　反抗性恒转矩负载特性

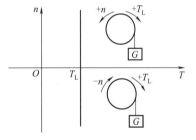

图 1-14　位能性恒转矩负载特性

1.3.2 通风机型机械特性

通风机型的机械是按离心力原理工作的，通风机型负载的方向特点是属于反抗性负载；大小特点是负载转矩的大小与转速 n 的平方成正比，即 $T_L = Kn^2$，式中 K 为比例常数。其负载特性曲线如图 1-15 所示。

应该指出，以上三类是典型的负载特性，实际生产机械的负载特性常接近上述几种类型或是它们的综合。例如，起重机提升重物时，电动机所受到的除位能性负

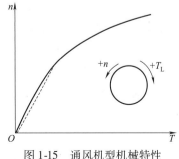

图 1-15　通风机型机械特性

载转矩外，还要克服系统机械摩擦所造成的反抗性负载转矩，所以电动机轴上的负载转矩应是上述两个转矩之和。

1.3.3 直线型机械特性

直线型机械的负载转矩 T_L 是随 n 的增加成正比增大，即 $T_L = Cn$，C 为常数，如图 1-16 所示。

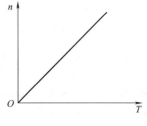

图 1-16 直线型机械特性

1.3.4 恒功率型机械特性

恒功率型机械的负载转矩 T_L 与转速 n 成反比，即 $T_L = \dfrac{K}{n}$ 或 $K = T_L n \propto P$ 为常数，如图 1-17 所示。例如，车床加工，当选择这样的方式加工时，不同转速下，切削功率基本不变。车床进行切削加工，具体到每次切削的切削转矩都是恒转矩负载。但是当我们考虑精加工时，需要较小背吃刀量和较高速度；粗加工时，需要较大背吃刀量和较低速度。这种加工工艺要求，体现为负载的转速与转矩之积为常数，即 $T_L = \dfrac{K}{n}$ 或 $K = T_L n \propto P$ 为常数，由于机械功率为常数，故我们称之为恒功率负载。恒功率负载的转矩特性如图 1-17 所示（双曲线）。轧钢机轧制钢板时，工件小需要高速度低转矩，工件大需要低速度高转矩，这种工艺要求的负载也是恒功率负载。显然，从生产加工工艺要求的总体看是恒功率负载，具体到每次加工，却仍是恒转矩负载。

除了上述几种类型的生产机械外，还有一些生产机械具有各自的转矩特性，如带曲柄连杆机构的生产机械，它们的负载转矩 T_L 是随转角 α 而变化的，而球磨机、碎石机等生产机械，其负载转矩则随时间作无规律的随机变化。

也应指出，实际负载可能是单一类型的，也可能是几种典型的综合。例如，实际通风机除了主要是通风机性质的负载特性外，轴上还有一定的摩擦转矩 T_0，所以，实际通风机的机械特性应为 $T_L = T_0 + Cn^2$，如图 1-15 中虚线所示。

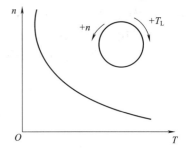

图 1-17 恒功率型机械特性

【小结与拓展】

1. 新技术革命浪潮，推动着机械工程这门古老的科学向新的境界发展，特别是计算机技术引入机械学领域，使机械的设计由静态到动态，由经验计算到建模分析，由满足单个机件的单一性能要求到整个机械系统的功能综合。随着计算机辅助设计的发展，使机械设计向完全科学化及最优化方向发展。

2. 机器在运转过程中，除了受到外载的作用外，还受到其本身各部件所具有的质量和转动惯量在运动状态下产生的惯性作用。这种惯性作用随着机器转速的提高而迅速增加，在现代高速机械系统中，其作用已远远超过了外载。这种随机构运转而周期性变化的强惯性作用是产生机器振动、噪声和疲劳等现象的主要原因，其结果大大影响了机构的运动和动力性能。尤其是在现代高速、精密、重载机械中，克服这种不利的惯性作用成为必须解决的重要问题。因此，有必要对机电系统中的动力学现象加以认识。

3. 机械系统是机电一体化系统的最基本要素，主要包括执行机构、传动机构和支承部件。机械的主要功能是完成机械运动，一部机器必须完成相互协调的若干机械运动，每个机械运动均可由单独的控制电动机、传动件和执行机构组成的若干个子系统来完成，这若干个机械运动由计算机来协调与控制。

4. 机电系统在工程实际中应用时，我们要求达到系统平衡，平衡的目的就是要消除或减小机构的惯性作用，而机构各构件自身的惯性是由其质量和运动产生的，其本身不能自行消除。因此，必须在机构上附加其他能产生惯性的元件，以抵消原机构的惯性作用，从而使整个机构达到惯性的新平衡。

5. 现代的工程问题不仅要对系统进行动态特性的分析，而且还需要对系统进行综合分析，即将所要研究和处理的对象当作一个系统，看其中元素和元素之间的关联，并从整体的角度来协调好这种关联，使这个系统在我们所要求的某种性能指标下达到最佳状态。机电传动系统是一些元素的组合，这些组合在一起的元素通过相互作用共同完成给定的任务。

6. 分析任何一种动态系统，都应首先建立它的数学模型，建立一个合理的数学模型是分析过程的关键。本书要研究的是由机械元件组成的机械系统。它常与电气系统、液压系统相结合组成某一技术装备。除机械设备外，即使一些电气设备及其他装置的执行机构，也常是由机械系统组成的，那么各个原件之间有何内在联系？因此，我们学习关于惯量的折算方法很有必要。

【思考与习题】

1-1 为什么低速轴转矩大？高速轴转矩小？

1-2 为什么机电传动系统中低速轴的 GD^2 比高速轴的 GD^2 大得多？

1-3 反抗静态转矩与位能静态转矩有何区别？各有什么特点？

1-4 一般生产机械按其运动受阻力的性质来分，可有哪几种类型的负载？

1-5 说明机电传动系统运动方程式中的拖动转矩、静态转矩和动态转拒的概念。

1-6 从运动方程式怎样看出系统是处于加速的、减速的、稳定的和静止的各种工作状态？

1-7 机械运动中的摩擦和阻尼会降低效率 K，但是设计中要适当选择其参数 K 而不是越小越好，为什么？

1-8 多轴拖动系统为什么要折算成单轴拖动系统？转矩折算为什么依据折算前后功率不变的原则？转动惯量折算为什么依据折算前后动能不变的原则？

1-9 在题 1-9 图中，曲线 1 和 2 分别为电动机和负载的机械特性。试判断哪些是系统的稳定平衡点？哪些不是？

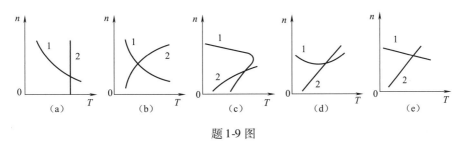

题 1-9 图

1-10 在题 1.10 图某车床电力拖动系统中，已知切削力 $F = 2\,000$ N，工件直径 $d = 150$ mm，电动机转速 $n = 1\,450$ r/min，减速箱的三级转速比 $i_1 = 2$、$i_2 = 1.5$、$i_3 = 2$，各转轴的飞轮矩为 $GD_a^2 = 3.5$ N·m²（指电动机轴），$GD_b^2 = 2$ N·m²，$GD_c^2 = 2.7$ N·m²，$GD_d^2 = 9$ N·m²，各级传动效率，$\eta_1 = \eta_2 = \eta_3 = 90\%$，求：

（1）切削功率；（2）电动机输出功率；（3）系统总飞轮矩；

（4）忽略电动机空载转矩时，电动机电磁转矩；

（5）车床开车但未切削时，若电动机加速度 $\dfrac{\mathrm{d}n}{\mathrm{d}t} = 800$ r/min·s⁻¹，忽略电动机空载转矩但不忽略传动机构的转矩损耗，求电动机电磁转矩。

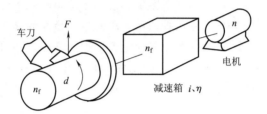

题 1-10 图

1-11 图 1-11 所示的电动机拖动系统中，已知飞轮矩 $GD_m^2 = 14.7$ N·m²，$GD_1^2 = 18.8$ N·m²，$GD_L^2 = 120$ N·m²，拖动效率 $\eta_1 = 91\%$、$\eta_2 = 93\%$，负载转矩 $T_L = 85$ N·m，电动机转速 $n = 2\,450$ r/min，$n_1 = 810$ r/min，负载 $n_L = 150$ r/min，忽略电动机空载转矩，求：折算到电动机轴上的系统总惯量 J 和折算到电动机轴上的负载转矩 T'_L。

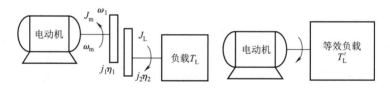

题 1-11 图

第2章 ▶▶▶ 机电系统过渡过程与稳定运行

【目标与解惑】

（1）熟悉机电传动系统稳定运行的条件；

（2）掌握机电系统的静态与动态特点；

（3）掌握机电系统的稳态设计分析方法；

（4）理解机电传动系统过渡过程的物理意义；

（5）了解影响机械传动系统的稳定要素。

机床设备系统运行过程肯定是要求稳定运行的，那应如何判断呢？在设计过程中如何减少过渡时间？系统运行过渡过程与哪些要素有关？哪些机械方面也会影响机电传动系统的稳定性？

这些都不明白，想具体学呢。

2.1 机电传动系统过渡过程含义

2.1.1 过渡过程含义

机电传动中当负载增大，电磁转矩拖动不了时，转速就会降低，导致电磁转矩升高。电磁转矩升高后扰动消失，负载转矩回到原来的值，此时电磁转矩大于负载转矩，转速又会升高。在下降的机械特性曲线上转速升高意味着电磁转矩减小，直到电磁转矩等于负载转矩，此时又会进入稳定运行状态。我们将发生以上变化的过程称为过渡过程。

机电传动与控制系统一般含有以下两个过渡过程：

1. 电磁过渡过程

电源电压突然降低了，电动机中各电磁量的平衡关系就被破坏了，转子电流大小以及电磁转矩也要改变，电动机的机械特性从某状态对应曲线就要变成为另一对应状态曲线。这是因为在转子回路有电感存在，电感的存在就会产生感应电动势，达到阻碍电流变化的目的。当交流电通过线圈时，电感就会不断产生感应电动势，阻碍电流的变化，而且频率越大，电流改变越快，电感产生的感应电动势就越大，阻碍作用就越大。这个变化的过程就是电磁过渡过程。

2. 机械过渡过程

由于电动机机械特性改变，电动机电磁转矩变化了，系统在 A 点稳态运行的转矩平衡关系被破坏了，系统的转速则要发生新的变化。因系统有机械惯性即飞轮矩的存在，转速变化也是有个过程的，这一过程称之为机械过渡过程。相比较而言，由于电磁系统的过渡过程进行得很快，分析系统过渡过程时可以忽略它，因为电源电压改变的瞬间，由此而引起转子电流与电磁转矩的变化也瞬时就完成了。因此对过渡过程的分析，只需考虑机械过渡过程，即转速 n 不能突变。

2.1.2　系统过渡重要性

机电传动系统的动态特性是指系统从一种稳定状态到另一种稳定状态时的过渡过程中的特性。当机电传动系统处于启动、制动、反转、调速或负载转矩发生变化等运转状态时，电磁转矩和转速也随之发生变化。

实际工程中，有的电动机要求不经常启动与制动，对于大多数长期运转的生产机械，如通风机、水泵等，这些机电传动设备对系统的过渡过程都提出各种各样的要求，如龙门刨床的工作台、可逆式轧钢机、轧钢机的辅助机械等，它们在工作中都需要经常进行启动、制动、反转和调速，因此，都要求过渡过程尽量快，以缩短生产周期中非生产时间，提高生产率。对升降机、载人电梯、地铁、电车等生产机械，它们对启动、制动过程则要求平滑，加减速度变化不能过大，以保证安全和舒适。而对造纸机、印刷机等生产机械，也必须限制加速度的大小，如果超过允许值，则可能损坏机器部件或可能生产出次品。

另外，在过渡过程中能量损耗的大小，系统的准确停车与协调运转等方面，都对机电传动系统的过渡过程提出不同的要求。为满足各种要求，必须研究过渡过程的基本规律，研究系统各参量对时间的变化规律，如转速、转矩、电流等对时间的变化规律，才能正确选择机电传动装置，为机电传动自动控制系统提供控制原则，设计出完善的启动、制动等自动控制线路，以求改善产品质量，提高生产率和减轻劳动强度。这就是研究过渡过程的目的和实际意义。

2.1.3　系统静态与动态

机电传动系统的静态特性是指电动机的电磁转矩与生产机械速度之间的关系。通过研究静态特性，可以了解当负载转矩一定时，机电传动系统中各电气参数，如电源电压、励磁磁通、电枢电阻等对转速的影响；而通过研究动态特性，可以分析如何缩短过渡过程的时间，如何改善系统的运行情况。

2.2　机电传动系统过渡过程的分析

2.2.1　产生原因

机电传动系统之所以产生过渡过程，是因为存在以下各种惯性。

（1）机械惯性：它反映在 J 或 GD^2 上，使转速 n 不能突变。

（2）电磁惯性：它反映在电枢回路电感和励磁绕组电感上，分别使电枢回路电流 I_a 和励磁磁通 Φ 不能突变。

（3）热惯性：它反映在温度上，使温度不能突变。

这三种惯性在系统中虽然是互相影响的，如电动机运行发热时，电枢电阻和励磁绕组电阻都会变化，从而会引起电流 I_a 和磁通 Φ 的变化。但是由于热惯性较大，温度变化较转速、电流等参量变化要慢得多，一般可不考虑，而只考虑机械惯性和电磁惯性。

由于有机械惯性和电磁惯性，当对机电传动系统进行控制（如启动、制动、反向和调速）、系统中电气参数（如电压、电阻、频率）发生突然变化以及传动系统的负载突然变化时，传动系统的转速、转矩、电流、磁通等的变化都要经过一定的时间，因而形成机电传动系统的电气机械过渡过程。在有些情况下，如直流他励电动机电枢回路不串接电感，电磁惯性影响也不大，则可只考虑机械惯性。在这种过渡过程中，仅转速 n 不能突变，而电枢电流 I_a 和转矩 T_M 是可以突变的。现仅就此类过渡过程进行分析。

研究过渡过程的方法与《电路基础》中研究电路的暂态过程一样，一般是先列出反映变化规律的基本方程式，在此基础上使用数学解析法，或者使用图解法及实验方法来求得过渡过程的解答。下面仅用数学解析法进行分析。

机电传动系统的运动方程式

$$(T_M)_{N \cdot m} - (T_L)_{N \cdot m} = \frac{(GD^2)_{N \cdot m^2}}{375} \frac{d(n)_{r/min}}{d(t)_s}$$

是研究机电传动系统过渡过程的基本方程式，用它可求出转速 n、转矩 T_M 与电流 I_a 变化的规律以及过渡过程的时间。若已知 T_M、T_L、GD^2 与 n 的关系，上式即可求解。

T_M 与 n 的关系即电动机的机械特性 $n = f(T_M)$、T_L 与 n 的关系，即生产机械的负载转矩特性 $n = f(T_L)$ 或 $T_L = f(n)$，而 GD^2 一般是不随转速随之变化的。

对于常用的交流异步电动机和直流他（并）励电动机拖动系统，T_M 与 n 有近似线性关系。若所拖动的是恒转矩负载，即 $T_L =$ 常数，在此情况下，n 的变化过程可用下述方法计算：

设 $n = f(T_M)$，如图 2-1 所示，根据解析几何直线方程的截距式，$n = f(T_M)$ 可写成

$$\frac{T_M}{T_{st}} + \frac{n}{n_0} = 1$$

即

$$T_M = T_{st}\left(1 - \frac{n}{n_0}\right)$$

式中：T_{st} 为当 $n = 0$ 时的转矩；n_0 为理想空载转速。

同理

$$T_L = T_{st}\left(1 - \frac{n_s}{n_0}\right)$$

式中：n_s 为当 T_L 为恒转矩时系统稳定运行的稳态转速。

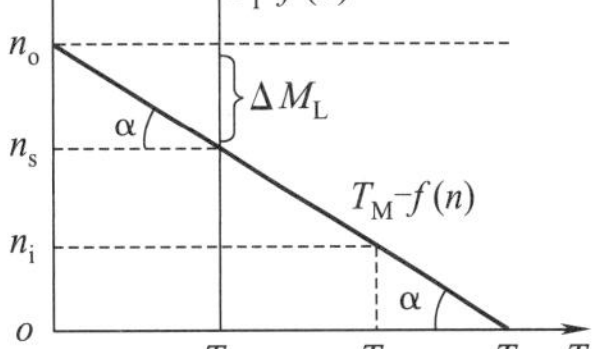

将上面 T_M、T_L 的表达式代入机电传动系统的运动方程式，得

图 2-1　T_M、T_i 与 n 的关系

$$(T_{st})_{N \cdot m}\left[1 - \frac{(n)_{r/min}}{(n_0)_{r/min}}\right] - (T_{st})_{N \cdot m}\left[1 - \frac{(n_s)_{r/min}}{(n_0)_{r/min}}\right] = \frac{(GD^2)_{N \cdot m^2}}{375} \frac{d(n)_{r/min}}{d(t)_s}$$

整理后得 $$(T_{st})_{N \cdot m} \left[\frac{(n_s)_{r/min} - (n)_{r/min}}{(n_0)_{r/min}} \right] = \frac{(GD^2)_{N \cdot m^2}}{375} \frac{d(n)_{r/min}}{d(t)_s}$$

即 $$(n_s)_{r/min} - (n)_{r/min} = \frac{(GD^2)_{N \cdot m^2}}{375} \frac{(n_0)_{r/min}}{(T_{st})_{N \cdot m}} \frac{d(n)_{r/min}}{d(t)_s}$$

式中：T_{st}、n_0、GD^2 为常数。

令

$$\frac{(GD^2)_{N \cdot m^2}}{375} \frac{(n_0)_{r/min}}{(T_{st})_{N \cdot m}} = (\tau_m)_s \qquad (2-1)$$

τ_m 是反映机电传动系统机械惯性的物理量，通常称为机电传动系统的机电时间常数。于是可写成

$$\tau_m \frac{dn}{dt} + n = n_s \qquad (2-2)$$

这是一个典型的一阶线性常系数非齐次微分方程。它的全解是

$$n = n_s + Ce^{-t/\tau_m} \qquad (2-3)$$

式中：C 为积分常数，由初始条件决定。

若过渡过程开始即 $t = 0$ 时，$n = n_i$，代入式 (2-3)，可得

$$C = n_i - n_s$$

所以 $$n = n_s + (n_i - n_s) e^{-t/\tau_m} \qquad (2-4)$$

同样，若对式 (2-3) 求导数，并将结果代入传动系统的运动方程式，可得

$$(T_M)_{N \cdot m} = (T_L)_{N \cdot m} - \frac{(GD^2)_{N \cdot m^2}}{375} \frac{(C)_{r/min}}{(\tau_m)_s} e^{-(t)_s/(\tau_m)_s} \qquad (2-5)$$

若以 $t = 0$ 时，$T_M = T_L$ 代入式 (2-5) 求出 C，则式 (2-5) 就变为

$$T_M = T_L + (T_i - T_L) e^{-t/\tau_m} \qquad (2-6)$$

如果电动机的电流 $I \propto T$，也可得

$$I_a = I_L + (I_i - I_L) e^{-t/\tau_m} \qquad (2-7)$$

式中：I_i 为 $t = 0$ 时电动机电流的初始值。

式 (2-4)、式 (2-6)、式 (2-7) 便分别是当 T_L 为常数、$n = f(T_M)$ 是线性关系时，机电传动系统过渡过程中转速、转矩、电流对时间的动态特性，即 n、T_M、I_a 随时间变化的规律。它们与《电路基础》中所讨论过的只含有一个储能元件的一阶线性电路中 $u = f(t)$、$i = f(t)$ 的变化规律是完全一致的。这些关系式在不同的初始条件下，可适合于传动系统各种运转状态。以启动过程为例，即 $t = 0$ 时，$n_i = 0$，$T_i = T_{st}$，$I_i = I_{st}$，于是可得

$$n = n_s (1 - e^{-t/\tau_m}) \qquad (2-8)$$

$$T_M = T_L + (T_{st} - T_L) e^{-t/\tau_m} \qquad (2-9)$$

$$I_M = I_L + (I_{st} - I_L) e^{-t/\tau_m} \qquad (2-10)$$

启动时，这些关系式所对应的过渡过程曲线如图 2-2 所示。它们所反映的物理过程是，启动开始（$t = 0$）时，$T_M = T_{st}$，动态转矩 $T_d = T_M - T_L$，最大电动机加速度也最大，转速迅速上升。随着 n 上升，T_M 与 T_d 相应减少，系统的加速度减少，速度上升也随之减慢。当 $T_M = T_L$ 时，达到稳态转速 n_s，理论上要 $t = \infty$，过渡过程才算结束，实际上，当 $t = (3 \sim 5) \tau_m$ 时，就可以认为已经达到稳态转速 n_s。

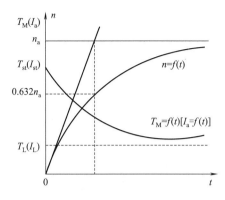

图 2-2　启动时过渡过程曲线

若停车即 $n_s = 0$ 时，则式（2-4）变为

$$n = n_i e^{-t/\tau_m} \tag{2-11}$$

这表示电动机从 n_i 开始的自由停车过程中转速也按指数规律变化。

2.2.2　机电时间常数 τ_m

机电时间常数 τ_m 直接影响机电传动系统过渡过程的快慢。τ_m 越大，则过渡过程进行得越慢；反之，τ_m 越小，则过渡过程进行得越快。所以，τ_m 是机电传动系统中非常重要的动态参数。

将式（2-8）在 $t = 0$ 处求导，可得 $t = 0$ 时的加速度为

$$\left.\frac{\mathrm{d}n}{\mathrm{d}t}\right|_{t=0} = \frac{n_s}{\tau_m} \tag{2-12}$$

式（2-12）表明，τ_m 在数值上等于转速 n 以 $t = 0$ 时的加速度直线上升到稳态转速 n_s 时所需时间，如图 2-2 所示。

由式（2-8）也不难算出，τ_m 就是转速达到稳态值的 63.2% 所经历的时间。

在机电传动系统中 τ_m 有几种常用的表达式，还有从式（2-1）看出的

$$(\tau_m)_s = \frac{(GD^2)_{N \cdot m^2}}{375} \frac{(\Delta n_L)_{r/min}}{(T_L)_{N \cdot m}} \tag{2-13}$$

和

$$(\tau_m)_s = \frac{(GD^2)_{N \cdot m^2}}{375} \frac{(n_s)_{r/min}}{(T_{st})_{N \cdot m} - (T_L)_{N \cdot m}} = \frac{(GD^2)_{N \cdot m^2}}{375} \frac{(n_s)_{r/min}}{(T_d)_{N \cdot m}} \tag{2-14}$$

这几种表达式建立了作为系统动态参数的 τ_m 和作为系统静特性的机械特性之间的联系，也表示了机电时间常数 τ_m 的几何意义。

因为

$$\Delta n = \frac{R_{ad} + R_a}{K_e K_t \Phi_N^2} T$$

令

$$R = R_{ad} + R_a$$

一般情况下，对应于 T_L 有

$$\Delta n_L = \frac{R}{K_e K_t \Phi^2} T_L$$

即
$$\frac{\Delta n_{\mathrm{L}}}{T_{\mathrm{L}}} = \frac{R}{K_{\mathrm{e}}K_{\mathrm{t}}\Phi^2}$$

将上式代入式（2-13），并考虑到常数 375 中包含 $g = 9.81\ \mathrm{m/s^2}$，于是就可得

$$(\tau_{\mathrm{m}})_{\mathrm{s}} = \frac{(GD^2)_{\mathrm{N \cdot m^2}}}{375} \frac{(R)_{\Omega}}{K_{\mathrm{e}}K_{\mathrm{t}}\,(\Phi)^2_{\mathrm{wb^2}}} \tag{2-15}$$

式（2-15）则表达了机电时间常数 τ_{m} 的物理意义，它既与机械量 GD^2 有关，又与电气量 R、Φ 有关。

2.2.3 加快系统过渡过程的方法

将机电传动系统的运动方程式写成

$$\mathrm{d}\,(t)_{\mathrm{s}} = \frac{(GD^2)_{\mathrm{N \cdot m^2}}}{375} \frac{\mathrm{d}\,(n)_{\mathrm{r/min}}}{(T_{\mathrm{M}})_{\mathrm{N \cdot m}} - (T_{\mathrm{L}})_{\mathrm{N \cdot m}}}$$

对上式两边积分，则可得到过渡过程时间的表达式

$$(t)_{\mathrm{s}} = \int \frac{(GD^2)_{\mathrm{N \cdot m^2}}}{375} \frac{\mathrm{d}\,(n)_{\mathrm{r/min}}}{(T_{\mathrm{M}})_{\mathrm{N \cdot m}} - (T_{\mathrm{L}})_{\mathrm{N \cdot m}}} = \int \frac{(GD^2)_{\mathrm{N \cdot m^2}}}{375} \frac{\mathrm{d}\,(n)_{\mathrm{r/min}}}{(T_{\mathrm{d}})_{\mathrm{N \cdot m}}} \tag{2-16}$$

如果从起始转速 n_1 到终了转速 n_2 的过渡过程中，始终保持动态转矩 T_{d} 不变，即 $T_{\mathrm{d}} = T_{\mathrm{M}} - T_{\mathrm{L}} =$ 常数，则系统便为等加速或等减速运动，在此情况下，过渡过程的时间

$$(t)_{\mathrm{s}} = \int_{(n_1)_{\mathrm{r/min}}}^{(n_2)_{\mathrm{r/min}}} \frac{(GD^2)_{\mathrm{N \cdot m^2}}}{375} \frac{\mathrm{d}\,(n)_{\mathrm{r/min}}}{(T_{\mathrm{d}})_{\mathrm{N \cdot m}}}$$

$$= \frac{(GD^2)_{\mathrm{N \cdot m^2}}}{375\,(T_{\mathrm{d}})_{\mathrm{N \cdot m}}} \big[\,(n_2)_{\mathrm{r/min}} - (n_1)_{\mathrm{r/min}}\,\big] \tag{2-17}$$

由 $n_1 = 0$ 至 n_2 的启动时间

$$(t_{\mathrm{st}})_{\mathrm{s}} = \frac{(GD^2)_{\mathrm{N \cdot m^2}}}{375} \frac{(n_2)_{\mathrm{r/min}}}{(T_{\mathrm{d}})_{\mathrm{N \cdot m}}} \tag{2-18}$$

由 n_1 降至 $n_2 = 0$ 的制动时间

$$(t_{\mathrm{h}})_{\mathrm{s}} = \frac{(GD^2)_{\mathrm{N \cdot m^2}}}{375} \frac{(-n_1)_{\mathrm{r/min}}}{(T_{\mathrm{d}})_{\mathrm{N \cdot m}}} \quad (\text{此时 } T_{\mathrm{d}} = T_{\mathrm{m}} - T_{\mathrm{L}} < 0)$$

自由停车（当 $T_{\mathrm{M}} = 0$）的时间

$$(t_{\mathrm{r}})_{\mathrm{s}} = \frac{(GD^2)_{\mathrm{N \cdot m^2}}}{375} \frac{(n_1)_{\mathrm{r/min}}}{(T_{\mathrm{L}})_{\mathrm{N \cdot m}}} \tag{2-19}$$

由上述可以看出，机电传动系统过渡过程的时间，都与系统的飞轮惯量 GD^2 和速度改变量成正比，而与动态转矩成反比。所以，要有效地缩短过渡过程的时间，应设法减少 GD^2 和加大动态转矩 T_{d}。

1. 减少系统 GD^2

（1）两台电动机同轴。由式（2-13）可知，系统的 GD^2 中大部分是电动机转子的。因此，减少电动机转子 GD^2 就成为加快过渡过程的重要措施。龙门刨床的刨台采用两台电动机同轴运行，其目的之一就在于此。因在输出功率和运行速度都相同的情况下，选用两台电动机时，总的 GD^2 要比一台电动机小。例如，一台 46 kW，转速为 580 r/min 的直流电动

机，它的 GD^2 为 216 N·m^2，但如采用两台 23 kW，转速为 600 r/min 的直流电动机同轴运行，则 GD^2 为 $2 \times 92 = 184$（N·m^2），与采用一台电动机相比减少了 15%。

（2）采用小惯量直流电动机。由于小惯量直流电动机电枢作得细长，转动惯量小，即 GD^2 小，且启动转矩大，因此，$T_{st} < GD^2$ 很大，使系统的 $\dfrac{dn}{dt}$ 很大，启动快，从而加速了过渡过程，提高了系统的快速响应性能。

2. 增加动态转矩 T_d

（1）从电动机方面考虑。目前，大惯量直流电动机（亦称宽调速直流力矩电动机）已在很多场合下取代小惯量直流电动机。这种电动机电枢做得粗短，即 $\dfrac{D}{l}$ 较大，GD^2 较大，但它的最大转矩 T_{max} 约为额定转矩 T_N 的 5～10 倍，即 $T_d = T_{max} - T_L$，所以，快速性指标 $\dfrac{T_{max}}{GD^2}$ 仍然很好，不比小惯量电动机差。且其低速时转矩大，可以直接挪动生产机械设备，而不用齿轮减速机构，这样与机械匹配就容易得多，结构简化，没有齿隙存在，使系统精度提高。另外。因电枢粗短，散热好，过载持续时间可以较长，性能好的力矩电动机可在三倍于额定转矩（或电流）的过载条件下工作 30 min 仍能正常运行。所以，大惯量直流电动机在快速直流拖动系统中已得到广泛应用。

（2）从控制系统方面考虑：动态转矩 $T_d = T_M - T_L$ 越大，系统的加速度也越大，过渡过程的时间就越短。因此，希望在整个过渡过程中电流（或转矩）大，以加快过渡过程，但又要限制其最大值，使它不要超过电动机所允许的最大电流 I_{max} 或最大转矩 T_{max}。如图 2-3 所示，若电流曲线与横坐标所包围的面积 $\displaystyle\int_0^{t_{st}} I_a dt$ 越接近矩形面积 $I_{max} t_{st}$，亦即在启动过程中，平均启动电流越大，则电动机启动进行得越快。通常以充满系数 K 来衡量启动曲线对矩形曲线的接近程度，即

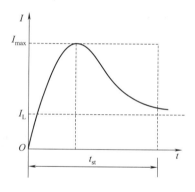

图 2-3　启动电流的充满系数

$$K = \frac{\displaystyle\int_0^{t_{st}} I_a dt}{I_{max} t_{st}} \tag{2-20}$$

充满系数的大小表明了启动过程快速性程度，K 越接近于 1 越好。若 $K = 1$，则说明在整个动态过程中电流保持在最大值不变，也即动态转矩保持最大值不变，从而可获得最短的过渡过程，常把这种条件下的过渡过程称为最优过程。工程实际中通常所采用的电枢串电阻多级启动方法，就是为了获得较大的平均启动转矩。启动电阻的级数越多，K 值越大，启动得越快。特别是在晶闸管供电的直流拖动控制系统中，电流调节器的整定原则就是尽量保证电枢电流波形在启动和制动过程中近似为矩形波，从而使过渡过程最短，接近最优过程。

3. 强迫励磁

在发电机（或电动机放大机）与电动机系统中，为了加快过渡过程。还常采用强迫励磁的方法，即在电动机启动、制动或反向时，设法使发电机的励磁过程加快，从而缩短系统的过渡过程时间。

2.3 机电传动系统稳定运行的条件

机电传动系统中，电动机与生产机械连成一体，为了使系统运行合理，就要使电动机的机械特性与生产机械的机械特性尽量相配合，特性配合好的最基本的要求就是系统要能稳定运行。

对机电传动系统的研究一般都是将系统等效变换成电动机与负载同轴相连的单轴系统。这样可以把电动机的机械特性与生产机械的机械特性画在同一个坐标系中，对系统的运行性能进行讨论。对机电传动系统最起码的要求是系统能稳定地运行。机电传动系统稳定运行有两方面的含义：一是指系统能以一定的速度匀速运行，即电动机和生产机械的特性曲线有交点，该交点称为平衡点；二是系统在受外部干扰（如电压波动、负载波动等）的作用后，会离开平衡点，但在新的条件下可达到新的平衡（到达一个新的平衡点），干扰消除后系统能回到原来的平衡点匀速运行。

为保证系统匀速运转，必要条件是电动机轴上的拖动转矩 T_M 和折算到电动机轴上的负载转矩 T_L 大小相等，方向相反，相互平衡。从 $T-n$ 坐标平面上看，这意味着电动机的机械特性曲线 $n=f(T_M)$ 和生产机械的机械特性曲线 $n=f(T_L)$ 必须有交点，如图 2-4 所示，图中曲线 1 为异步电动机的机械特性，曲线 2 为电动机拖动的生产机械的机械特性（恒转矩型的），两特性曲线有交点 a 和 b，交点常称为拖动系统的平衡点。

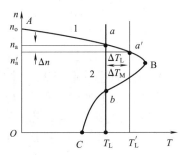

图 2-4　稳定工作点的判别

但是机械特性曲线存在交点只是保证系统稳定运行的必要条件，还不是充分条件。实际上只有 a 点才是系统的稳定平衡点，因为在系统出现干扰时，如负载转矩突然增加了 ΔT_L，则 T_L 变为 T'_L，这时，电动机来不及反应，仍工作在原来的 a 点，其转矩为 T_M，于是 $T_M < T'_L$，由拖动系统运动方程可知，系统要减速，即 n 要下降到 $n'_a = n_a - \Delta n$，从电动机机械特性的 AB 段可看出，电动机转矩 T_M 将增大为 $T'_M = T_M + \Delta T_M$，电动机的工作点转移到了 a' 点。当干扰消除（$\Delta T_L = 0$）后，必有 $T'_M > T_L$，迫使电动机加速，转速 n 上升，而 T_M 又要随 n 的上升而减小，直到 $\Delta n = 0$，$T_M = T_L$，系统重新回到原来的运行点 a；反之，若 T_L 突然减小，n 上升，当干扰消除后，也能回到 a 点工作，所以 a 点是系统的稳定平衡点。在 b 点，若 T_L 突然增加，n 要下降，从电动机机械特性的 BC 段可看出 T_M 要减小，当干扰消除后，则有 $T_M < T_L$，使得 n 又要下降。T_M 随 n 的下降而进一步减小，使 n 进一步下降，一直到 $n=0$，电动机停转；反之，若 T_L 突然减小，n 上升，使 T_M 增大，促使 n 进一步上升，直至越过 B 点进入 AB 段的 a 点工作。所以，b 点不是系统的稳定平衡点。由上可知，对于恒转矩负载，电动机的 n 增加时，必须具有向下倾斜的机械特性，系统才能稳定运行，若特性上翘，便不能稳定运行。

从以上分析可以总结出机电传动系统稳定运行的必要充分条件是：

（1）电动机的机械特性曲线 $n=f(T_M)$ 和生产机械的特性曲线 $n=f(T_L)$ 有交点（即拖动系统的平衡点）。

（2）当转速大于平衡点所对应的转速时，$T_M < T_L$，即若干扰使转速上升，当干扰消除后应有 $T_M - T_L < 0$；而当转速小于平衡点所对应的转速时，$T_M > T_L$，即若干扰使转速下降，当干扰消除后应有 $T_M - T_L > 0$。

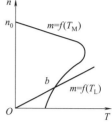

图 2-5　他励发电机工作时的特性

只有满足上述两个条件的平衡点，才是拖动系统的稳定平衡点，即只有这样的特性配合，系统在受到外界干扰后，才具有恢复到原平衡状态的能力而进入稳定运行。

例如，当异步电动机拖动直流他励发电机工作，具有图 2-5 的特性时，b 点便符合稳定运行条件，因此，在此情况下，b 点是稳定平衡点。

2.4　机电系统的稳态设计分析

2.4.1　负载分析

机电传动系统是用电动机作为动力源和运动源驱动工作机械的系统。在机电传动系统中，为了实现机电传动的可靠性，必须根据机电系统稳定性条件来实现负载机械特性和电动机的机械特性相互协调。

1. 典型负载

机电传动控制系统无论是位置控制还是速度控制，其被控对象都是系统的负载，它与系统执行元件的机械传动联系有多种样式。

所谓典型负载是指惯性负载、外力负载、弹性负载和摩擦负载（滑动摩擦负载、黏性摩擦负载、滚动摩擦负载）等，其运动形式有直线运动、回转运动、间歇运动等。对具体系统而言，其负载可能是以上几种典型负载的组合，不一定均包含上述所有负载项目。故在设计系统时严禁脱离实际，应对被控对象及其运动等具体问题作具体分析，从而获得负载的真实综合定量数值，为选择与之匹配的执行元件及进行动态分析打下可靠基础。

2. 负载的等效换算

被控对象的运动，有的是直线运动，如机床的工作台 X、Y 及 Z 轴，机器人臂部的升降、伸缩运动，绘图机的 X、Y 方向运动；也有的是旋转运动，如机床主轴的回转、工作台的回转、机器人关节的回转运动等。执行元件与被控对象有直接连接的，也有通过传动装置连接的。执行元件的额定转矩（或力）、加减速控制及制动方案的选择，应与被控对象的固有参数（如质量、转动惯量等）相互匹配。因此，要将被控对象相关部件的固有参数及其所受的负载（力或力矩）等效换算到执行元件（k）的输出轴上，即计算其输出轴承受的等效转动惯量和等效负载力矩（回转运动）或计算等效质量和等效力（直线运动）。

2.4.2　执行元件匹配

机电传动系统是由若干元器件组成的，其中有些元器件已有系列化商品供选用。为降低机电一体化系统的成本、缩短设计与研制周期，应尽可能选用标准化元器件。拟订系统方案时，首先确定执行元件的类型，然后根据技术条件的要求进行综合分析，选择与被控对象及其负载相匹配的执行元件。下面以电动机的匹配选择为例，简要说明执行元件的选择方法。

被控对象由电动机驱动,因此,电动机的转速、转矩和功率等参数应和被控对象的需要相匹配,如冗余量大,易使执行元件价格贵,使机电一体化系统的成本升高,市场竞争力下降;在使用时,冗余部分用户用不上,易造成浪费。如果选用的执行元件的参数数值偏低,将达不到使用要求。所以,应尽量选择与被控对象的需要相适应的执行元件。

1. 系统执行元件的转矩匹配

设机电传动系统执行元件输出轴所承受的等效负载转矩(包括摩擦负载和工作负载)与等效惯性负载转矩在不考虑效率的条件下应满足:电动机轴上的总负载转矩 = 等效负载转矩 + 等效惯性负载转矩。即

$$T_{\Sigma(总负载转矩)} = T_{J(等效惯性转矩)} + T_{L(等效负载转矩)}$$

2. 系统执行电动机元件的功率匹配

在计算等效负载力矩和等效负载惯量时,需要知道电动机的某些参数。在选择电动机时,常先进行预选,然后再进行必要的验算,如进行减速比的匹配选择与各级减速比的分配等。

减速比主要根据负载性质、脉冲当量和机电一体化系统的综合要求来选择确定,既要使减速比达到一定条件下最佳,同时又要满足脉冲当量与步距角之间的相应关系,还要同时满足最大转速要求等。

2.5 影响机械传动系统稳定的要素

机电传动系统中机械传动系统的良好特性,要求机械部分的动态特性与电动机速度环的动态特性相匹配,还要求机械传动部件满足转动惯量小、传动刚度大、传动系统固有频率高、振动特性好、摩擦损失小、阻尼合理、间隙小等众多方面,由此才能满足伺服传动系统中传动精度高、响应速度快、稳定性能好的基本要求。

2.5.1 摩擦因素

当两物体有相对运动趋势或已产生相对运动时,其接触面间会产生摩擦力。摩擦力可分为静摩擦力、库仑摩擦力和黏性摩擦力(动摩擦力 = 库仑摩擦力 + 黏性摩擦力)三种。

负载处于静止状态时,摩擦力为静摩擦力,随着外力的增加而增加,最大值发生在运动前的瞬间。运动一开始,静摩擦力消失,静摩擦力立即下降为库仑摩擦力,大小为一常数 $F = \mu mg$,随着运动速度的增加,摩擦力成线性增加,此时的摩擦力为黏性摩擦力(与速度成正比的阻尼称为黏性阻尼)。由此可见,仅黏性摩擦力是线性的,静摩擦力和库仑摩擦力都是非线性的。

摩擦对机电传动系统的主要影响是:降低系统的响应速度;引起系统的动态滞后和产生系统误差;在接近非线性区,即低速时产生爬行。

机电传动系统中的摩擦力主要产生于导轨副,其摩擦特性随材料和表面形状的不同而有很大的差别。金属滑动摩擦导轨易产生爬行现象,低速稳定性差。滚动导轨与贴塑导轨特性接近。滚动导轨、贴塑导轨和静压导轨不产生爬行。在使用中应尽可能减小静摩擦力与动摩擦力的差值,并使动摩擦力尽可能小且为正斜率较小的变化,即尽量减小黏性摩擦力。适当地增加系统的惯性 J 和黏性摩擦系数 f,有利于改善低速爬行现象,但

惯性增加会引起机电传动系统响应性能降低；增加黏性摩擦系数也会增加系统的稳态误差，设计时应优化处理。

根据经验，克服摩擦力所需的电动机转矩 T_f 与电动机额定转矩 T_K 的关系为

$$0.2T_K < T_f < 0.3T_K$$

所以要最大限度地消除摩擦力，节省电动机转矩用于驱动负载。

机械系统的摩擦特性随材料和表面状态的不同有很大差异。例如，机械导轨在质量为

3 200 kg 重物作用下，不同导轨表现出不同的摩擦特性，如图 2-6 所示。滑动摩擦导轨摩擦特性出现较大非线性区，易产生爬行现象，低速运动稳定性差；滚动摩擦导轨和静压摩擦导轨不产生爬行。贴塑导轨的特性接近于滚动导轨，但是各种高分子塑料与金属的摩擦特性有较大的差别。另外摩擦力与机械传动部件的弹性变形产生位置误差，运动反向时，位置误差形成回程误差。

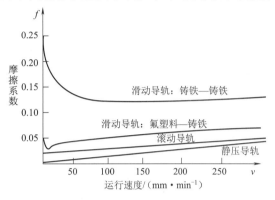

图 2-6　不同导轨的摩擦特性

2.5.2　爬行现象

从以上分析可知，产生爬行的区域就是动静摩擦转变的非线性区，非线性区越宽，爬行现象就越严重。下面从爬行机理来分析爬行现象。

图 2-7 所示为典型机械进给传动系统模型，当丝杠 1 作极低的匀速运动时，工作台 2 可能会出现一快一慢或跳跃式的运动，这种现象称为爬行。

1. 产生爬行的原因和过程

图 2-8 所示为爬行现象模型图。匀速运动的主动件 1，通过压缩弹簧推动静止的运动件 3，当运动件 3 受到的逐渐增大的弹簧力小于静摩擦力 F 时，运动件 3 不动。直到弹簧力刚刚大于 F 时，运动件

图 2-7　典型机械进给系统模型
1—丝杠；2—工作台

3 才开始运动，动摩擦力随着动摩擦系数的降低而变小，运动件 3 的速度相应增大，同时弹簧相应伸长，作用在运动件 3 上的弹簧力逐渐减小，并产生负加速度，速度降低，动摩擦力相应增大，速度逐渐下降，直到运动件 3 停止运动，主动件 1 这时再重新压缩弹簧，爬行现象进入下一个周期。

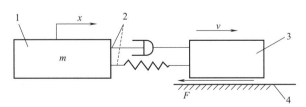

图 2-8　爬行现象模型图

视频课：机械爬行现象

由上述分析可知，低速进给爬行现象的产生主要由于下列因素：

（1）静摩擦力与动摩擦力之差，这个差值越大，越容易产生爬行。

（2）进给传动系统的刚度 K 越小，越容易产生爬行。

（3）运动速度太低。

2. 不发生爬行的临界速度

临界速度可按下式进行估算

$$V_K = \frac{\Delta F}{\sqrt{4\pi\xi Km}} \quad (\text{m/s}) \tag{2-21}$$

式中：ΔF 为静、动摩擦力之差，N；K 为传动系统的刚度，N/m；ξ 为阻尼比；m 为从动件的质量，kg。

以下两种观点有利于降低临界速度，通过降低临界速度增大进给速度范围：适当地增加系统的惯性 J 和黏性摩擦系数 f，有利于改善低速爬行现象，但惯性增加会引起机电传动系统响应性能降低；增加黏性摩擦系数也会增加系统的稳态误差，设计时应优化处理。

3. 实际工作中消除爬行现象的途径

1）提高传动系统的刚度

（1）在条件允许的情况下，适当提高各传动件或组件的刚度，减小各传动轴的跨度，合理布置轴上零件的位置，如适当地加粗传动丝杠的直径，缩短传动丝杠的长度，减少和消除各传动副之间的间隙。

（2）尽量缩短传动链，减小传动件数和弹性变形量。

（3）合理分配传动比，使多数传动件受力较小，因此变形也小。

（4）对于丝杠螺母机构，应采用整体螺母结构，以提高丝杠螺母的接触刚度和传动刚度。

2）减少摩擦力的变化

（1）用滚动摩擦、流体摩擦代替滑动摩擦，如采用滚珠丝杠、静压螺母、滚动导轨和静压导轨等。从根本上改变摩擦面间的摩擦性质，基本上可以消除爬行。

（2）选择适当的摩擦副材料，降低摩擦系数。

（3）降低作用在导轨面的正压力，如减轻运动部件的重量，采用各种卸荷装置，以减少摩擦阻力。

（4）提高导轨的制造与装配质量，采用导轨油等。

综上所述，机电传动系统对机械传动部件的摩擦特性的要求为：静摩擦力尽可能小；静动摩擦力的差值尽可能小；动摩擦力应为尽可能小的正斜率，因为负斜率易产生爬行，会降低精度、减少寿命。

此外，适当地增加系统的惯量 J 和黏性摩擦系数 f，也有利于改善低速爬行现象。但惯量增加将引起伺服系统响应性能的降低，增加黏性摩擦系数 f 会增加系统的稳态误差，故设计时必须权衡利弊，妥善处理。

2.5.3 阻尼影响

机械传动系统的性能与系统本身的阻尼比和固有频率有关。同时这两个重要参数又与机械系统的结构参数密切相关。因此，机械系统的结构参数对伺服系统的性能有很大影响。

在机械部件振动时，金属材料的内摩擦较小（附加的非金属减振材料内摩擦较大）、运动副特别是导轨的摩擦阻尼是主要的。实际应用摩擦阻尼时，一般都简化为黏性摩擦的线性阻尼。

机电传动系统，总可以用二阶线性常微分方程来描述（大多数机械系统均可简化为二级系统），这样的环节称为二阶系统，从力学意义上讲，二阶系统是一个振荡环节。当机械传动系统产生振动时，系统中阻尼比越大，最大振幅就越小且衰减得越快。系统的阻尼比为

$$\zeta = \frac{B}{2\sqrt{mK}} \tag{2-22}$$

式中：B 为黏性阻尼系数；m 为黏系统的质量；K 为黏系统的刚度。

阻尼比大小对传动系统的振动特性有不同的影响：

（1）$\zeta = 0$ 时，系统处于等幅持续振荡状态，因此系统不能没有阻尼，任何机电系统都具有一定的阻尼。

（2）$\zeta > 1$ 称为过阻尼系统，$\zeta = 1$ 称为临界阻尼系统。这两种情况工作中不振荡，但响应速度慢。

（3）$0 < \zeta < 1$ 称为欠阻尼系统。在 ζ 值为 0.5 ~ 0.8（即在 0.707 附近）时，系统不但响应比临界阻尼或过阻尼系统快，而且还能更快地达到稳定值。但在 $\zeta < 0.5$ 时，系统虽然响应更快，但振荡衰减得很慢。

在系统设计时，考虑综合性能指标，一般取 ζ 在 0.5 ~ 0.8。

2.5.4 刚度要素

刚度是使弹性物体产生单位变形所需的作用力，对于机械传动系统来说，刚度包括零件产生各种弹性变形的刚度和两个零件接面的接触刚度。静态力与变形之比为静刚度；动态力（交变力、冲击力）与变形之比为动刚度。

当伺服电动机带动机械负载运动时，机械传动系统的所有元件都会受力而产生不同程度的弹性变形。弹性变形的程度可用刚度 K 表示，它将影响系统的固有频率。随着机电一体化技术的发展，机械系统弹性变形与谐振分析成为机械传动与结构设计中的一个重要问题。

由于其固有频率与系统的阻尼、惯量、摩擦、弹性变形等结构因素有关。当机械系统的固有频率接近或落入伺服系统带宽之中时，系统将产生谐振而无法工作。因此为避免机械系统由于弹性变形而使整个伺服系统发生结构谐振，一般要求系统的固有频率要远远高于伺服系统的工作频率。

根据自动控制理论，避免系统谐振须使激励频率远离系统的固有频率，在不失真条件下应使 $\omega < 0.3\omega_n$，通常可在提高系统刚度、调整机械构件质量和自激频率方面提高防谐振能力。采用弹性模量高的材料，合理选择零件的截面形状和尺寸，对齿轮、丝杠、轴承施加预紧力等方法提高系统的刚度。在不改变系统固有频率的情况下，通过增大阻尼比也能有效抑制谐振，因为谐振频率

$$\omega_r = \omega_n \sqrt{1 - 2\xi^2} \tag{2-23}$$

只有在近似情况下，才认为谐振频率等于固有频率。

对于机电传动系统，增大系统的传动刚度有以下几点好处：

（1）可以减少系统的死区误差（失动量），有利于提高传动精度。

（2）可以提高系统的固有频率，有利于系统的抗振性。

（3）可以增加闭环控制系统的稳定性。

2.5.5 谐振频率

当输入信号的激励频率等于系统的谐振频率时，即 $\omega = \omega_n \sqrt{1 - 2\xi^2}$，有

$$A(\omega) = \frac{1}{2\xi\sqrt{1-\xi^2}} \tag{2-24}$$

系统会产生共振不能正常工作。在实际应用中，保证不产生误解的情况下常用固有频率来近似谐振频率（随着阻尼比 ξ 的增大，固有频率与谐振频率的差距越来越大），此时

$$\omega = \omega_n, \ A(\omega) = \frac{1}{2\xi}$$

对于质量为 m、拉压刚度系数为 K 的单自由度直线运动弹性系统，其固有频率为

$$\omega_n = \sqrt{\frac{K}{m}} \tag{2-25}$$

对于转动惯量为 J、扭转刚度系数为 K 的单自由度旋转运动弹性系统，其固有频率为

$$\omega_n = \sqrt{\frac{K}{J}} \tag{2-26}$$

固有频率的大小不同将影响闭环系统的稳定性和开环系统中死区误差的值。

对于闭环系统，要求机械传动系统中的最低固有频率（最低共振频率）必须大于电气驱动部件的固有频率。表 2-1 所示为进给驱动系统各固有频率的相互关系。

表 2-1　进给驱动系统各固有频率的相互关系

位置调节环的固有频率 W_{OP}	$40 \sim 120$ rad/s
电气驱动（速度环）的固有频率 W_{OA}	$2 \sim 3 \ W_{OP}$
机械传动系统中的固有频率 W_{OI}	$2 \sim 3 \ W_{OA}$
其他机械部件固有频率 W_{Oi}	$2 \sim 3 \ W_{OI}$

对于机械传动系统，它的固有频率取决于系统各环节的刚度及惯量，因此在机械传动系统的结构设计中，应尽量降低惯量，提高刚度，以达到提高传动系统固有频率的目的。

对于开环机电传动系统，虽然稳定性不是主要问题，但是若传动系统的固有频率太低的话，也容易引起振动而影响系统的工作效果。一般要求机械传动系统最低固有频率 $W_{OI} \geqslant 300$ rad/s，其他机械系统 $W_{OI} \geqslant 600$ rad/s。

此外，机电一体化系统中的传动间隙对系统性能的稳定也有一定影响，可参阅资料详细介绍。

视频课：间隙对稳定的影响

【小结与拓展】

1. 系统由一个稳定运转状态，在满足实际工程需求下，经过加速运转状态或减速运转状态过渡到另一个新的稳定运转状态的过程称为电力拖动系统的过渡过程。在过渡过程中，电动机的转速、转矩和电流都要按一定的规律变化，它们都是时间的函数。

2. 稳定运转状态：电力拖动系统的稳定运转状态有电动运转状态和制动运转状态。电动机所产生的电磁转矩是帮助拖动系统运转的，称为电动运转状态，这时电动机把电能转换成机械能，拖动生产机械做功。电动机的电磁转矩是反抗拖动系统运转的，称为制动运转状态，这种状态发生于电动机所带的位能性负载（如提升机械）稳定下降时，负载的位能所产生的旋转力矩带动生产机械运转，而电动机产生与运动方向相反的转矩，阻止负载按自由落体规律不断加速运动的趋势。

3. 过渡过程：当生产机械需要启动、制动、正反向转换或调节速度时，必须人为地改变有关电气参数（电压、电阻或电源频率等），迫使电动机电磁转矩不等于负载转矩，则系统就进入了加速或减速过渡过程的运转状态。由于电力拖动装置中存在着几种惯性，使系统不能从一个稳定工作状态立即变到另一个稳定工作状态，而惯性量的大小又直接影响系统过渡过程时间的长短。

4. 启动过渡过程：电动机通电以后，从静止状态加速到某一个所要求的速度稳定运转的过程。启动过程不是生产过程，一般生产机械总是希望有尽可能短的启动过渡过程时间。从运动方程式中可知，拖动系统的动态转矩 $\Delta M = M - M_L$ 的大小决定了系统加速度的大小。在一定负载转矩 M_L 下，提高电动机的启动电磁转矩是加快启动过渡过程的有效措施。但是，由于电磁转矩与电动机电流有关，所以最大的启动转矩受到电动机最大允许电流的限制。

5. 制动过渡过程：系统从一个稳定运转状态向另一个稳定运转状态或向停车方向减速的过程。在这一过程中，电动机的电磁转矩小于负载转矩，或电磁转矩方向改变，与负载转矩一起反抗运动。这时拖动系统的动态转矩小于零，即 $\dfrac{dn}{dt} < 0$，电动机处于减速过程中。制动过渡过程发生在向低于原稳定转速的速度调速过程、正反向运转转换过程或停车制动过程中。由于制动过渡过程也属非生产过程，故希望一般生产机械都尽量缩短制动过渡过程的时间。

6. 对正在工作于稳定运转状态的电动机，采用电气控制的方法，使之产生最大的反向制动转矩是加快制动过渡过程的有效措施。但最大制动转矩受到电动机最大允许电流的限制。通常，产生电动机制动转矩的方法有能耗制动、反接制动和再生制动三种。

（1）能耗制动：在维持对直流电动机励磁绕组供电的情况下，把正在稳定运转的电动机与电源脱开，同时与制动电阻连接（对交流电动机把定子两相绕组接入直流电流），由于机械惯性的作用，电动机电枢仍在磁场中旋转，其电枢两端所感生的反电动势在制动电阻回路中产生反向电流，形成制动转矩。这时，拖动系统的动能转换成电能，并消耗在制动电阻上，故称为能耗制动。

（2）反接制动：改变正在稳定运转的电动机的电源供电方向（对直流电动机）或改变电动机供电电源相序（对异步电动机），使电源电压方向与电动机反电动势方向相同，产生很大的反向电流形成制动转矩。为限制电动机过大的制动电流，在电动机回路中必须串入制动电阻。

（3）再生制动：这种制动情况发生在电动机正常接法时，由于直流电动机电压下降（如降压调速），或交流电动机电源频率下降（如变频调速），使得电动机的转速高于降压和降频后的理想空载转速。此时，电动机电动势大于供电电压，电动机电流反向，形成制动转矩。在这种制动过程中，电动机处于发电状态，它将拖动系统的动能转换成电能，回送给电网，故称再生制动，又称回馈制动。

【思考与习题】

2-1 研究过渡过程有什么实际意义？试举例说明。

2-2 什么叫过渡过程？什么叫稳定运行过程？试举例说明。

2-3 若不考虑电枢电感，试将电动机突加电枢电压启动的过渡过程曲线 $I_a = f(t)$，$n = f(t)$ 和 $R - C$ 串联电路突加输入电压充电过程中的过渡过程曲线 $i_c = f(t)$、$u_c = f(t)$ 加以比较，并从物理意义上说明它们的异、同点。

2-4 机电时间常数的物理意义是什么？它有哪些表示形式？各种表示形式分别说明了哪些关系？

2-5 直流他动电动机数据如下 $P_N = 21$ kW，$U_N = 220$ V，$I_N = 115$ A，$n_N = 980$ r/min，$R_a = 0.1$ Ω，系统折算到电动机轴上的总飞轮转矩 $GD^2 = 64.7$ N·m²，

（1）求系统的机电时间常数 τ_m。

（2）若电枢电路串接 1 Ω 的附加电阻，则 τ_m 变为多少？

（3）若在上述基础上再将电动机励磁电流减小一半，τ_m 又变为多少（设磁路没有饱和）？

2-6 加快机电传动系统的过渡过程一般采用哪些办法？

2-7 为什么大惯量电动机反而比小惯量电动机更多为人们所采用？

2-8 试说明电流充满系数的概念。

2-9 具有矩形波电流图的过渡过程为什么称为最优过渡过程？它为什么能加快机电传动系统的过渡过程？

第3章 电动机常用控制元件与基本电路

【目标与解惑】

(1) 熟悉机电控制系统主令电器元件；

(2) 掌握机电控制系统中常用继电器；

(3) 掌握机电控制系统中常用接触器；

(4) 理解电器元件组成的典型基本电路；

(5) 了解机电传动系统电气保护电路。

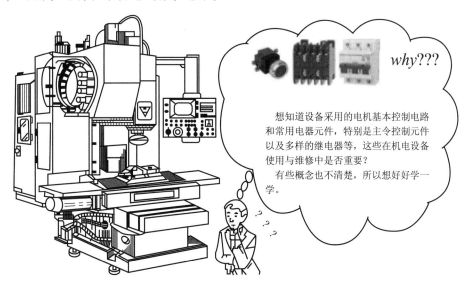

why???

想知道设备采用的电机基本控制电路和常用电器元件，特别是主令控制元件以及多样的继电器等，这些在机电设备使用与维修中是否重要？

有些概念也不清楚，所以想好好学一学。

3.1 机电控制系统主令电器元件

自动控制系统中用于发送控制指令的电器称为主令电器，是一种机械操作的控制电器，主要用来闭合和断开控制电路，它对各种电气系统发出控制命令，使继电器和接触器动作，控制电离拖动系统中电动机的启动、停车、制动及调速。常用主令电器有控制按钮、行程开关、接近开关、光电开关、空气开关和万能转换开关。

3.1.1 控制按钮

控制按钮是发出控制指令和信号的电器开关，是一种手动且一般可以自动复位的主令电器。用于对电磁启动器、接触器、继电器及其他电气线路发出指令信号控制。控制按钮结构示意图如图 3-1 所示，它由按钮帽 1、复位弹簧 2、动触点 3、动断静触点 4、动合静触点 5 和外壳等组成，通常制成具有动合触点和动断触点的复式结构。指示灯式按钮内可装入信号灯显示信号。

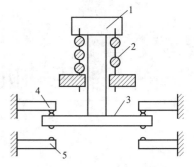

按钮的结构型式有多种，适用于不同的场合：紧急式装有突出的蘑菇形钮帽，以便于紧急操作；旋钮式用于旋转操作；指示灯式在透明的按钮内装入信号灯，用作信号显示；钥匙式为了安全起见，需用钥匙插入方可旋转操作；等等。为了标明各个按钮的作用，避免误操作，通常将钮帽做成不同的颜色以示区别，其颜色有红、绿、黑、黄、蓝、白等。一般以红色表示停止按钮，绿色表示启动按钮。

图 3-1　按钮结构示意图
1—按钮帽；2—复位弹簧；3—动触点；
4—动断静触点；5—动合静触点

目前使用比较多的有 LA18、LA19、LA25、LAY3、LAY5、LAY9 等系列产品。其中 LAY3 系列是引进产品，产品符合 IEC337 标准及国家标准 GB 1497—85；LAY5 系列是仿法国施耐德电气公司产品；LAY9 系列是综合日本和泉公司、德国西门子公司等产品的优点而设计制作，符合 IEC337 标准。

按钮的型号及其含义可扫右侧二维码查看。

按钮的图形符号及文字符号如图 3-2 所示。

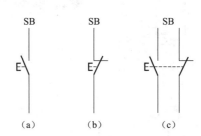

视频课：按钮

图 3-2　按钮的图形符号及文字符号
（a）动合触点；（b）动断触点；（c）复式触点

控制按钮的选用依据主要是根据需要的触点对数、动作要求、是否需要带指示灯、使用场合以及颜色等要求。

3.1.2　行程开关

依据生产机械的行程发出命令以控制其运行方向或行程长短的主令电器，称为行程开关。若将行程开关安装于生产机械行程终点处，以限制其行程，则称为限位开关或终点开关。行程开关广泛用于各类机床和起重机械中，以控制这些机械的行程。

行程开关的种类很多，其主要变化在于传动操作方式和传动头形状的变化。操作方式有瞬动型和蠕动型。头部结构有直动、滚动直动、杠杆单轮、双轮、滚动摆杆可调式、杠杆可调式以及弹簧杆等。

行程开关的工作原理与控制按钮类似，只是它用运动部件上的撞块来碰撞行程开关的推杆。行程开关的触点结构示意图如图 3-3 所示。

视频课：行程开关

触点结构是双断点直动式，为瞬动型触点，瞬动操作是靠传感头推动推杆 1 达到一定行程后，触桥中心点过死点 O''，以使触点在弹簧 2 的作用下迅速从一个位置跳到另一个位置，完成接触状态转换，使动断触点断开（动触点 3 和静触点 4 分开），动合触点闭合（动触点 3 和静触点 5 闭合）。闭合与分断速度不取决于推杆行进速度，而由弹簧刚度和结构决定。各种结构的行程开关，只是传感部件的机构方式不同，而触点的动作原理都是类似的。

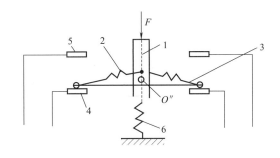

图 3-3　行程开关的触点结构示意图

1—推杆；2—弹簧；3—动触点；4—动断静触点；5—动合静触点；6—复位弹簧

常用的行程开关有 JLXK1、LX19、LX32、LX33 和微动开关 LXW-11、JLXK1-11、LXK3 等系列。

图 3-4 所示为 LX19 系列行程开关外形图。行程开关的图形符号及文字符号如图 3-5 所示。

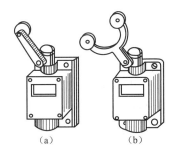

图 3-4　LX19 系列行程开关外形图

（a）单轮旋转式；（b）双轮旋转式

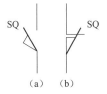

图 3-5　行程开关的图形符号及文字符号

（a）动合触点；（b）动断触点

行程开关在选用时，主要根据机械位置对开关型式的要求和控制线路对触点的数量要求以及电流、电压等级来确定其型号。

3.1.3　接近开关

接近开关是一种无接触式物体检测装置。也就是某一物体接近某一信号机构时，信号机构发出"动作"信号的开关。接近开关又称为无触点行程开关。当检测物体接近它的工作面并达到一定距离时，不论检测物体是运动的还是静止的，接近开关都会自动地发出物体接近面"动作"的信号，而不像机械式行程开关那样需施以机械力。

接近开关是一种开关型传感器，它既有行程开关、微动开关的特性，同时又具有传感器的性能，且动作可靠、性能稳定、频率响应快、使用寿命长、抗干扰能力强，而且具有防水、防振、耐腐蚀等特点。它不但有行程控制方式，而且根据其特点，还可以用于计数、测速、零件尺寸检测、金属和非金属的探测、无触点按钮，液压控制等电量与非电量检测的自动化系统中，还可以同微机、逻辑元件配合使用，组成无触点控制系统。

接近开关的种类很多，但不论何种型式的接近开关，其基本组成都是由信号发生机构（感测机构）、振荡器、检波器、鉴幅器和输出电路组成的。感测机构的作用是将物理量变换成电量，实现由非电量向电量的转换。

视频：接近传感器

接近开关的产品有电感式、电容式、霍尔式、交直流型。图 3-6 所示为接近开关原理图，它所采用的是变压器反馈式振荡器。

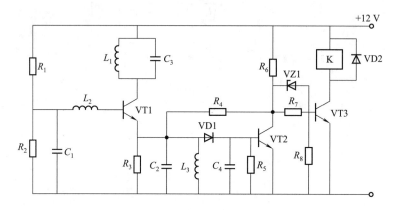

图 3-6　接近开关原理图

在电路中，L_1、C_3 组成并联振荡回路，反馈线圈 L_2 把信号反馈到晶体管 VT1 的基极，从而使振荡器产生高频振荡。输出线圈 L_3 获得高频信号，由二极管 VD1 整流，经 C_4 滤波后，在 R_5 上产生直流电压，使 VT2 饱和导通，此时 VT3 的基极电位接近于零，使 VT3 截止，继电器 K 不动作。R_1、R_2 为振荡电路的基极提供直流电压，C_1 为滤波电容，起到抗干扰的作用。

当有金属接近感测头时，由于涡流去磁，使振荡器停振。此时 L_3 没有高频电压，VT2 截止 VT3 的基极电压升高，使 VT3 获得基极电流而饱和导通，继电器动作，VD2 为续流二极管，用以保护晶体管 VT3。VZ1 的作用是快速起振，当 VT2 截止时，它为 VT1 的发射极提供一个较低电位，从而使 VT1 在 VT2 由截止变导通时，VT1 的发射极从较低的电位开始下降，则振荡器的起振更为迅速。

该电路上设置了正反馈电阻 R_4，实现了后级电路对振荡器的正反馈作用。当金属体接近时，VT2 由饱和导通向截止转化，升高电位通过 R_4 反馈到 VT1 的发射极，因而 VT1 加速截止，振荡器迅速停振。当金属离去时，振荡恢复、VT2 导通，VT2 的集电极电位降低。R_4 的存在缩短了接近开关的动作时间。

目前市场上接近开关的产品很多，型号各异，但功能基本相同，外形有 M6～M34 柱型、方型、普通型、分离型、槽型等，适用于工业生产自动化流水线，定位检测、记数等配套使用。接近开关的图形符号及文字符号如图 3-7 所示。

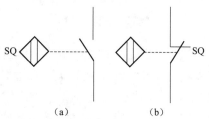

图 3-7　接近开关的图形符号及文字符号

（a）动合触点；（b）动断触点

3.1.4　光电开关

光电开关又称为无接触检测和控制开关。它是利用物质对光束的遮蔽、吸收或反射等作用，对物体的位置、形状、标志、符号等进行检测。

光电开关能非接触、无损伤检测各种固体、液体、透明体、烟雾等。它具有体积小、功能多、寿命长、功耗低、精度高、响应速度快、检测距离远和抗光、电、磁干扰性能好等优点。它广泛应用于各种生产设备中，作为物体检测、液位检测、行程控制、产品计数、速度监测、产品精度检测、尺寸控制、宽度鉴别、色斑与标记识别、自动门、人体接近开关和防盗警戒等，成为自动控制系统和生产线中不可缺少的重要元件。

光电开关是一种新型的控制开关。在光电开关中最重要的是光电器件，是把光照强弱的变化转换为电信号的传感元件。光电器件主要有发光二极管、光敏电阻、光电晶体管、光电耦合器等，它们构成了光电开关的传感系统。

光电开关的电路一般是由投光器和受光器组成，光传感系统根据需要有的是投光器和受光器相互分离，也有的是投光器和受光器组成一体。投光器的光源有的用白炽灯，而现在普遍采用以磷化镓为材料的发光二极管作为光源。受光器中的光电元件既可用光电三极管，也可用光电二极管。

视频：光电开关

图 3-8 所示为光电开关原理电路图，它的投光器为白炽灯，受光器为光电晶体管。白炽灯的电源直接由变压器 T 的副边所得，而开关电路的工作电源是在变压器降压后，通过整流桥 BR 整流，电容 C_1 滤波后提供的。光电开关的门限电压是由电阻 R_3、R_4 分压所得，即 $U_{\mathrm{dB}} = \dfrac{R_4 \times U}{(R_3 + R_4)}$，其中 U 为图中 E 点的电压值。

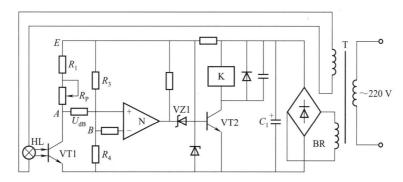

图 3-8　光电开关原理电路图

当无被测体接近时，白炽灯 HL 照射光电晶体管 VT1，此时光电晶体管 VT1 饱和导通，A 点电位低于门限电压 U_{dB}，比较器 N 输出低电平，稳压二极管 VZ1 截止，使得三极管 VT2 无基极电流流入，VT1 截止，继电器 K 不动作；当有被测体接近时，白炽灯的光线被遮挡，照射光电晶体管的光强度减弱，光电晶体管 VT1 由导通状态转变为截止状态，使得 A 点电位升高接近电源电压值，即 $U_A > U_{\mathrm{dB}}$，比较器 N 输出高电平，使稳压管 VZ1 击穿导通，给三极管 VT2 提供基极电流，三极管 VT2 由截止状态转变为饱和导通状态，继电器 K 动作。

目前市场上的光电开关型号很多，但功能基本相同，需要注意的是并非所有的光电开关都能用作人身安全保护。

3.1.5 空气开关

空气开关，又名空气断路器，是断路器的一种，是一种只要电路中电流超过额定电流就会自动断开的开关。空气开关是低压配电网络和电力拖动系统中非常重要的一种电器，它集控制和多种保护功能于一身。除能完成接触和分断电路外，还能对电路或电气设备发生的短路、严重过载及欠电压等进行保护，同时也可以用于不频繁地启动电动机。

按脱扣方式分，空气开关有热动、电磁和复式脱扣三种。

当线路发生一般性过载时，过载电流虽不能使电磁脱扣器动作，但能使热元件产生一定热量，促使双金属片受热向上弯曲，推动杠杆使搭钩与锁扣脱开，将主触头分断，切断电源。当线路发生短路或严重过载电流时，短路电流超过瞬时脱扣整定电流值，电磁脱扣器产生足够大的吸力，将衔铁吸合并撞击杠杆，使搭钩绕转轴座向上转动与锁扣脱开，锁扣在反力弹簧的作用下将三副主触头分断，切断电源。空气开关结构原理图如图3-9所示。

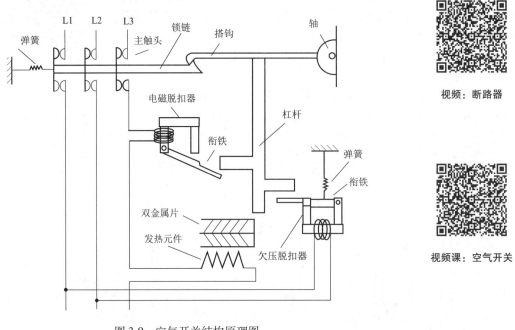

视频：断路器

视频课：空气开关

图 3-9　空气开关结构原理图

开关的脱扣机构是一套连杆装置。当主触点通过操作机构闭合后，就被锁钩锁在合闸的位置。如果电路中发生故障，则有关的脱扣器将产生作用使脱扣机构中的锁钩脱开，于是主触点在释放弹簧的作用下迅速分断。按照保护作用的不同，脱扣器可以分为过电流脱扣器及失压脱扣器等类型。

在正常情况下，过电流脱扣器的衔铁是释放着的；一旦发生严重过载或短路故障时，与主电路串联的线圈就将产生较强的电磁吸力把衔铁往下吸引而顶开锁钩，使主触点断开。欠压脱扣器的工作恰恰相反，在电压正常时，电磁吸力吸住衔铁，主触点才得以闭合。一旦电压严重下降或断电时，衔铁就被释放而使主触点断开。当电源电压恢复正常时，必须重新合闸后才能工作，实现了失压保护。

3.1.6　万能转换开关

万能转换开关是一种多挡式且能对电路进行多种转换的主令电器。它是由多组相同结构的触点组件叠装而成的多回路控制电器，主要用于各种配电装置的远距离控制，也可作为电气测量仪表的转换开关或用作小容量电动机的启动、制动、调速和换向的控制。由于触点挡数多，换接的线路多，用途又广泛，故称万能转换开关。万能转换开关具有体积小、功能多、结构紧凑、选材讲究、绝缘良好、转换操作灵活、安全可靠的特点。

万能转换开关一般由操作机构面板、手柄及数个触点座等部件组成，用螺栓组装成为整体。由于每层凸轮可做成不同的形状，因此当手柄转到不同位置时，通过凸轮的作用，可以使各对触点按需要的规律接通和分断。

目前常用的万能转换开关有：LW2、LW5、LW6、LW8、LW9□、LW12 和 LW15 等系列。其中 LW9□和 LW12 系列符合国际 IEC 有关标准和国家标准，该产品采用一系列新工艺、新材料，性能可靠，功能齐全，能替代目前全部同类产品。

万能转换开关的图形符号及文字符号与操作手柄在不同位置时的触点分合状态的表示方法如图 3-10 所示。使用时不同操作位置各触点的分合情况，可以根据定位特征代号和接线图编号查阅有关手册而得。

视频：万能转换开关

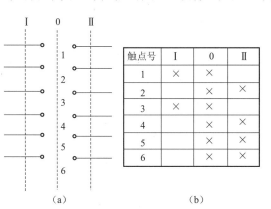

触点号	Ⅰ	0	Ⅱ
1	×	×	
2		×	×
3	×	×	
4		×	×
5		×	×
6		×	×

（a）　　　　　　　　　　（b）

图 3-10　万能转换开关的图形及文字符号与通断表

（a）图形及文字符号；（b）通断表

3.2　机电控制系统中常用继电器

3.2.1　电磁式继电器

1. 概述

电磁式继电器是以电磁力为驱动力的继电器，是电气控制设备中用得最多的一种继电器。图 3-11 所示为电磁式继电器的典型结构，它由铁心、衔铁、线圈、反力弹簧和触点等部分组成。在这种磁系统中，铁心 7 和铁轭为一整体，减少了非工作气隙；极靴 8 为一圆环，套在铁心端部；衔铁 6 制成板状，绕棱角（或绕轴）转动；线圈不通电时，衔铁靠反力弹簧 2 作用而打开。衔铁上垫有非磁性垫片 5。装设不同的线圈后可分别制成电流继电器、电压继电器和中间继电器。这种继电器线圈有交流的和直流的两种，即构成交流电磁式继电器和直流电磁式继电器。直流电磁式继电器再加装铜套11后可构成电磁式时间继电器。

尽管继电器与接触器都是用来自动接通和断开电路的，但也有不同之处。首先，继电器一般用于控制电路中，控制小电流电路，触点额定电流不大于5 A，所以不加灭弧装置；而接触器一般用于主电路中，控制大电流电路，主触点额定电流不小于5 A，需加灭弧装置。其次，接触器一般只能对电压的变化作出反应，而各种继电器可以在相应的各种电量或非电量作用下动作。

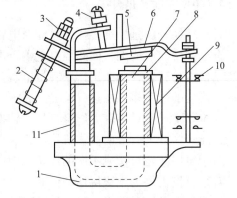

图3-11 电磁式继电器的典型结构
1—底座；2—反力弹簧；3，4—调整螺钉；
5—非磁性垫片；6—衔铁；7—铁心；8—极靴；
9—电磁线圈；10—触点系统；11—铜套

2. 工作原理

1）电磁式电流继电器

电流继电器的线圈串接在被测量的电路中，以反映电路电流的变化。为了不影响电路的正常工作，电流继电器线圈匝数少、导线粗、线圈阻抗小。

除一般用于控制的电流继电器外，还有保护用的过电流继电器和欠电流继电器。

（1）过电流继电器。当线圈电流高于整定值时动作的继电器称为过电流继电器。过电流继电器的动断触点串在接触器的线圈电路中，动合触点一般用作对过电流继电器的自锁和接通指示灯线路。

视频课：继电器原理

过电流继电器在电路正常工作时衔铁不吸合，当电流超过某一整定值时衔铁才吸上（动作）。于是它的动断触点断开，从而切断接触器线圈电源，使接触器的动合触点断开被测电路，使设备脱离电源，起到保护作用。同时过电流继电器的动合触点闭合，进行自锁或接通指示灯，指示发生过电流。过电流继电器整定值的整定范围为1.1～3.4倍额定电流。有的过电流继电器，发生过电流后不能自动复位，需手动复位，这样可避免重复过电流的事故发生。

（2）欠电流继电器。当线圈电流低于整定值时动作的继电器称为欠电流继电器。欠电流继电器一般将动合触点串在接触器的线圈电路中。

欠电流继电器的吸引电流为线圈额定电流的30%～65%，释放电流为额定电流的10%～20%。因此，在电路正常工作时，衔铁是吸合的，只有当电流降低到其一整定值时，继电器释放，输出信号去控制接触器失电，从而控制设备脱离电源，起到保护作用。这种继电器常用于直流电动机和电磁吸盘的失磁保护。

2）电磁式电压继电器

电压式继电器是根据线圈两端电压大小而接通或断开电路的继电器。这种继电器线圈的导线细、匝数多、阻抗大，并联在电路中。电压继电器有过电压、欠电压和零电压继电器之分。

一般来说，过电压继电器在电压为额定电压的110%～120%以上时动作，对电路进行过压保护，其工作原理与过电流继电器相似；欠电压继电器在电压为额定电压的40%～70%时动作，对电路进行欠电压保护，其工作原理与欠电流继电器相似；零电压继电器在电压降至额定电压的 5%～25% 时动作，对电路进行零压保护。

3）中间继电器

中间继电器在结构上是一个电压继电器，但它的触点数多、触点容量大（额定电流 5～10 A），是用来转换控制信号的中间元件。其输入是线圈的通电或断电信号，输出信号为触点的动作。其主要用途是当其他继电器的触点数或触点量不够时，可借助中间继电器来扩大它们的触点数或触点容量。

3. 电磁式继电器

目前常用的电磁式继电器有：JZC1、JZC4 系列接触器式中间继电器，JZ7 系列中间继电器，JL12 过电流延时继电器，JL14 系列电流继电器，以及用作直流电压、时间、欠电流、中间继电器的 JT3 系列。

其中，JZC1 系列性能指标等同于德国西门子公司的 3TH 系列产品；JZC4 系列符合国际 IEC 及国家 GB 1497 标准，是 JZ7 系列的更新换代产品。JZC4 系列中间继电器的主要技术参数见右侧二维码。

文档：继电器

电磁式继电器的一般图形符号是相同的，如图 3-12 所示。电流继电器的文字符号为 KA，线圈方格中用 $I >$（或 $I <$）表示过电流（或欠电流）继电器。电压继电器的文字符号为 KV，线圈方格中用 $U >$（或 $U = 0$）表示欠电压（或零电压）继电器。电磁式继电器在选用时应考虑继电器线圈电压或电流满足控制线路的要求，同时还应按照控制需要区别选择过电流继电器、欠电流继电器、过电压继电器、欠电压继电器、中间继电器等，还要注意交流与直流之分。

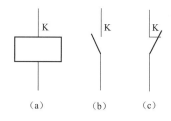

图 3-12 电磁式继电器的图形符号
（a）吸引线圈；（b）动合触点；
（c）动断触点

3.2.2 时间继电器

在电力拖动控制系统中，不仅需要动作迅速的继电器，而且需要当吸引线圈通电或断电以后其触点经过一定延时再动作的继电器，这种继电器称为时间继电器。按其动作原理与构造不同，可分为电磁式、空气阻尼式、电动式和电子式等时间继电器。

1. 直流电磁式时间继电器

电磁式时间继电器一般在直流电气控制电路中应用较广，只能直流断电延时动作。它的结构是在图 3-11 的 U 形静铁心 7 的另一柱上装上阻尼铜套 11，即构成时间继电器。

其工作原理是，当电磁线圈 9 断电后，通过铁心 7 的磁通要迅速减少，由于电磁感应，在阻尼铜套 11 内产生感应电流。根据电磁感应定律，感应电流产生的磁场总是阻碍原磁场的减弱，使铁心继续吸持衔铁较小段时间，达到延时的目的。

这种时间继电器延时时间的长短是靠改变铁心与衔铁间非磁性垫片的厚度（粗调）或改变释放弹簧的松紧（细调）来调节的。垫片越厚延时越短，反之越长。因非导磁性垫片的厚度一般为 0.1 mm、0.2 mm、0.3 mm，具有阶梯性，故用于粗调。而弹簧越紧则延时越短，反之越长，由于弹簧松紧可连续调节，故用于细调。

电磁式时间继电器的优点是结构简单、运行可靠、寿命长。但延时时间短。

2. 空气阻尼式时间继电器

空气阻尼式时间继电器是利用空气阻尼作用获得延时的，线圈电压为交流，因交流继电器不能像直流继电器那样依靠断电后磁阻尼延时，因而采用空气阻尼式延时。它分为通电延时和断电延时两种类型。图 3-13 所示为 JS7-A 系列时间继电器的结构原理图，它主要由电磁系统、延时机构和工作触点三部分组成。其工作原理如下：

图 3-13（a）所示为通电延时型时间继电器，当线圈 1 通电后，铁心 2 将衔铁 3 吸合，同时推板 5 使微动开关 16 立即动作。活塞杆 6 在塔形弹簧 8 的作用下，带动活塞 12 及橡皮膜 10 向上移动，由于橡皮膜下方气室空气稀薄，形成负压，因此活塞杆 6 不能迅速上移。当空气由进气孔 14 进入时，活塞杆才逐渐上移。移到最上端时，杠杆 7 才使微动开关 15 动作。延时时间即为自电磁铁吸引线圈通电时刻起到微动开关 15 动作为止的这段时间。通过调节螺杆 13 来改变进气孔的大小，就可以调节延时时间。

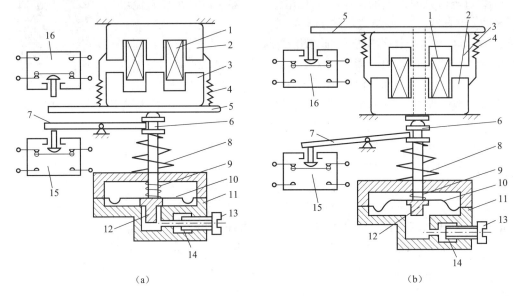

图 3-13　JS7-A 系列时间继电器的结构原理图

（a）通电延时型；（b）断电延时型

1—线圈；2—铁心；3—衔铁；4—复位弹簧；5—推板；6—活塞杆；7—杠杆；8—塔形弹簧；9—弱弹簧；10—橡皮膜；11—空气室壁；12—活塞；13—调节螺杆；14—进气孔；15，16—微动开关

当线圈 1 断电时，衔铁 3 在复位弹簧 4 的作用下将活塞 12 推向最下端，由于活塞被往下推时，橡皮膜下方气室内的空气，都通过橡皮膜 10、弱弹簧 9 和活塞 12 肩部所形成的单向阀，经上气室缝隙顺利排掉，因此延时与不延时的微动开关 15 与 16 都能迅速复位。

将电磁机构翻转 180°安装后，可得到图 3-13（b）所示的断电延时型时间继电器。它的工作原理与通电延时型相似，微动开关 15 是在吸引线圈断电后进行延时动作的。

空气阻尼式时间继电器的优点是结构简单、寿命长、价格低，还附有不延时的触点，所以应用较为广泛。缺点是准确度低、延时误差大（±10%～±20%），在要求延时精度高的场合不宜采用。

目前市场上的数字式时间继电器型号很多，有 DH48S、DH14S、DH11S、JSS1、JS14S、JS14P 系列等。其中 JS14S 系列与 JS14、JS14P、JS20 系列时间继电器兼容，取代方便。DH48S 系列数显时间继电器，为引进技术及工艺制造，替代进口产品；延时范围为 0.01～99 h99 min，任意预置；精度高、体积小、功耗小、性能可靠。另外，还有从日本富士公司引进生产的 ST 系列等。

时间继电器的图形符号和文字符号如图 3-14 所示。

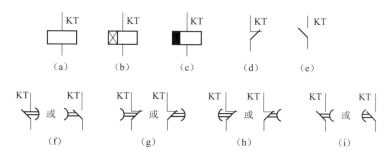

图 3-14　时间继电器的图形符号和文字符号

（a）线圈；（b）通电延时线圈；（c）断电延时线圈；（d）瞬动断触点；（e）瞬时动合触点；
（f）延时断开动合触点；（g）延时闭合动断触点；（h）延时断开动断触点；（i）延时闭合动合触点

时间继电器在选用时应考虑延时方式（通电延时或断电延时）、延时范围、延时精度要求、外形尺寸、安装方式、价格等因素。

3.2.3　热继电器

热继电器是一种具有反时限（延时）过载保护特性的过电流继电器，广泛用于电动机的过载保护，也可用于其他电气设备的过载保护。

电动机在运行过程中，如果长期过载、频繁启动、欠电压运行或者断相运行等都可能使电动机的电流超过它的额定值。如果超过额定值的量不大，熔断器在这种情况下不会熔断，这样将引起电动机过热，损坏绕组的绝缘，缩短电动机的使用寿命，严重时甚至烧坏电动机。因此，常采用热继电器作为电动机的过载保护，以及断相保护。

1. 热继电器的结构及工作原理

热继电器有各种各样的结构形式，最常用的是双金属片式结构，图 3-15 所示为热继电器的结构原理图。双金属片 2 是用两种不同线膨胀系数的金属片，通过机械碾压在一起制成的，一端固定，另一端为自由端。当双金属片的温度升高时，由于两种金属的线膨胀系数不同，所以它将弯曲。热元件 3 串接在电动机定子绕组中，电动机绕组电流即为流过热元件的电流，触点 6、7、9 为热继电器串于接触器线圈回路的动断触点。当电动机正常运行时，热元件产生的热量虽能使双金属片 2 弯曲，但不足以使继电器动作；当电动机过载时，热元件产

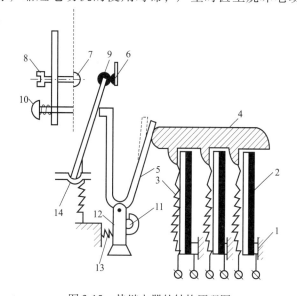

图 3-15　热继电器的结构原理图

1, 6, 7, 9—触点；2—双金属片；3—热元件；4—导板；
5—补偿双金属片；8—复位螺钉；10—按钮；11—调节旋钮；
12—支撑件；13—弹簧；14—推杆

生的热量增大，使双金属片弯曲位移量增大，经过一段时间后，双金属片弯曲，推动导板上升，并通过补偿双金属片 5 与推杆 14 将触点 9 和 6 分开，断开后使接触器失电，接触器的动合触点断开电动机的负载回路，保护了电动机等负载。

补偿双金属片 5 可以在规定范围内（+40 ~ -30 ℃）补偿环境温度对热继电器的影响。如果周围环境温度升高，双金属片向左弯曲程度加大，然而补偿双金属片 5 也向左弯曲，使导板 4 与补偿双金属片之间距离保持不变，故继电器特性不受环境温度升高的影响，反之亦然。有时可采用欠补偿，使补偿双金属片 5 向左弯曲的距离小于双金属片 2 因环境温度升高向左弯曲的变动值，以便在环境温度较高时，热继电器动作较快，更好地保护电动机。

调节旋钮 11 是一个偏心轮，它与支撑件 12 构成一个杠杆，转动偏心轮，即可改变补偿双金属片 5 与导板 4 的接触距离，从而达到调节整定动作电流值的目的。此外，靠调节复位螺钉 8 来改变动合静触点 7 的位置，使热继电器能工作手动复位和自动复位两种工作状态。调试手动复位时，在故障排除后需按下按钮 10 才能使动触点 9 恢复与静触点 6 相接触的位置。

2. 常用的热继电器

目前国内生产的热继电器品种很多，常用的有 JR20、JRS1、JRS2、JRS5、JR16B 和 T 系列等。其中 JRS1 为引进法国 TE 公司的 LR1-D 系列，JRS2 为引进德国西门子公司的 3UA 系列，JRS5 为引进日本三菱公司的 TH-K 系列，T 系列为引进德国 ABB 公司的产品。

JR20 系列热继电器采用立体布置式结构，且系列动作机构通用。除具有过载保护、断相保护、温度补偿以及手动和自动复位功能外，还具有动作脱扣灵活、动作脱扣指示以及断开检验按钮等功能装置。其主要技术参数见表 3-1。

表 3-1　JR20 系列热继电器主要技术参数

型号	额定电压/V	热元件号	整定电流调节范围/A
JR20-10	10	1R ~ 15R	0.1 ~ 11.6
JR20-16	16	1S ~ 6S	3.6 ~ 18
JR20-25	25	1T ~ 4T	7.8 ~ 29
JR20-63	63	1U ~ 6U	16 ~ 71
JR20-160	160	1W ~ 9W	33 ~ 176

热继电器的图形符号及文字符号如图 3-16 所示。

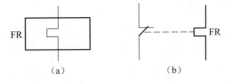

图 3-16　热继电器的图形符号及文字符号
（a）热元件；（b）动断触点

3.2.4　速度继电器

速度继电器常用于三相异步电动机按速度原则控制的反接制动线路中，亦称反接制动继电器，它主要由转子、定子和触点三部分组成。转子是一个圆柱形永久磁铁，定子是一个笼型空心圆环，由硅钢片叠成，并装有笼型绕组。

速度继电器的工作原理如图 3-17 所示。其转子轴与电动机轴相连接，定子空套在转子上。当电动机转动时，速度继电器的转子（永久磁铁）随之转动，在空间产生旋转磁场，切割定子绕组，而在其中感应出电流。此电流又在旋转磁场作用下产生转矩，使定子随转子转动方向而旋转一定的角度，与定子装在一起的摆锤推动触点动作，使动断触点断开，动合触点闭合。当电动机转速低于某一值时，定子产生的转矩减小，动触点复位。

常用的速度继电器有 JYl 型和 JFZO 型。JYl 型能在 3 000 r/min 以下可靠工作；JFZO-1 型适用于 300 ~ 1 000 r/min，JFZO-2 型适用于 1 000 ~ 3 600 r/min；JFZO 型有两对动合、动断触点。一般速度继电器转轴在 120 r/min 左右即能动作，在 100 r/min 以下触点复位。速度继电器的图形符号及文字符号如图 3-18 所示。

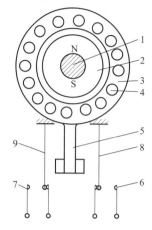

图 3-17　速度继电器的工作原理
1—转轴；2—转子；3—定子；4—绕组；
5—摆锤；6，7—静触点；8，9—动触点

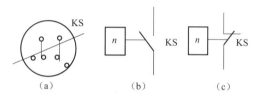

图 3-18　速度继电器的图形及文字符号
（a）转子；（b）动合触点；（c）动断触点

3.2.5　干簧继电器

干式舌簧继电器简称干簧继电器，是近年来迅速发展起来的一种新型密封触点的继电器。普通的电磁继电器由于动作部分惯量较大，动作速度不快；同时因线圈的电感较大，其时间常数也较大，因而对信号的反应不够灵敏。而且普通继电器的触点又暴露在外，易受污染，使触点接触不可靠。干簧继电器克服了上述缺点，具备快速动作、高度灵敏、稳定可靠和功率消耗低等优点，为自动控制装置和通信设备所广泛采用。

干簧继电器的主要部件是由铁镍合金制成的干簧片，它既能导磁又能导电，兼有普通电磁继电器的触点和磁路系统的双重作用。干簧片装在密封的玻璃管内，管内充有纯净干燥的惰性气体，以防止触点表面氧化。为了提高触点的可靠性和减小接触电阻，通常在干簧片的触点表面镀有导电性良好、耐磨的贵重金属（如金、铂、锗及合金）。

在干簧管外面套着一励磁线圈就构成一只完整的干簧继电器，如图 3-19（a）所示。当线圈通以电流时，在线圈的轴向产生磁场，该磁场使密封管内的两干簧片被磁化，于是两干簧片触点产生极性相反的两种磁极，它们相互吸引而闭合。当切断线圈电流时，磁场消失，两干簧片也失去磁性，依靠其自身的弹性而恢复原位，使触点断开。

除了可以用通电线圈来作为干簧片的励磁之外，还可以直接用一块永久磁铁靠近干簧片来励磁，如图 3-19（b）所示。当永久磁铁靠近干簧片时，触点同样也被磁化而闭合，当永久磁铁离开干簧片时，触点则断开。

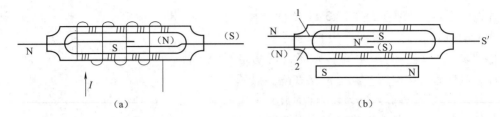

图 3-19　干簧继电器

（a）动合触点式；（b）切换触点式

1，2—簧片

干簧片的触点有两种：一种是图 3-19（a）所表示的动合触点，另一种则是图 3-19（b）所表示的切换式触点。后者当给予励磁时（如用条形永久磁铁靠近），干簧管中的三根簧片均被磁化，其中簧片 1、2 的触点被磁化后产生相同的磁极（图示为 S 极性），因而互相排斥，使动断触点断开；而簧片 1 与 2 的触点则因被磁化后产生的磁性相反而吸合。

3.2.6　固态继电器

1. 概述

固态继电器简称 SSR，是一种新型的继电器，属于无触点通断电子开关，因为可实现电磁继电器的功能，故称"固态继电器"；又因其"断开"和"闭合"均为无触点，无火花，因而又称其为"无触点开关"。

由于固态继电器是由固体元件组成的无触点开关元件，所以与电磁继电器相比，它具有体积小、重量轻、工作可靠、寿命长、对外界干扰小、能与逻辑电路兼容、抗干扰能力强、开关速度快、使用方便等一系列优点。

文档：固态继电器

同时由于采用整体集成封装，使其具有耐腐蚀、抗振动、防潮湿等特点，因而在许多领域有着广泛的应用，在某些领域有逐步取代传统电磁继电器的趋势。固态继电器的应用还在电磁继电器难以胜任的领域得到扩展，如计算机和可编程序控制器的输入输出接口，计算机外围和终端设备，机械控制，中间继电器、电磁阀、电动机等的驱动，调压、调速装置等。在一些要求耐振、耐潮、耐腐蚀、防爆的特殊装置和恶劣的工作环境中，以及要求工作可靠性高的场合中，使用固态继电器都较传统电磁继电器具有无可比拟的优越性。

2. 固态继电器的分类

1）按负载电源类型分类

固态继电器可分为交流型固态继电器（AC-SSR）和直流型固态继电（DC-SSR）两种。AC-SSR 以双向晶闸管作为开关元件，而 DC-SSR 一般以功率晶体管作为开关元件，分别用来接通或关断交流或直流负载电源。

交流型固态继电器可分为过零型（过零触发型）和随机导通型（调相型）两种，它们之间的主要区别在于负载端交流电流导通的条件不同。对于随机导通型 AC-SSR，当在其输入端加上导通信号时，不管负载电源电压处于何种相位状态下，负载端立即导通，如图 3-20（a）所示；而对于过零型 AC-SSR，当在其输入端加上导通信号时，负载端并不一定立即导通，只有当电源电压过零时才导通，如图 3-20（b）所示，因此减少了晶闸管接通时的干扰，高次谐波干扰少，可用于计算机 I/O 接口等场合。随机导通型 AC-SSR 由于是在交流电源的任意状态（指相位）上导通，因而导通瞬间可能产生较大的干扰。

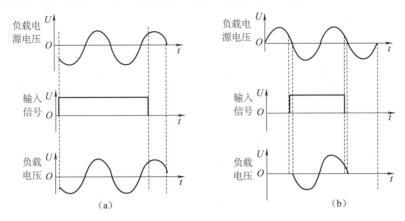

图 3-20 AC-SSR 输入输出关系波形图

（a）随机导通型；（b）过零型

由于双向晶闸管的关断条件是控制极导通电压撤除，同时负载电流必须小于双向晶闸管导通的维持电流。因此，对于随机导通型和过零型 AC-SSR，在导通信号撤除后，都必须在负载电流小于双向晶闸管维持电流时才关断，可见这两种 SSR 的关断条件是相同的。

直流固态继电器（DC-SSR）的输入/输出波形如图 3-21 所示。DC-SSR 内部的功率器件一般为功率晶体管，在控制信号的作用下工作在饱和导通或截止状态，IBC-SSR 在导通信号撤除后立刻关断。

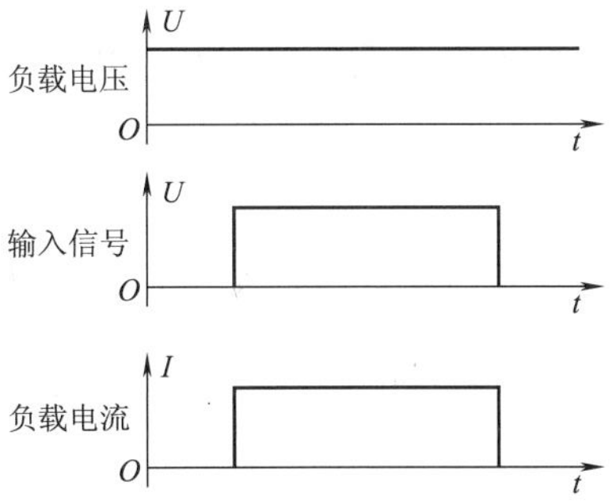

2）按安装形式分类

固态继电器又可分为装配式固态继电器、焊接式固态继电器和插座式固态继电器。装配式 SSR 可装配在电路板上，焊接式 SSR 可直接焊装在印刷电路板上。

3. 固态继电器的工作原理

AC-SSR 为四端器件，两个输入端，两个输出端；DC-SSR 有四端型和五端型之分，其中两个为输入端，对于五端型输出增加一个负端。下面以随机导通型 AC-SSR 为例介绍其工作原理。

图 3-22 所示为随机导通型 AC-SSR 电原理图。

图 3-21 DC-SSR 的输入输出波形

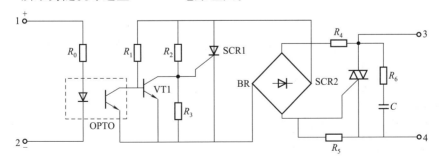

图 3-22 随机导通型 AC-SSR 电原理图

图 3-22 中，OPTO 为光电隔离器，它把输入输出两部分从电气上隔离。VT1 为放大器；SCR1 和 BR 用来获得使双向晶闸管 SCR2 开启用的双向触发脉冲；R_0 和 R_4 为限流电阻，R_4

也为 SCR1 的负载，R_3 和 R_5 为分流电阻，分别用来保护 SCR1 和 SCR2，R_6 和 C 用来组成浪涌吸收电路；BR 为双向整流桥。

当输入端加上信号时，OPTO 导通，VT1 截止，SCR1 导通，在 SCR2 的控制极上将会得到从 $R_4 \rightarrow BR \rightarrow SCR1 \rightarrow BR \rightarrow R_5$ 以及反方向的脉冲，使 SCR2 导通，负载接通。

当输入信号撤除后，OPTO 截止，VT1 导通，SCR1 截止，但此时 SCR2 仍有可能导通，必须等到负载电流小于双向晶闸管维持电流时才截止。

4. 固态继电器使用注意事项

固态继电器的输入端一般只需 100 mA 左右的驱动电流即可，最小工作电压为 3V，所以 MOS 管逻辑信号通常要经过晶体管缓冲级放大后再去控制固态继电器，对于 CMOS 电路可利用 NPN 晶体管缓冲器。当输出端的负载容量很大时，直流固态继电器可通过功率晶体管（交流固态继电器通过双向晶闸管）再驱动负载，固态继电器的主要技术参数见右侧二维码。

文档：固态继电器
技术参数

当温度超过 35 ℃左右后，固态继电器的负载能力（最大负载电流）随温度升高而降低，因此使用时必须注意散热或降低电流使用。

对于容性或电阻类负载，应限制其开通瞬间的浪涌电流值（一般为负载电流的 7 倍），对于电感性负载，应限制其瞬时峰值电压，以防止损坏固态继电器。具体使用时，可参照产品使用说明书。

固态继电器 SSR 的内部电子元件均具有一定的漏电流，其值通常在 5～10 mA。因此，它的输出回路不能实现电气隔离，这一点在使用中应特别注意。

3.3 机电控制系统中常用接触器

3.3.1 接触器的工作原理

当线圈通电时，静铁心产生电磁吸力，将动铁心吸合，由于触头系统是与动铁心联动的，因此动铁心带动三条动触片同时运行，触点闭合，从而接通电源。当线圈断电时，吸力消失，动铁心联动部分依靠弹簧的反作用力而分离，使主触头断开，切断电源。

3.3.2 交流接触器的选择

（1）持续运行的设备：接触器按 67%～75% 算，即 100 A 的交流接触器，只能控制最大额定电流是 75 A 以下的设备。

（2）间断运行的设备：接触器按 80% 算，即 100 A 的交流接触器，只能控制最大额定电流是 80 A 以下的设备。

（3）反复短时工作的设备：接触器按 116%～120% 算，即 100 A 的交流接触器，只能控制最大额定电流是 120 A 以下的设备。

3.3.3 交流接触器的接法

（1）一般三相接触器一共有 8 个点，三路输入，三路输出，还有两个是控制点。输出和输入是对应的，很容易能看出来。如果要加自锁的话，则还需要从输出点的一个端子将线接到控制点上面。

（2）首先应该知道交流接触器的原理。它是用外界电源来加在线圈上，产生电磁场。加电吸合，断电后接触点就断开。知道原理后，应该弄清楚外加电源的接点，也就是线圈的两个接点，一般在接触器的下部，并且各在一边。其他的几路输入和输出一般在上部明了可见。还要注意的是外加电源的电压具体是多少？是 220 V 还是 380 V 的，这些参数一般都标注在接触器的铭牌之中。同时，也要注意接触点是常闭还是常开问题，如果有自锁控制，根据原理理一下线路就清楚了。

3.3.4　交流接触器的分类

交流接触器又可分为电磁式、永磁式和真空式三种。

常用的交流接触器有 CJ10、CJ40、CJ12、CJ20 和引进的 CJX、3TB、B 等系列，下面详细介绍电磁式和永磁式交流接触器。

1. 电磁式结构

1）组成

接触器主要由电磁系统、触点系统、灭弧系统及其他部分组成。

（1）电磁系统：电磁系统包括电磁线圈和铁心，是接触器的重要组成部分，依靠它带动触点的闭合与断开。

（2）触点系统：触点是接触器的执行部分，包括主触点和辅助触点。主触点的作用是接通和分断主回路，控制较大的电流，而辅助触点是在控制回路中，满足各种控制方式的要求。

（3）灭弧系统：灭弧装置用来保证触点断开电路时，产生的电弧可靠地熄灭，减少电弧对触点的损伤。为了迅速熄灭断开时的电弧，通常接触器都装有灭弧装置，一般采用半封式纵缝陶土灭弧罩，并配有强磁吹弧回路。

（4）其他部分：有绝缘外壳、弹簧、短路环、传动机构等。

2）工作原理

当接触器电磁线圈不通电时，弹簧的反作用力和衔铁心的自重使主触点保持断开位置。当电磁线圈通过控制回路接通控制电压（一般为额定电压）时，电磁力克服弹簧的反作用力将衔铁吸向静铁心，带动主触点闭合，接通电路，辅助接点随之动作。

2. 永磁式结构

1）组成

接触器主要由驱动系统、触点系统、灭弧系统及其他部分组成。

（1）驱动系统：驱动系统包括电子模块、软铁、永磁体，是永磁式接触器的重要组成部分，依靠它带动触点的闭合与断开。

（2）触点系统：触点是接触器的执行部分，包括主触点和辅助触点。主触点的作用是接通和分断主回路，控制较大的电流，而辅助触点是在控制回路中，满足各种控制方式的要求。

（3）灭弧系统：灭弧装置用来保证触点断开电路时，产生的电弧可靠地熄灭，减少电弧对触点的损伤。为了迅速熄灭断开时的电弧，通常接触器都装有灭弧装置，一般采用半封式纵缝陶土灭弧罩，并配有强磁吹弧回路。

（4）其他部分：有绝缘外壳、弹簧、传动机构等。

2）工作原理

永磁交流接触器是利用磁极的同性相斥、异性相吸的原理，用永磁驱动机构取代传统电磁铁驱动机构而形成的一种微功耗接触器。安装在接触器联动机构上极性固定不变的永磁铁，与固化在接触器底座上的可变极性软磁铁相互作用，从而达到吸合、保持与释放的目的。软磁铁的可变极性是通过与其固化在一起的电子模块产生十几到二十几毫秒的正反向脉冲电流，而使其产生不同的极性。根据现场需要，用控制电子模块来控制设定的释放电压值，也可延迟一段时间再发出反向脉冲电流，以达到低电压延时释放或断电延时释放的目的，使其控制的电动机免受电网晃电而跳停，从而保持生产系统的稳定。

永磁交流接触器的革新技术特点是用永磁式驱动机构取代了传统的电磁铁驱动机构，具有明显的以下优势：

（1）节能。传统接触器的合闸保持是靠合闸线圈通电产生电磁力来克服分闸弹簧来实现的，一旦电流变小使产生的电磁力不足以克服弹簧的反作用力，接触器就不能保持合闸状态，所以，传统交流接触器的合闸保持是必须靠线圈持续不断地通电来维持的，这个电流从数十到数千毫安。而永磁交流接触器合闸保持依靠的是永磁力，而不需要线圈通过电流产生电磁力来进行合闸保持，电子模块只需要 $0.8 \sim 1.5$ mA 的工作电流，因而，能最大限度地节约电能，节电率高达 99.8% 以上。

（2）无噪声。传统交流接触器合闸保持是靠线圈通电使硅钢片产生电磁力，使动静硅钢片吸合，当电网电压不足或动静硅钢片表面不平整或有灰尘、异物等时，就会有噪声产生。而永磁交流接触器合闸是依靠永磁力来保持的，因而不会有噪声产生。

（3）无温升。传统接触器依靠线圈通电产生足够的电磁力来保持吸合，线圈是由电阻和电感组成的，长期通以电流必然会发热，另外，铁心中的磁通穿过也会产生热量，这两种热量在接触器腔内共同作用，常使接触器线圈烧坏，同时，发热降低主触头容量。而永磁交流接触器是依靠永磁力来保持的，没有维持线圈，自然也就没有温升。

（4）触头不振颤。传统交流接触器的吸持是靠线圈通电来实现的，吸持力量跟电流、磁隙有关，当电压在合闸与分闸临界状态波动时，接触器处于似合似分状态，便会不断地振颤，造成触头熔焊或烧毁，甚至使电动机烧坏。而永磁交流接触器的吸持，完全依靠永磁力来实现，一次完成吸合，电压波动不会对永磁力产生影响，要么处于吸合状态，要么处于分闸状态，不会处于中间状态，所以不会因振颤而烧毁主触头，烧坏电动机的可能性大大降低。

（5）寿命可靠性高。接触器寿命和可靠性主要是由线圈和触头寿命决定的。传统交流接触器由于工作时线圈和铁心都会发热，特别是电压、电流、磁隙增大时容易导致发热而将线圈烧毁，而永磁交流接触器不存在烧毁线圈的可能。触头烧蚀主要是由分闸、合闸时产生的电弧造成的。与传统接触器相比，永磁交流接触器在合闸时，除同样有电磁力作用外，还具有永磁力的作用，因而合闸速度较传统交流接触器快很多，经检测，永磁交流接触器合闸时间一般小于 20 ms，而传统接触器合闸时间一般在 60 ms 左右。分闸时，永磁交流接触器除分闸弹簧的作用外，还具有磁极相斥力的作用，这两种作用使分闸的速度较传统接触器快很多，经检测，永磁交流接触器分闸时间一般小于 25 ms，而传统接触器分闸时间一般在 80 ms 以上。此外，线圈和铁心的发热会降低主触头容量，电压波动导致的吸力不够或振颤会使传统接触器主触头发热、拉弧甚至熔焊。永磁交流接触器触头寿命与传统交流接触器触头相比，在同等条件下寿命提高 3~5 倍。

（6）防电磁干扰。永磁交流接触器使用的永磁体磁路是完全密封的，在使用过程中不会受到外界电磁干扰，也不会对外界进行电磁干扰。

（7）智能防晃电。控制电子模块控制设定的释放电压值，可延迟一定时间再发出反向脉冲电流以达到低电压延时释放或断电延时释放，使其控制的电动机免受电网电压波动（晃电）而跳停，从而保持生产系统的稳定。尤其是装置型连续生产的企业，可减少放空和恢复生产的电、蒸汽、天然气消耗和人工费、设备损坏修理费等。

3.4　电器元件组成的典型基本电路

3.4.1　直接启动单向运行

1. 点动控制

许多生产机械在调整试车或运行时要求电动机能瞬时动作一下，这就叫作点动控制，如龙门刨床横梁的上、下移动，摇臂钻床立柱的夹紧与放松，桥式起重机吊钩、大车运行的操作控制等都需要点动控制。

用按钮、接触器组成的异步电动机点动控制电路如图 3-23 所示。合上电源开关 QS，按下 SB1 按钮，接触器线圈 KM 通电，KM 的三对动合主触点闭合，电动机 M 通电运行。放开按钮，KM 释放，电动机断电停转。

2. 直接启动单向连续运转控制电路

在上述点动控制电路中，按钮 SB1 两端并联接触器的一个动合辅助触点便可实现电动机的连续运转。因为，当接触器线圈通电后，辅助动合触点也闭合，这时放开 SB1，线圈仍通过辅助触点继续保持通电，使电动机继续运行。动合辅助触点的这个作用称为自锁。要使电动机停止运转，可在控制电路中串联另一按钮的动断触点 SB2，这样按下 SB2 时，线圈断电，电动机也跟着停转，故该按钮称为停止按钮，而 SB1 则称为启动按钮。

异步电动机的自锁控制电路如图 3-24 所示。

视频：电动机单方向控制

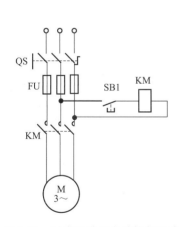

图 3-23　异步电动机点动控制电路

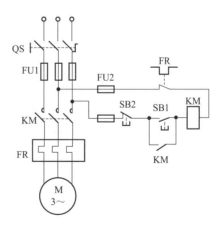

图 3-24　异步电动机的自锁控制电路

3. 基本保护环节

为确保生产安全，必须在电动机的主电路和控制电路中设置保护装置。一般中小型电动机有下面常用的三种基本保护环节。

1）短路保护

由熔断电器来实现短路保护。它应能确保在电路发生短路事故时，可靠地切断电源，使被保护设备免受短路电流的影响。

2）过载保护

由热继电器来实现过载保护。它应能保护电动机绕组不因超过允许温升而损坏。

3）失压保护（零压保护）和欠压保护

继电接触器控制电路本身具有这种保护作用。因为当断电或电压过低时，接触器就释放，从而使电动机自动脱离电源；当线路重新恢复供电时，由于接触器的自锁触点已断开，电动机是不能自行启动的。这种保护可避免引起意外的人身事故和设备事故。

3.4.2 电动机的正、反转控制电路

很多生产机械都要求有正、反两个方向的运动，如起重机的升降、机床工作台的进退、主轴的正反转等。这可由电动机的正、反转控制电路来控制。

我们知道要使三相异步电动机反转，只要将电动机接三相电源线中的任意两根对调连接即可。若在电动机单向运转控制电路基础上再增加一个接触器及相应的控制线路，就可实现正反转控制，如图 3-25（a）所示。

由主电路可以看出，若两个接触器同时吸合工作，则将造成电源短路的严重事故，所以我们在图 3-25（b）中，将两个接触器的动断辅助触点分别串联到另一接触器的线圈支路上，达到两个接触器不能同时工作的控制作用，称为互锁或联锁。这两个动断辅助触点称为互锁触点。这种互锁叫接触器互锁。但这种控制电路有个缺点，就是要反转时，必须先按停止按钮后，再按另一转向的启动按钮。

图 3-25（c）采用了复合按钮互锁，即将两个启动按钮的动断触点分别串联到另一接触器线圈的控制支路上。这样，若正转时要反转，直接按反转按钮 SB2，其动断触点断开，正转接触器 KM1 线圈断电，主触点断开。接着串联于反转接触器线圈支路中的动断触点 KM1 恢复闭合，SB2 动合触点闭合，KM2 线圈通电自锁，电动机反转。这种电路叫双重互锁控制电路。

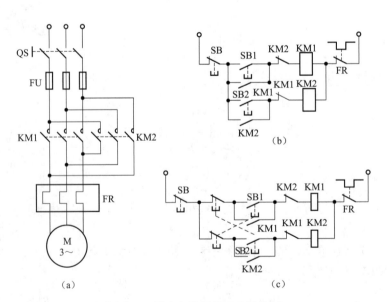

视频课：电动机正反向控制

图 3-25　异步电动机的正反转控制

3.4.3　多机顺序联锁控制

装有多台电动机的生产机构，有时要求按一定的顺序启动电动机，有的还要求按顺序停机，这就要采用顺序联锁控制。

图 3-26 所示为车床油泵和主轴电动机的联锁控制电路。要求油泵电动机 M_1 先启动，使润滑系统有足够的润滑油以后，方能启动主轴电动机 M_2。按下 SB1，KM1 线圈通电自锁，KM1 主触点闭合，油泵电动机 M_1 启动。这时通过 KM1 的自锁触点闭合，为 KM2 的线圈通电作准备，这样，按下 SB2，主轴电动机 M_2 方能启动，如果 M_1 未启动时，按下 SB2，主轴电动机 M_2 也不能启动。电路中的熔断器 FU1、FU2 起短路保护作用；而过载保护由热继电器动断触点是串联的，所以任何一台电动机发生过载而引起热继电器动作，都会使 M_1、M_2 停止运转。

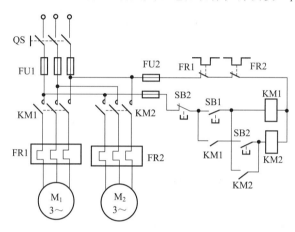

图 3-26　车床油泵和主轴电动机的连锁控制电路

3.4.4　多处同一控制

在万能铣床、龙门刨床上为了便于调整操作和加工，要求在不同地点都能实现同一操作控制。这时只要把启动按钮动合触点并联，停止按钮动断触点串联，便可实现多处控制，如图 3-27 所示。

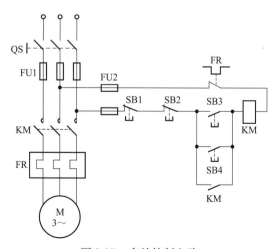

图 3-27　多处控制电路

3.4.5　行程控制电路和行程控制

根据运动部件的位置变化，即以行程为信号对电路进行控制称为行程控制电路，它是通过行程开关配合挡铁来实现的。

图 3-28 所示为工作台自动往返控制电路，实现自动往返的行程开关 SQ1 和 SQ2 实际上与按钮组成的多处控制相似。

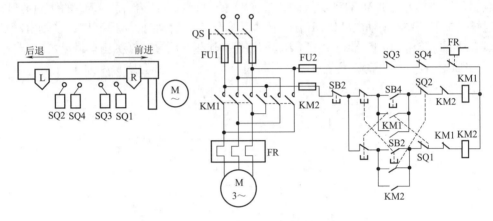

图 3-28　工作台自动往返控制电路

当按下 SB1 时，KM1 线圈通电，电动机正转，带动工作台前进，运动到预定位置时，装于工作台侧的左挡铁 L 压下安装于床身上的行程开关 SQ2，KM1 线圈断电；接着 SQ2 的动合触点闭合，KM2 线圈通电，电动机电源换相反转，使工作台后退，SQ2 复位，为下一循环作准备。当工作台后退到预定位置时，右挡铁 R 压下 SQ1，KM2 线圈断电，接着 KM1 通电，电动机又正转……，如此自动往返。加工结束，按下停止按钮 SB3，电动机就断电停转。若要改变工作台行程，可调整挡铁 L 和 R 之间的距离。图中 SQ3 和 SQ4 是作为限位保护而设置的，目的是为了防止当 SQ1 和 SQ2 失灵时造成工作台超越极限位置出轨的严重事故。车间里的桥式起重机，其大车的左右运行，小车的前后运行和吊钩的提升都必须有限位保护。

3.4.6　时间控制电路

以时间的长短为信号来控制电路的动作称为时间控制，它是利用时间继电器来实现的。

时间控制电路举例：

1. 三相鼠笼式异步电动机星形、三角形换接降压启动的控制电路

如图 3-29 所示，其工作过程如下，先合上电源开关 QS，按下启动按钮 SB2，接触器 KM1、KM2 线圈得电，其主触点同时闭合，电动机定子绕组作星形连接降压启动。KM1 的动合辅助触点闭合自锁，KM2 的动断辅助触点断开，与接触器 KM3 实现互锁。

由于时间继电器 KT 的线圈与 KM1 同时得电，所以，经过预先整定好的时间（Y 接启动时间），通电延时断开的动断触点断开使 KM2 线圈失电，主触点断开，而延时闭合的动合触点闭合使 KM3 线圈通电自锁，其主触点 KM3 闭合将电动机定子绕组连接成△形全压正常运行。

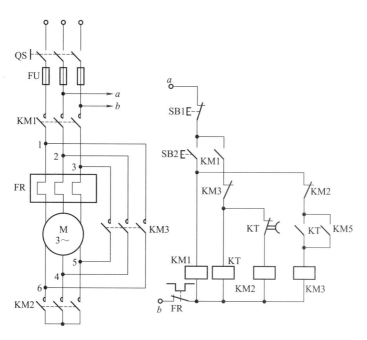

图 3-29　异步电动机 Y－△启动控制电路

2. 能耗制动控制电路

图 3-30 所示为有变压器全波整流的能耗制动控制电路。制动用直流电源由桥式全波整流器 VC 供给，用可调电阻 R 调节制动电流的大小。

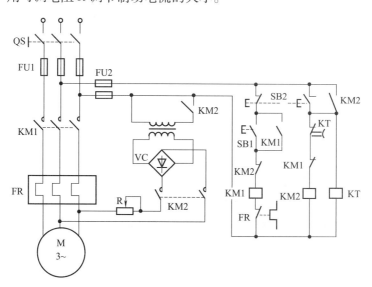

图 3-30　能耗制动控制电路

工作原理如下：先合上电源开关 QS，按下启动按钮 SB1，接触器 KM1 线圈得电动作并自锁，主触点闭合，电动机 M 启动运转。停车时，按下 SB2，KM1 线圈失电，断开电动机三相交流，同时 KM2 和时间继电器 KT 线圈得电，通过接触器 KM2 的主触点向电动机定子绕组通入直流电，进行能耗制动。经过预先调好的时间，KT 的动断延时触点断开，KM2 线圈失电，切断直流电源，制动结束。

3.5 电气保护电路

设备电气控制系统要长期无故障地运行，还必须有各种保护措施，否则会造成电动机、电网、电气设备事故或危及人身安全。保护环节是所有电气控制系统不可缺少的组成部分。

电气控制系统中常用的保护环节有短路保护、过载保护、零压与欠压保护以及过流保护等。

3.5.1 短路保护

电动机绕组的绝缘、导线的绝缘损坏或线路发生故障时，造成短路现象，产生短路电流并引起电气设备绝缘损坏和产生强大的电动力使电气设备损坏。因此在产生短路时，必须迅速地将电源切断。常用的短路保护电器有熔断器保护和自动开关保护。

视频：熔断器

1. 熔断器保护

熔断器比较适合于对动作准确度和自动化程度要求较低的系统中，如小容量的笼型电动机、一般的普通交流电源等。在发生短路时，很可能发生一相熔断器熔断，造成单相运行。

2. 自动开关保护

自动开关在发生短路时可将三相电路同时切断。由于自动开关结构复杂，操作频率低，因而广泛用于控制要求较高的场合。

3.5.2 过载保护

电动机长期超载运行，绕组温升超过其允许值，电动机的绝缘材料就要变脆，寿命降低，严重时将使电动机损坏。过载电流越大，达到允许温升的时间就越短。常用的过载保护电器是热继电器，热继电器可以满足这样的要求：当电动机为额定电流时，电动机为额定温升，热继电器不动作；在过载电流较大时，热继电器则经过较短时间就会动作。

视频：熔断器的
选用

由于热惯性的原因，热继电器不会受电动机短时过载冲击电流或短路电流的影响而瞬时动作，所以在用热继电器作过载保护的同时，还必须设有短路保护。并且选作短路保护的熔断器熔体的额定电流不应超过热继电器发热元件额定电流的 4 倍。

3.5.3 零压与欠压保护

当电动机正常运行时，如果电源电压因某种原因消失，那么在电源电压恢复时，电动机就将自行启动，这就可能造成生产设备损坏，甚至造成人身事故。对电网来说，同时有许多电动机及其他用电设备自行启动也会引起不允许的过流及瞬间网络电压下降。为了防止电压恢复时电动机自动启动的保护叫"零压保护"。

当电动机正常运行时，电源电压过分地降低将会引起一些电器释放，造成控制电路不正常工作，可能产生事故；电源电压过分降低也会引起电动机转速下降甚至停转。因此需要在电源电压降到一定值以下时将电源切断，这就是"欠压保护"。

一般常用电磁式电压继电器实现欠压保护。而利用按钮的自动恢复作用和接触器的自锁作用，可不必另加设零压保护继电器，在主电动机控制线路中，有的本身带有自锁环节的电路已兼备了零压保护环节。

3.5.4　过流保护

过流保护广泛用于直流电动机或绕线型异步电动机，对于三相笼型异步电动机，一般不采用过流保护而采用短路保护。

过流往往是由于不正确的启动和过大的负载转矩引起的，一般比短路电流要小。在电动机运行中产生过电流要比发生短路电流的可能性更大，尤其是在频繁正反转起制动的重复短时工作制的电动机中更是如此。直流电动机和绕线型异步电动机线路中过电流继电器也起短路保护作用，一般过电流的动作值为启动电流的 1.2 倍左右。

【小结与拓展】

1. 电器是一种能够根据外界信号的要求，手动或自动地接通或断开电路，断续或连续地改变电路参数，以实现电路或非电对象的切换、控制、保护、检测、变换和调节作用的电气设备。简而言之，电器就是一种能控制电的设备。

2. 电器按其工作电压等级可分成高压电器和低压电器。低压电器通常是指用于交流额定电压 1 200 V，直流额定电压 1 500 V 及以下的电路中所使用，并能起到通断、保护、控制或调节作用的电器产品。低压电器产品标准按内容性质可分为基础标准、专业标准和产品标准三大类。

3. 低压电器的分类方法有多种：①按动作方式分为自动切换电器、手动切换电器；②按用途分为配电电器、控制电器；③按工作原理分为电磁式电器、非电量控制电器；④按输出触点的工作形式分为有触点电器、无触点电器，另外，低压电器按灭弧介质分为空气、真空、油等低压电器；⑤按工作条件分为一般工业用电器、船用电器、化工用电器、矿用电器、牵引用电器、航空用电器等。也有按外壳防护等级、安装类别等来分类的。

4. 低压电器选用的一般原则：我国生产的低压电器有 130 多个系列，品种近千种，规格上万类，用途多样。如何正确地选用低压电器（选用合理、使用正确、技术和经济相互兼顾）非常重要。由于品种繁多，低压电器的选用方法有其特殊性，选用时应遵循的基本原则有：①安全原则是对任何电路的基本要求，保证电路和用电设备的可靠运行是正常生活与生产的前提。②经济原则包括电器本身的经济价值和使用该种电器产生的价值。前者要求合理适用，后者必须保证运行可靠，不致因故障而引起各类经济损失。

5. 低压电器选用的注意事项：①控制对象（如电动机或其他用电设备）的分类和使用环境。②确认有关的技术数据，如控制对象的额定电压、额定功率、操作特性、启动电流倍数、操作频度和工作制等。③了解电器的正常工作条件，如环境空气温度、相对湿度、海拔高度、允许安装方位、抗震动和有害气体等方面的能力。④了解电器的主要技术性能，如用途、种类、额定电压、控制能力、接通能力、分断能力、工作制和使用寿命等。

6. 传统的继电器控制技术采用硬件接线实现，若是产生故障，不便于进行维修，PLC控制则采用存储逻辑，以程序的方式存储在内存中，若是发生故障，只需检查程序即可。PLC 内部可编程的结构主要包括编程器、输入输出单元、用户程序存储器、系统程序存储器以及中央处理单元。

从控制速度上看，传统的继电器控制技术由于实现控制需依据机械动作，因此工作效率较低，速度较慢，在 ns 量级且在操作过程中易出现抖动现象，有可能造成电器损坏。PLC由于是由程序进行控制的，速度相比传统继电器控制技术快，一般速度在 μs 量级，且在控制时不会出现抖动现象。

在延迟控制中，传统的继电器控制技术依靠设备的滞后性实现，定时精度较差，在操作时不易调整时间。而 PLC 监视控制是时钟脉冲由晶体振荡器引起的，可操控时间，且精度较高。PLC 控制虽与微计算机技术相似，但工作方式却不同。PLC 技术采用循环扫描，而微机则采用键盘扫描，其基本原理将在后面章节中说明。

【思考与习题】

3-1　什么是电气原理图、电器布置图及电气安装接线图？

3-2　请写出文字符号 QS、FU、FR、KM、KA、KT、SB 与 SQ 的含义。

3-3　光电开关的工作原理是什么？设计中应如何选择？

3-4　三相交流异步电动机允许采用直接启动的容量大小是如何决定的？

3-5　什么叫自锁控制？什么叫连锁控制？

3-6　电器元件安装前应如何进行质量检验？

3-7　什么是欠压保护？什么是失压保护？什么是过流保护？为什么说接触器自锁控制线路具有失压和欠压保护作用？

3-8　在电动机的控制线路中，短路保护和过载保护各由什么电器来实现？它们能否相互代替使用？为什么？

3-9　试画出能在两地控制同一台电动机正反转点动与连续控制的电路图。

3-10　请利用改变触头位置和电路变形方法，画出三种双重连锁的正反转控制线路。

3-11　有两台电动机 M_1、M_2，要求 M_1 启动后 M_2 才能启动，M_2 停止后 M_1 才能停止。两台电动机都要求有短路、过载、欠压和失压保护，设计其控制电路。

3-12　请设计出三相异步电动机断相保护线路，其要求如下：当电动机工作时，只要三相电源中任何一相电源断路都会造成接触器释放，切断电动机电源达到断相保护的目的。

限制给定元件：三相断路器一个，交流接触器两个，按钮开关三个，热继电器一个。

3-13　请设计出自动抽水控制电路，其要求如下：

（1）当水箱没有水时，合上电源开关 QS，电动机带动水泵开始向水箱内送水。

（2）当水位达到一定高度时，电动机停转。

（3）当水箱水位降到一定位置时，电动机又开始重新工作，向水箱内送水，如此循环工作。限制给定元件：三相断路器一个，交流接触器一个，位置开关两个。

第4章 继电器—接触器电路及实物连线

【目标与解惑】

(1) 掌握继电器—接触器控制线路的基本控制工作原理;

(2) 掌握分析简单的继电器—接触器控制线路;

(3) 熟悉一些简单的继电器—接触器控制线路;

(4) 了解正确安装/检修按钮接触器双重连锁正反转控制线路;

(5) 理解常用继电器与常用接触器区别;

(6) 了解继电器—接触器的PLC改造项目实例。

why???

怎么感觉接触器与继电器是一样的呢?它们之间有什么联系与区别?在设计基本控制电路时如何选择?构成基本的控制电路如何接线?还有其功能是否能用PLC取代?这些我都想知道呢。

4.1 实物外形及接线图

4.1.1 继电器

直流继电器是指采用直流电流的一种小型电子控制器件。具有控制系统(又称输入回路)和被控制系统(又称输出回路),通常应用于自动控制电路中。它相当于"自动开关",在电路中起着自动调节、安全保护、转换电路等作用。

1. 实物外形

小型直流继电器一般具有两种外形,一种是透明封装的,另一种是非透明封装的。其外形如图4-1所示。

（a）　　　　　　　　　　　　　　（b）

图 4-1　小型直流继电器外形图

（a）透明封装；（b）非透明封装

2. 接线图

小型五脚继电器的接线图一般标注在继电器底面，有的是在随带的说明书中，如图 4-2 所示。三只脚侧的中间 2 脚是输出触点的公共端子，另外两个引脚 1、3 脚是线圈，即接驱动端，4、5 脚分别是常开和常闭触点。

3. 工作原理

小型五脚继电器是一种用电流控制的开关装置。继电器的工作原理是，当线圈通电后，线圈中的铁心产生强大的电磁力，吸动衔铁带动簧片，使触点 2、5 断开，2、4 接通。当线圈断电后，弹簧使簧片复位，使触点 2、5 接通，2、4 断开。只要把需要控制的电路接在触点 2、5 间（称为常闭触点）或触点 2、4 间（称为常开触点），就可以利用继电器达到某种控制的目的。

图 4-2　五脚继电器的接线图

4. 主要参数

（1）线圈直流电阻，指用万用表测出的线圈的电阻值。

（2）额定工作电压或额定工作电流，是指继电器正常工作时，线圈的电压或电流值。有时，手册中只给出额定工作电压或额定工作电流，这时就可以用欧姆定律算出没给出的额定电流或额定电压值，即 $I = U/R$，$U = I \cdot R$，R 为继电器线圈的等效电阻。

（3）吸合电压或电流，是指继电器产生吸合时的最小电压或电流。如果只给继电器的线圈上加上吸合电压，这时的吸合是不牢靠的。一般吸合电压为额定工作电压的 75% 左右。

（4）释放电压或电流，是指继电器两端的电压减小到一定数值时，继电器从吸合状态转到释放状态时的电压值。释放电压要比吸合电压小得多，一般释放电压是吸合电压的 1/4 左右。

（5）触点负载，是指继电器的触点在切换时能承受的电压和电流值。

5. 编号及含义

继电器功能编号及其含义在第 3 章已有说明。如型号 CJX1-12/22 中，数字 12 代表的是设计序号，数字 22 第一个 2 代表有两个常开触点，第二个 2 代表有两个常闭触点。值得注意的是额定电流和线圈电压有时也要写上去。如：CJX1-22 交流接触器和 CJX1-22/22 的区别就是前者表示为这个接触器的通用型号，没有具体通断电流值大小。22 表示为带有 2 常开和 2 常闭辅助触点。后者表示这个型号接触器规格为 22 A 通断电流，前面 22 表示电流值，后面表示 2 常开和 2 常闭。

4.1.2　接触器

接触器可频繁地接通与大电流控制（某些型别可达 800 A）电路的装置，所以经常运用于电动机作为控制对象，也可用作控制工厂设备、电热器、工作母机和各样电力机组等电力负载，接触器不仅能接通和切断电路，而且还具有低电压释放保护作用。接触器控制容量大，适用于频繁操作和远距离控制，是自动控制系统中的重要元件之一。在工业电气中，接触器的型号很多，电流在 5 ~ 1 000 A 不等，其用处相当广泛。

1. 实物外形

交流接触器利用主接点来开闭电路，用辅助接点来导通控制回路，接触器的使用寿命很长，机械寿命通常为数百万次至一千万次，电寿命一般则为数十万次至数百万次。随着科学技术的发展，交流接触器制作为一个整体，外形和性能也在不断提高，但是功能始终不变。其大型接触器实物图如图 4-3 所示，一般没有透明封装形式。

图 4-3 大型接触器实物图

2. 使用接线法

（1）一般三相接触器共有 8 个点，三路输入，三路输出，还有两个是控制点。输出和输入是对应的，很容易能看出来。如果要加自锁的话，则还需要从输出点的一个端子将线接到控制点上面。

（2）首先应该知道交流接触器的原理。它是用外界电源来加在线圈上，产生电磁场。加电吸合，断电后接触点就断开。知道原理后，应该弄清楚外加电源的接点，也就是线圈的两个接点，一般在接触器的下部，并且各在一边。其他的几路输入和输出一般在上部。还要注意外加电源的电压是多少（220 V 或 380 V），一般都有标注。并且注意接触点是常闭还是常开的。

3. 工作原理

交流接触器的接点由银钨合金制成，具有良好的导电性和耐高温烧蚀性。交流接触器动作的动力源于交流通过带铁心线圈产生的磁场，电磁铁心由两个"山"字形的硅钢片叠成，其中一个固定铁心，套有线圈，工作电压可多种选择。为了使磁力稳定，铁心的吸合面加上短路环。交流接触器在失电后，依靠弹簧复位。

另一半是活动铁心，构造和固定铁心一样，用以带动主接点和辅助接点的闭合断开。

20 A 以上的接触器加有灭弧罩，利用电路断开时产生的电磁力，快速拉断电弧，保护接点。接触器可高频次进行操作，作为电源开启与切断控制时，最高操作频次可达 1 200 次/小时。

4. 技术参数和类型

（1）额定电压。接触器的额定电压是指主触头的额定电压。交流有220 V、380 V 和660 V，在特殊场合应用的额定电压可高达1 140 V，直流主要有110 V、220 V 和440 V。

（2）额定电流。接触器的额定电流是指主触头的额定工作电流。它是在一定的条件（额定电压、使用类别和操作频率等）下规定的，目前常用的电流等级为10～800 A。

（3）吸引线圈的额定电压。交流有36 V、127 V、220 V 和380 V，直流有24 V、48 V、220 V 和440 V。

（4）机械寿命和电气寿命。接触器是频繁操作电器，应有较高的机械和电气寿命，该指标是产品质量的重要指标之一。

（5）额定操作频率。接触器的额定操作频率是指每小时允许的操作次数，一般为300次/小时、600 次/小时和1 200 次/小时。

（6）动作值。动作值是指接触器的吸合电压和释放电压。规定接触器的吸合电压大于线圈额定电压的85% 时应可靠吸合，释放电压不高于线圈额定电压的70%。

常用的交流接触器有CJ10、CJl2、CJ10X、CJ20、CJXl、CJX2、3TB 和3TD 等系列。

一般永磁交流接触器是利用磁极的同性相斥、用永磁驱动机构取代传统电磁铁驱动机构而形成的一种微功耗接触器。国内成熟的产品型号有：CJ20J、NSFC1、NSFC2、NSFC3、NSFC4、NSFC5、NSFC12、NSFC19、CJ40J、NSFMR 等。

5. 编号及含义

交流接触器的种类很多，其分类方法也不尽相同，详细在第3 章已有说明，具体见二维码。

4.2 交流接触器选配

4.2.1 根据电动机的负载选配

1. 按电动机负载选择

电动机负载的轻重程度分为一般任务、重任务和特重任务三类，根据这三类任务分别选配接触器。

（1）一般任务所使用的接触器基本上属于AC-3（交流三相）使用类别，操作频率不高，用于启动鼠笼式和绕线式电动机，在达到额定转速时断开，并伴有少量点动。只要接触器的使用寿命达60 万次，就可满足运行8 年以上的要求。属于这一类的机械所占比重最大，在选配接触器时只要所选的额定电压和额定电流等于或稍大于电动机的额定电压和额定电流即可。通常选用CJ10 系列交流接触器。

（2）重任务所使用的接触器基本上属于包括90% AC-3、10% 以上AC-4（交流四线制）和50% AC-2（交流单向）的混合使用类别，平均操作频率可达100 次/小时或以上，用于启动鼠笼式和绕线式电动机，经常运行于点动、反接制动、反向和低速时断开，如电梯、卷扬机、龙门刨床等设备。在控制中常出现混合的使用类别。

鼠笼式电动机容量在20 kW 以下时，选用CJ10Z 系列交流接触器较为合适；容量较大的鼠笼式电动机，应选用 CJ20 系列交流接触器；而大容量和中等容量的绕线式电动机，则可选用 CJl2 系列交流接触器。

（3）特重任务所使用的接触器基本上属于近乎 100% AC-4 或 100% AC-2 的使用类别，操作频率可达 600 ~ 1 200 次/小时（个别情况下可达 3 000 次/小时），用于频繁点动、反接制动和可逆运行，如拉丝机、镗床和印刷机等设备。除了按重任务要求设备设计选用交流接触器外，还可选用 CJl2 系列交流接触器，有时为了节省维护时间和不受噪声干扰，也可选用晶闸管交流接触器。

2. 选择接触器的类型

交流接触器按负荷种类一般分为一类、二类、三类和四类，分别记为 AC1、AC2、AC3 和 AC4。一类交流接触器对应的控制对象是无感或微感负荷，如白炽灯、电阻炉等；二类交流接触器用于绕线式异步电动机的启动和停止；三类交流接触器的典型用途是鼠笼型异步电动机的运转和运行中分断；四类交流接触器用于笼型异步电动机的启动、反接制动、反转和点动。

4.2.2 接触器额定参数选择

根据被控对象和工作参数，如电压、电流、功率、频率及工作制等确定接触器的额定参数。

（1）接触器的线圈电压，一般应低一些为好，这样对接触器的绝缘要求可以降低，使用时也较安全。但为了方便和减少设备台套，也常按实际电网电压选取。

（2）电动机的操作频率不高，如压缩机、水泵、风机、空调、冲床等，接触器额定电流大于负荷额定电流即可。接触器类型可选用 CJl0、CJ20 等。

（3）对重任务型电动机，如机床主电动机、升降设备、绞盘、破碎机等，其平均操作频率超过 100 次/分，运行于启动、点动、正反向制动、反接制动等状态，可选用 CJl0Z、CJl2 型的接触器。为了保证电寿命，可使接触器降容使用。选用时，接触器额定电流大于电动机额定电流。

（4）对特重任务电动机，如印刷机、镗床等，操作频率很高，可达 600 ~ 12 000 次/小时，经常运行于启动、反接制动、反向等状态，接触器大致可按电寿命及启动电流选用，接触器型号可选用 CJl0Z、CJl2 等。

（5）交流回路中的电容器投入电网或从电网中切除时，接触器选择应考虑电容器的合闸冲击电流。一般地，接触器的额定电流可按电容器的额定电流的 1.5 倍选取，型号可选用 CJl0、CJ20 等。

（6）用接触器对变压器进行控制时，应考虑浪涌电流的大小。例如，交流电弧焊机、电阻焊机等，一般可按变压器额定电流的 2 倍选取接触器，型号可选用 CJl0、CJ20 等。

（7）对于电热设备，如电阻炉、电热器等，负荷的冷态电阻较小，因此启动电流相应要大一些。选用接触器时可不用考虑启动电流，直接按负荷额定电流选取。型号可选用 CJl0、CJ20 等。

（8）由于气体放电灯启动电流大、启动时间长，对于照明设备的控制，可按额定电流的 1.1 ~ 1.4 倍选取交流接触器，型号可选用 CJl0、CJ20 等。

（9）接触器额定电流是指接触器在长期工作下的最大允许电流，持续时间≤8 h，且安装于敞开的控制板上，如果冷却条件较差，选用接触器时，接触器的额定电流按负荷额定电流的 110% ~120% 选取。对于长时间工作的电动机，由于其氧化膜没有机会得到清除，使接触电阻增大，导致触点发热超过允许温升。

实际选用时，可将接触器的额定电流减小 30% 使用。

4.3 继电器—接触器设计控制电路

4.3.1 三相异步电动机的点动运动控制

1. 点动控制

按下按钮，电动机得电运转，松开按钮，电动机就失电停转的控制方式叫点动控制。

2. 点动控制线路图

点动控制线路图如图 4-4 所示。

3. 点动控制线路工作原理

启动：合上电源开关 QF（QS）→按下启动按钮 SB→KM 线圈得电→KM 主触头闭合→电动机启动运转。

停止：松开启动按钮 SB→KM 线圈失电→KM 主触头分断→电动机失电停转。

4. 电路的保护功能

从电路图中我们可以看出，各个保护功能是由相关作用元件实现的：

短路保护功能→熔断器；欠压与失压保护→接触器。

5. 实物连接图

三相异步电动机点动运动控制实物连接图如图 4-5 所示。

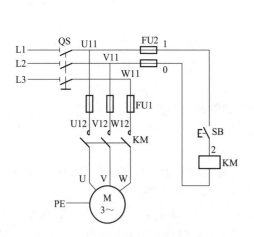

图 4-4　点动控制线路图

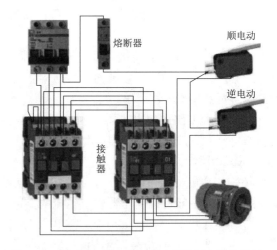

图 4-5　三相异步电动机点动运动控制实物连接图

4.3.2 三相异步电动机的正反转控制安装

1. 双重联锁正反转控制线路

双重联锁的正反转控制电路图如图 4-6 所示。

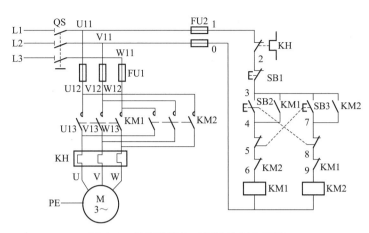

视频：电机驱动正反转
启停控制演示

图 4-6 双重联锁的正反转控制电路图

2. 双重联锁正反转控制线路的控制原理

1）正转控制

按下 SB2 按钮，SB1 常闭触头先分断对 KM2 联锁，SB2 常开触头后闭合，KM1 线圈得电，KM1 自锁触头闭合自锁，KM1 主触头闭合，KM1 联锁触头分断对 KM2 进行联锁，电动机 M 启动连续正转。

2）反转控制

按下 SB3，联锁触头 5 断开，KM1 线圈失电，KM1 常闭触头闭合，KM2 线圈得电，KM2 常开触头闭合，KM2 主触头闭合，KM2 联锁触头分断对 KM1 连锁，电动机 M 启动连续反转。

若要停止，按下 SB1，整个控制电路失电，主触头分断，电动机 M 失电停转。

3）电路特点

为克服接触器联锁正反转控制线路和按钮联锁正反转控制线路的不足，在按钮联锁的基础上，又增加了接触器联锁，构成按钮、接触器双重联锁正反转控制线路。该线路兼有两种联锁控制线路的优点，操作方便，工作安全可靠。

4）实物接线图

双重联锁的正反转控制实物连接图如图 4-7 所示。

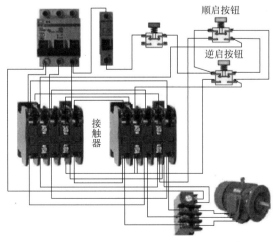

图 4-7 双重联锁的正反转控制实物连接图

4.3.3 工作台自动往返控制线路

1. 自动往返控制

（1）控制要求。生产机械设备的工作台在一定行程内自动往返运动，即要求电气控制线路能对电动机实现自动转换正反转控制。

（2）开关安装位置原理示意如图 4-8 所示。

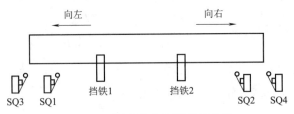

图 4-8　开关安装位置原理示意图

2. 电路组成

自动往返控制电路图如图 4-9 所示（在正反转控制电路基础上提示学生增加自动往返控制功能）。

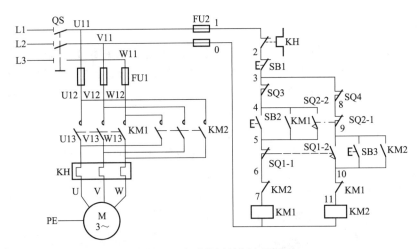

图 4-9　自动往返控制电路图

3. 工作原理

启动：合上电源开关 QS，当工作台停在左端时，按启动按钮 SB3，接触器 KM2 得电→KM2 常闭触头分断，对 KM1 进行联锁，常开触头闭合，电动机连续反转→工作台向右运行→挡铁 2 压合 SQ2→SQ2-1 分断，KM2 断电，电动机停止反转，工作台停止右行；SQ2-2 闭合，接触器 KM1 线圈得电→KM1 常闭触头分断，对 KM2 进行联锁，KM1 常开触头闭合，电动机连续正转，工作台左行→挡铁 1 压合 SQ1→SQ1-1 分断，KM1 断电，电动机停止正转，工作台停止左行；SQ1-2 闭合，接触器 KM2 线圈得电→KM2 常闭触头分断，对 KM1 进行联锁，KM2 常开触头闭合，电动机连续反转，工作台左行…

停止：按下停止按钮，KM1（或 KM2）断电，电动机停止运行，工作台停止移动。

这里提出一个值得思考的问题：工作台能停在左右极限位置吗？

4. 电路保护功能

从电路图中我们可以看出，这种控制方式操作方便，能实现自动往返。而各个保护功能是由相关作用元件实现的：

短路保护→熔断器 FU1；欠压、失压保护→接触器 KM1/KM2；过载保护→热继电器 KH；工作行程极限保护→位置开关 SQ1/SQ2。

5. 实物连线图

自动往返控制电路实物连接图如图 4-10 所示。

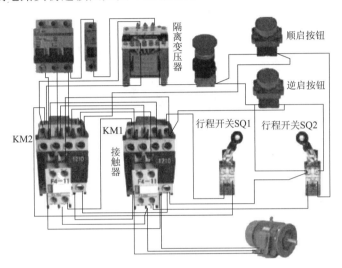

图 4-10　自动往返控制电路实物连接图

4.3.4　三相异步电动机的顺序控制

1. 控制线路图

三相异步电动机的顺序控制线路图如图 4-11 所示。

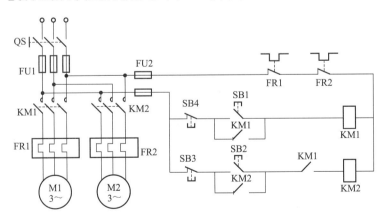

图 4-11　三相异步电动机的顺序控制线路图

2. 顺序控制原理

在图 4-11 所示中，先合上电源开关 QS，接触器 KM1 的另一常开触头串联在接触器 KM2 线圈的控制电路中，当按下 SB1 使电动机 M1 启动运转，再按下 SB2，电动机 M2 才会启动运转，若要停止 M2 电动机，则只要按下 SB3；如要 M1，M2 都停机，则只要按下 SB4 即可。

3. 实物链接图

三相异步电动机的顺序控制实物连接图如图 4-12 所示。

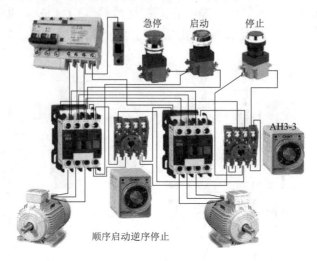

图 4-12　三相异步电动机的顺序控制实物连接图

思考：其实，能实现同样功能的控制电路有多种设计方法，你能否设计出另外的控制线路图，并进一步设计两台电动机能够实现顺启逆停加两地控制的控制线路图。

4.3.5　电动机 Y—△降压启动控制线路安装

1. 控制线路原理图

Y—△降压启动控制线路原理图如图 4-13 所示。

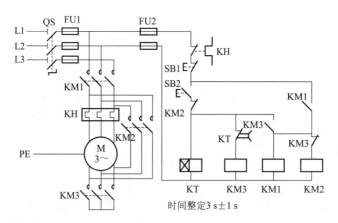

图 4-13　Y—△降压启动控制线路原理图

2. Y—△降压启动控制线路控制原理

按下 SB2，时间继电器 KT 得电，接触器 KM3 线圈得电，常闭触头分断，对 KM2 进行联锁，主触头闭合，电动机接成 Y 形，常开触头闭合，接触器 KM1 线圈得电，自锁触头与主触头闭合，电动机 Y 形启动。经延时，KT 延时分断触头分断，切断 KM3 线圈电源，KM3 常闭触头恢复闭合，KM2 线圈得电，KM2 主触头闭合，电动机接成三角形全压运行。

3. 适用场合

设备简单、成本低，但只适用于正常运动时作△形连接且在轻载或空载下启动的异步电动机。

4. 实物控制接线图

Y—△降压启动控制线路实物连接图如图 4-14 所示。

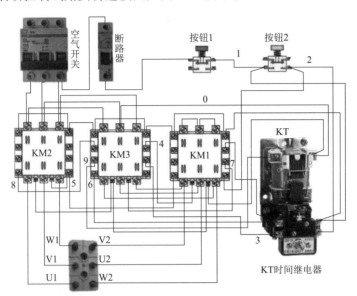

图 4-14　Y—△降压启动控制线路实物连接图

4.3.6　三相异步电动机的反接制动控制

1. 反接制动原理

依靠改变电动机定子绕组的电源相序来产生制动力矩，迫使电动机迅速停转的方法叫反接制动。

2. 单向启动反接制动线路图

单向启动反接制动控制线路图如图 4-15 所示。

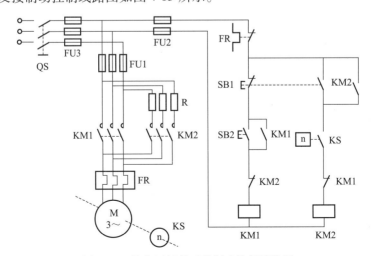

图 4-15　单向运行的反接制动控制线路图

3. 工作原理

电动机正常运转时，KM1 通电吸合，KS 的常开触点闭合，为反接制动作准备。按下停止按钮 SB1，KM1 断电，电动机定子绕组脱离三相电源，电动机因惯性仍以很高速度旋转，KS 常开触点仍保持闭合，将 SB1 按到底，使 SB1 常开触点闭合，KM2 通电并自锁，电动机定子串接电阻接上反相序电源，进入反接制动状态。电动机转速迅速下降，当电动机转速接近 100 r/min 时，KS 常开触点复位，KM2 断电，电动机断电，反接制动结束。

4. 注意事项

反接制动时，由于旋转磁场与转子的相对转速（n1 + n）很高，故转子绕组中感生电流很大，致使定子绕组中的电流也很大，一般约为电动机额定电流的 10 倍。因此，反接制动适用于 10 kW 以下的小容量电动机的制动，并且对 4.5 kW 以上的电动机进行反接制动时，需在定子回路中串入限流电阻 R，以限制反接制动电流。限流电阻的大小可参考下述经验公式进行估算。

在电源电压为 380 V 时，若使反接制动电流等于电动机直接启动时的一半，限流电阻为：

$$R \approx 1.5 \frac{220}{I_{\mathrm{st}}}$$

若使反接制动电流等于电动机直接启动时的电流，限流电阻为

$$R' \approx 1.3 \frac{220}{I_{\mathrm{st}}}$$

同时注意这种控制方式要求制动迅速且使用在电动机不频繁启动的工况场合。

4.3.7 三相异步电动机的能耗制动

1. 能耗制动原理

当电动机切断电源后，立即在定子绕组的任意两相中通入直流电，迫使电动机立即停转的方法叫能耗制动。

当电动机停转后，立即在定子绕组的任意两相中通入直流电，惯性运转的电动机转子切割直流电产生的静止磁场的磁力线在转子绕组中产生感应电流，感应电流与静止磁场相互作用产生与电动机转动方向相反的电磁力矩，使电动机受制动迅速停转。

2. 控制线路图

三相异步电动机能耗制动控制线路原理图如图 4-16 所示。

3. 能耗制动特点

能耗制动虽然制动准确、平稳，且能量消耗较小，但需附加直流电源装置，制动力较弱，在低速时制动力矩小。能耗制动一般用于要求制动准确、平稳的场合。

4. 工作原理

（1）启动原理：（由学生对以上电路图的理解加以分析）。

（2）制动原理：（学生分析后老师可依据不同的思路加以归纳）。

按下停止按钮，常闭先分断，KM1 失电触头复位，电动机断电惯性运行。常开后闭合，KM2、KT 得电，KM2 常开触头与主触头闭合，KT 瞬时动作，常开触头闭合，电动机能耗制动迅速停转。

制动结束后，KT 延时分断常闭触头延时分断，切断能耗制动直流电源。

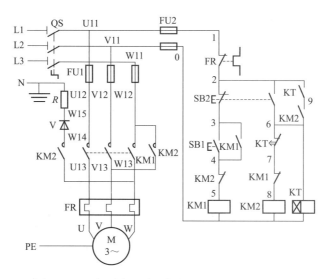

图 4-16　三相异步电动机能耗制动控制线路原理图

5. 实物接线图

三相异步电动机能耗制动控制线路实物连接图如图 4-17 所示。

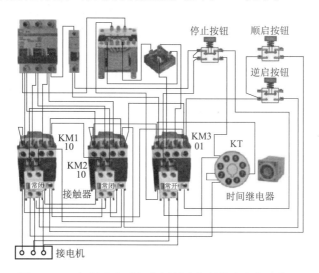

图 4-17　三相异步电动机能耗制动控制线路实物连接图

4.3.8　三相交流异步电动机变速控制电路

1. 定子绕组的连接

双速异步电动机定子绕组连接图如图 4-18 所示。

2. 电路组成

按钮和时间继电器控制双速控制线路电路图如图 4-19 所示。双速电动机的定子绕组的每相中点各有一个出线端 U2、V2、W2。使电动机低速运转时，把三相电源分别接定子绕组的 U1、V1、W1 端，定子呈△形连接，磁极为 4 极，同步转速为 1 500 r/min。要使电动机高速运转，就把三个出线端 U1、V1、W1 并接在一起，另外三个出线端 U2、V2、W2 分别接到三相电源上，定子呈 YY 形连接，磁极为 2 极，同步转速为 3 000 r/min。值得注意的是双速电动机定子绕组从一种接法改变为另外一种接法时，必须把电源相序反接，以保证电动机的旋转方向不变。

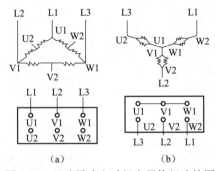

图 4-18　双速异步电动机定子绕组连接图

（a）低速 - △接法（4 极）；（b）高速 - YY 接法（2 极）

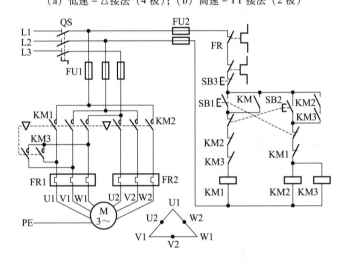

图 4-19　按钮和时间继电器控制双速控制线路电路图

3. 其工作原理

先合上电源开关 QS：

（1）电动机△型低速启动运转：

（2）电动机 YY 型高速运转：

（3）停转时，按下 SB3 即可实现。

5. 实物控制接线图

双速异步电动机定子绕组实物连接图如图 4-20 所示。

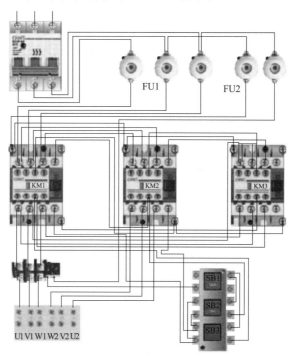

图 4-20　双速异步电动机定子绕组实物连接图

4.4 继电器与接触器的主要区别

在机电控制系统中，虽然利用接触器作为电气执行元件可以实现最基本的自动控制，但对于稍复杂的情况就无能为力了。在极大多数的机电控制系统中，需要根据系统的各种状态或参数进行判断和逻辑运算，然后根据逻辑运算结果去控制接触器等电气执行元件，实现自动控制的目的。这就需要能够对系统的各种状态或参数进行判断和逻辑运算的电器元件，这一类电器元件就称为继电器。

继电器实质上是一种传递信号的电器，它是一种根据特定形式的输入信号转变为其触点开合状态的电器元件。一般来说，继电器由承受机构、中间机构和执行机构三部分组成。承受机构反映继电器的输入量，并传递给中间机构，与预定的量（整定量）进行比较，当达到整定量时（过量或欠量），中间机构就使执行机构动作，其触点闭合或断开，从而实现某种控制目的。

继电器与接触器的根本区别在于，继电器作为系统的各种状态或参量判断和逻辑运算的电器元件，主要起到信号转换和传递作用，其触点容量较小。所以，通常接在控制电路中用于反映控制信号，而不能像接触器那样直接接到有一定负荷的主回路中。

继电器与接触器二者结构基本相同。接触器只有在一定的电压信号作用下动作，而继电器的输入量可以是各种物理量。接触器的主要作用是控制主电路的通断，所以它具有强化执行功能，而继电器是实现对各种信号的感测，所以它具有强化感测的灵敏性、动作的准确性和反应的快速性特点。接触器触点有主副触点之分，并含有灭弧装置，而继电器没有。

继电器：用于控制电路、电流小，没有灭弧装置，可在电量或非电量的作用下动作。

接触器：用于主电路、电流大，有灭弧装置，一般只能在电压作用下动作。

接触器与继电器的区别：结构原理与工作电压都相同，只是接触器控制的负载功率较大，故体积也较大。交流接触器广泛用作电力的开断和控制电路。

它们所承受的载荷是不同的，电流容量大的是接触器，小的是继电器，还有在主回路中用接触器，在控制回路中用继电器。

在电气控制电路中，继电器属于逻辑部分，接触器属于执行部分，继电器既可以按照电路设计程序要求，发出脉冲使接触器的主触头断开，也可以按照电路设计程序要求，使接触器的主触头实现保持。如果把测量部分比比是人的神经的话，继电器等逻辑部分就是肌肉，而接触器则可比作骨骼，它们共同配合才能控制电路的分合闸。

接触器是一种用于控制电动机等起停的一种电气设备，容量较大，具有较强的灭弧能力，属于一次设备。而继电器则属于继电设备，是二次设备，通过不同组合连接实现对一次设备进行控制、保护、监视等作用。有用于测量的电流（压）、阻抗继电器，有用于增大触点容量和增加触点对数的中间继电器，也有用于获取必要延时的时间继电器等。

继电器与接触器的区别还体现在触点容量不同，继电器触点容量较小，触头只能通过小电流，主要用于控制，而接触器容量大，触头可以通过大电流，用于主回路较多的场合。

接触器有交流与直流之分，那么，交流接触器与直流接触器能否互换使用呢？答案是否定的。

这是因为以下几点：

（1）铁心不一样：交流接触器的铁心有彼此绝缘的硅钢片叠压而成，并做成双 E 形；直流接触器的铁心多由整块软铁制成，多为 U 形。

（2）灭弧系统不一样：交流接触器采用栅片灭弧，而直流接触器采用磁吹灭弧装置。

（3）线圈匝数不一样：交流接触器线圈匝数少，通入的是交流电；而直流接触器的线圈匝数多，通入的是直流电。交流接触器分断的是交流电路，直流接触器分断的是直流电路。交流接触器操作频率最高为 600 次/小时，使用成本低；而直流接触器操作频率可高达 2 000 次/小时，使用成本高。

（4）交流接触器在应急时可以代用直流接触器，吸合时间不能超过 2 h（因为交流线圈散热比直流差，这是由它们的结构不同决定的），真的要长时间使用最好在交流线圈中串一电阻，反过来直流接触器却不能代用交流接触器。

（5）交流接触器的线圈匝数少，直流接触器的线圈匝数多，从线圈的体积大小也可以区分。对于主电路电流过大（$Ie > 250$ A）的情况下，接触器一般采用串联双绕组线圈。

直流接触器的线圈的电抗大，电流小，可以说接上交流电是不会损坏的，但时合时放。而交流接触器的线圈的电抗小，电流大，如果接上直流电就会损坏线圈。

（6）交流接触器的线圈匝数少，电阻较小，当线圈通入交流电时，将产生一个较大的感抗，此感抗远远大于线圈的电阻，线圈的励磁电流主要取决于感抗的大小。如果将直流电通入，则线圈就成为纯电阻负载，此时流过线圈的电流会很大，使线圈发热，甚至烧坏。所以，不能将交流接触器作为直流接触器使用。

4.5 继电器—接触器的 PLC 改造项目实例

继电器-接触器控制方法是一种基础的传统方法，随着科学技术的不断更新以及学科交叉渗透作用影响，在实际的工业应用中，PLC 在控制方面得到了不断的发展，尤其对原来的继电器—接触器控制线路进行改造。

4.5.1　PLC 改造策略

1. 确定主电路部分

在 PLC 改造电气控制的继电器—接触器控制系统中，如果不做功能上的改善和拓展，主电路基本保持不变。需要说明的是，如果电路中没有保护部分，必须添加上去；如果电路的功能需要拓展，必须将原电路进行重新设计，不仅是将拓展功能的部分重新设计，还要充分考虑原有电路点控制要求与兼容问题。

2. 确定好输入部分

输入信号是直接地主令控制电器或者保护电器的触点、实际的反馈信号所带过来的实际控制信号，因此，它可以外接按钮的触点、位置开关的触点、感应开关的触点、热继电器的触点、速度继电器的触点和其他控制感应继电器的执行触点。

3. 确定好输出部分

输出是控制执行电器的重要部分。从电动机控制电路的角度来说，主要就是接触器的接线。在这一部分需要强调的是，如果是交流控制环境，而 PLC 未带交流接口，必须采用中间继电器外接端口，以引入所需的交流电源。

4. 改造过程注意点

PLC 改造过程中要明确输入/输出硬件，画出 PLC 接线图，并注意以下几个方面：

（1）输入部分的触点尽量采用常开触点，这对于初学者能较直观地理解 PLC 程序和控制原理图之间的转换关系。

（2）输出部分需要保留电气联锁即硬联锁，其含义就是一个打开另一个锁定，或者是只有在一个打开时另一个才能打开，以免发生冲突。

（3）严格输入/输出用编号 X/Y 代替，消除混淆预防短路问题源头。

尤其注意的是，在某些控制电路如双重联锁正反转电路中，电动机正转的情况下突然给出反转信号，由于 PLC 是以扫描的方式工作，扫描周期长短导致出现竞争现象，从而引起电源的相间短路，这种危险必须严格消除，类似的情况在三相交流电动机 Y —△启动控制中也存在。

4.5.2　PLC 控制改造范例

1. Y —△启动的 PLC 改造

Y —△启动的电气原理图如图 4-21 所示，通过主电路，KM_Y 得电的情况下实现的是"Y"接法，而 $KM_\triangle$ 得电则是实现"△"接法。这样也就确定了 KM_Y 先得电、$KM_\triangle$ 后得电的控制要求，而控制电路也实现了这一点。需要说明的是，利用 KT 延时常闭、常开触点的动作，实现了由"Y"接法向"△"接法的转换。该硬件接线控制方式无竞争现象，也不会出现 KM_Y 和 $KM_\triangle$ 同时得电而引起三相电源相间短路的问题。

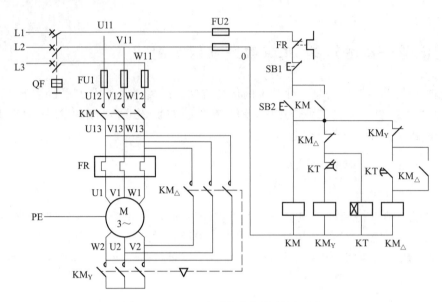

图 4-21　Y —△启动的电气控制原理图

在进行 PLC 改造的过程中，如果需要对原电路的功能增加能耗制动的制动方式，我们对主电路的所进行的重新设计如图 4-22（a）所示，说明一下，制动过程定子回路采用了 Y 接法。

从主电路可以看出，输出应该有四个，外接 KM1、KM2、KM$_Y$、KM$_\triangle$。工作过程可以简单描述如下：电源接通的情况下，启动过程中，KM1、KM$_Y$ 先接通，电动机转速达到速度继电器的动作速度时，KM$_Y$ 失电，KM$_\triangle$ 得电，实现 Y —△启动转换。制动过程中，KM$_\triangle$ 失电，KM2、KM$_Y$ 得电，当速度继电器实现恢复状态时，KM2、KM$_Y$ 失电，结束制动过程。选择的 PLC 为三菱 FX1N-40MR，由于没有交流接口，接线图中考虑用中间继电器转换交流电源，如图 4-22（b）、（c）所示。

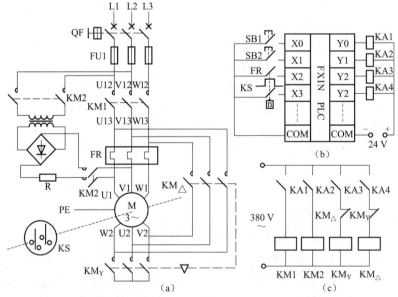

图 4-22　带能耗制动 Y —△启动控制的 PLC 控制

（a）主电路图；（b）PLC 接线图；（c）继电器接口接线图

为了防止 KM1、KM2 的竞争以及 KM$_Y$、KM$_\triangle$ 的竞争，我们采用时间空余来解决。所谓时间空余不过是人为地引入一个时间段，使其处于状态转换的两种状态之间，以冒险来消除竞争的一种方法。对应的梯形图如图 4-23 所示，其中的 T 200、T 201 就是引进的时间空余设置。说明一下，三菱 FX 系列 PLC 定时器 T 200 ～ T 245 的计时单元为 10 ms，即 0.01 s。

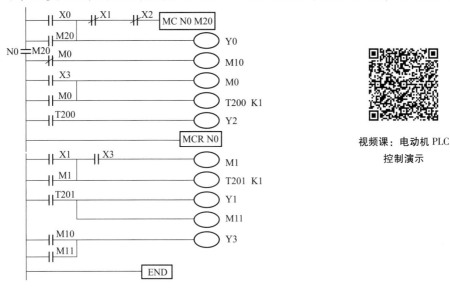

视频课：电动机 PLC
控制演示

图 4-23 带能耗制动的 Y —△启动 PLC 梯形图

倘若没有增加能耗制动功能，它的 PLC 改造系统图如图 4-24 所示。可见，由于引入了消除竞争的时间空余，使得梯形图结构与原电气控制图结构有较大差别。这也就是说，PLC 梯形图的结构与电气控制图的结构不同是正常的，只在简单控制中才有相同结构，如电动机点动、自锁、两地控制等。

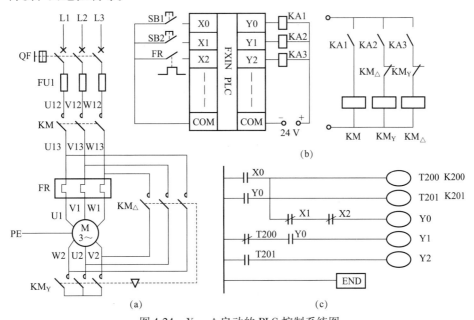

图 4-24 Y —△启动的 PLC 控制系统图
(a) 主电路；(b) 接线图（PLC 接线图和继电器接口接线图）；(c) 梯形图

2. 复杂电气控制 PLC 改造

控制中的中间继电器功能不单一，或者非严格二维的电气控制原理图称为复杂电气控制原理图。对这种电路转换的过程中要注意以下两点：

（1）分离原来的中间继电器的功能，使之具体化。

（2）分解垂直方向的电气控制单元。

我们可以用 C650Ⅰ型车床主轴电动机电气控制的 PLC 改造来说明。具体电气控制原理图如图 4-25 所示，相应的控制功能如下：

（1）正反转功能，KM1、KM3 通正转，KM2、KM3 通反转。

（2）点动试车功能，SB4 为点动按钮。

（3）反接制动功能，单独 KM1、KM2 通是反转、正转反接制动。

（4）电气保护环节，短路、过载、欠电压保护均有。

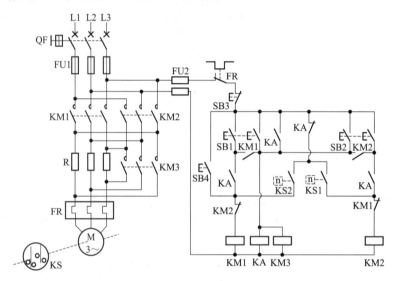

图 4-25　C650Ⅰ型车床主轴电动机电气控制原理图

综合上述原因，改造该车床主轴电动机控制必须引入辅助继电器来进行功能剥离，同时，还要引入时间空余来消除竞争。在主电路保持不变的基础上，具体的 PLC 接线图、梯形图如图 4-26（文字部分是介绍各部分功能及体现形式）所示。

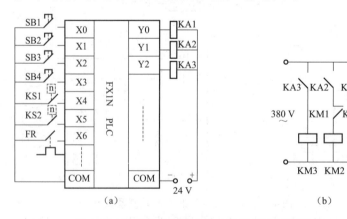

图 4-26　C650Ⅰ型车床主轴电动机 PLC 控制图

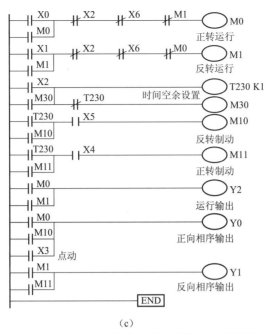

图 4-26　C650 I 型车床主轴电动机 PLC 控制图

（a）PLC 接线图；（b）继电器接口电路图；（c）梯形图

用 PLC 改造继电器—接触器控制系统可以很好地消除竞争现象，编程灵活、方便，非常实用，还可以省去控制电路接线等，从而进一步实现了用整个控制环节软件化。注意在复杂控制系统的 PLC 实现中，应用时间空余可以达到消除竞争的效果。

【小结与拓展】

1. 在一个控制回路中是离不开接触器和继电器的，接触器主要是用于一次回路的，可以通过较大的电流（可达几百到一千多安培），继电器是用于二次回路的，只能通过小电流（几安培到十几安培），实现各种控制功能，继电器的触点较多，种类也很多，有时间继电器（KT）、交流继电器、电磁式继电器等，分类很细，主要用于二次保护用接触器，电流较大，一次为铁磁线圈和主触头。在继电器的触点容量满足不了要求时，也可以用接触器代替。

2. 继电器是一种电控制器件。它具有控制系统（又称输入回路）和被控制系统（又称输出回路）之间的互动关系。通常应用于自动化的控制电路中，它实际上是用小电流去控制大电流运作的一种"自动开关"。故在电路中起着自动调节、安全保护、转换电路等作用。

接触器原理与电压继电器相同，只是接触器控制的负载功率较大，故体积也较大。交流接触器广泛用作电力的开断和控制电路。继电器是一种小信号控制电器，用于电动机保护或各种生产机械自动控制。

3. 接触器（contactor）是指工业电中利用线圈流过电流产生磁场，使触头闭合，以达到控制负载的电器。接触器由电磁系统（铁心、静铁心、电磁线圈）、触头系统（常开触头和常闭触头）和灭弧装置组成。其原理是当接触器的电磁线圈通电后，会产生很强的磁场，使静铁心产生电磁吸力吸引衔铁，并带动触头动作：常闭触头断开；常开触头闭合，两者是联动的。当线圈断电时，电磁吸力消失，衔铁在释放弹簧的作用下释放，使触头复原：常闭触头闭合；常开触头断开。

4. 接触器和继电器基本原理差不多，都是用一个电路来控制另一个电路。最主要区别是使用目的导致的容量不同。接触器是用来接通强电回路的，容量设计得很大，继电器用来接通弱电，容量很小。其次是灵敏度、稳定性的要求，继电器属于精密控制，要求其动作精度很高，接触器动作条件则简单很多。其他还有很多区别，比如继电器的两电路是完全隔离的，接触器则未必。等等。

【思考与习题】

4-1　在交流接触器铁心上安装短路环为什么能减少振动和噪声？

4-2　继电器与接触器原理是否一样？为什么有两种并存的现象？

4-3　电磁继电器与接触器的区别主要是什么？

4-4　交流接触器动作太频繁时为什么会过热？

4-5　从接触器的结构特征上如何区分交流接触器与直流接触器？为什么？

4-6　自动空气断路器有什么功能和特点？

4-7　若交流电器的线圈误接入同电压的直流电源，或直流电器的线圈误接入同电压的交流电源，会发生什么问题？

4-8　中间继电器的作用是什么？它和交流接触器有何区别？

4-9　时间继电器的四个延时触点符号各代表什么意思？

4-10　过电流继电器与热继电器有何区别？各有什么用途？

4-11　电动机中的短路保护、过电流保护和长期过载（热）保护有何区别？

4-12　两个相同的 110 V 交流接触器线圈能否串联接于 220 V 的交流电源上运行？为什么？若是直流接触器情况又如何？为什么？

4-13　为什么热继电器不能做短路保护而只能作长期过载保护？而熔断器则相反，为什么？

4-14　通过本章学习，试画出既能实现点动又能实现连续运转的控制电路（主电路及控制电路）。

第5章 直流电动机原理及其传动特性

【目标与解惑】

（1）熟悉直流电动机工作原理；

（2）掌握直流电动机运行特性；

（3）理解他励直流电动机机械特性；

（4）理解他励直流电动机的制动。

why???

设备中直流电动机原理及特性是什么？为什么分为他励与自励电动机？哪种励磁方式好些？它们在机械方面有些什么特性？虽然我们不是学电动机专业的，但觉得这些知识在实际工程中太重要了。

5.1 直流电动机工作原理

直流电动机的工作原理是基于电磁力定律。如图 5-1 所示，在 A、B 电刷上接入直流电源 U，电流从正电刷 A 经线圈 ab、cd，由负电刷 B 流出。根据电磁力定律，在载流导体与磁力线垂直的条件下，线圈每一个有效边都将受到一电磁力的作用。

电磁力方向可用左手定则判断，伸开左手，掌心向着 N 极，四指指向电流的方向，与四指垂直的拇指方向就是电磁力的方向。在图示瞬间导线 ab 与 dc 中所受的电磁力为逆时针方向，在这个电磁力的作用下，转子将逆时针旋转，即图中 n 的方向。随着转子的转动，线圈边相对磁极的位置互换，这时要使转子连续转动，则应使线圈边中的电流方向也加以改变，即要进行换向。由于换向器与静止电刷的相互配合作用，线圈不论转到何处，电

图 5-1　直线电动机工作原理

刷 A 始终与运动到 N 极下的线圈边相接触，而电刷 B 始终与运动到 S 极下的线圈边相接触，这就保证了电流总是由电刷 A 经 N 极下导体流入，再沿 S 极下导体经电刷 B 流出。因而电磁力和电磁转矩的方向始终保持不变，使电动机沿逆时针方向连续转动。

在图 5-1 所示的电动机中，转子线圈中流过电流时，受电磁力作用而产生的电磁转矩可表示为

$$T = K_T \Phi I_a$$

式中：T 为电磁转矩，N·m；I_a 为电枢电流，A；K_T 为与电动机结构有关的常数，称为转矩常数，$K_T = 9.55 K_E$；Φ 为磁通，Wb。

当线圈在磁场中转动时，线圈的有效边也切割磁力线，根据电磁感应原理在有效边中产生感应电动势，它的方向用右手法则确定，总是与其中的电流方向相反，故该感应电动势又常称为电枢反电动势，可表示为

$$E_a = K_E \Phi n$$

式中：E_a 为电枢电动势，V；Φ 为主磁通，Wb；n 为电枢转速，r/min；K_E 为与电动机结构有关的常数，称为电动势常数。

视频：直流电动机的
工作原理

这时电动机将电能转换成了轴上输出的机械能，向外输出机械功率，电动机运行在电动状态。

视频：直流电动机的
结构

5.2 直流电动机运行特性

从原理上讲，一台直流电动机在某种条件下作为发电机运行，而在另一种条件下作为电动机运行，且两种运行状态可以相互转换，这就是所谓电动机的可逆运行原理。直流电动机按励磁方式可分为他励、并励、串励和并励四类，其中以他励电动机和并励电动机在传动控制系统中更为常用，所以下面以他励直流电动机为例介绍其运行特性。

5.2.1 他励直流电动机稳态运行

他励直流电动机稳态运行的基本方程是指电磁系统中的电动势平衡方程、机械系统中的转矩平衡方程以及能量转换过程中的功率平衡方程。

1. 电动势平衡方程

按照图 5-2 所标注的电压、电流及电动势的正方向。根据基尔霍夫第二定律，电枢回路的电动势平衡方程式为

$$E_a = U - I_a R_a \tag{5-1}$$

或

$$U = E_a + R_a \cdot I_a, \ I_a = \frac{U - E_a}{R_a}, \ E_a = K_E \Phi n \tag{5-2}$$

励磁回路方程 $\qquad I_f = \dfrac{U_f}{R_f}$

相关量

$$\Phi = f(I_f, I_a) \tag{5-3}$$

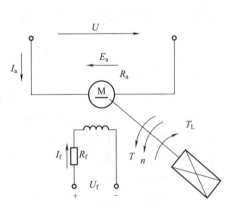

图 5-2 他励直流电动机

式中：U 为电动机外加直流电压；E_a 为反电动势；I_a 为电枢电流；U_f 为励磁电压；I_f 为励磁电流；Φ 为主磁通。

2. 转矩平衡方程

直流电动机稳态运行时，作用于电动机轴上的转矩共有三个：起驱动作用的电磁转矩 T、生产机械的阻转矩 T_2（即电动机轴上输出转矩）和空载转矩 T_0，它也是阻转矩。按图 5-2 标注转矩与转速的正方向，根据牛顿定律，驱动转矩应与负载转矩 $T_L = T_2 + T_0$ 平衡，即

$$T = T_2 + T_0 = T_L \tag{5-4}$$

式中：$T = K_T \Phi I_a$。

3. 功率平衡方程

将式（5-2）两边都乘以电枢电流 I_a 得到

$$UI_a = E_a I_a + I_a^2 R_a \tag{5-5}$$

可改写成

$$P_1 = P_e + P_{Cua}$$

式中：$P_1 = UI_a$ 为电源对电动机输入的功率；$P_e = E_a I_a$ 为电动机向机械负载转换的电功率，即电枢反电动势从电源吸收的功率；$P_{Cua} = I_a^2 R_a$ 为电枢回路总的铜损耗。

将式（5-4）两边同乘以机械角速度 Ω，得

$$T\Omega = T_2\Omega + T_0\Omega$$

改写成

$$P_e = P_2 + P_0 \tag{5-6}$$

式中：$P_e = T\Omega$ 为电磁功率；$P_2 = T_2\Omega$ 为转轴输出的机械功率；$P_0 = T_0\Omega$ 为包括机械摩擦损耗 P_m 和铁损耗 P_{Fe} 在内的空载损耗。

他励直流电动机的功率流程图如图 5-3 所示，图中 P_{Cuf} 为励磁回路损耗，由同一直流电源供给。他励时总损耗为 $P_\Sigma = P_{Cua} + P_0 + P_s = P_{Cua} + P_m + P_{Fe} + P_s$，如为并励电动机，总损耗还应包括励磁损耗 P_{Cuf}，式中 P_s 为附加损耗。电动机传动效率为

$$\eta = 1 - \frac{P_\Sigma}{P_2 + P_\Sigma}$$

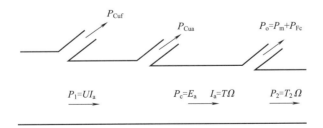

图 5-3　他励直流电动机的功率流程图

5.2.2　直流电动机的工作特性

直流电动机的工作特性是指 $U = U_N$ = 常值，电枢回路不串入附加电阻，励磁电流 $I_f = I_{fN}$ 时，电动机的转速 n、电磁转矩 T 和效率 η 与输出功率 P_2 之间的关系，即 $n = f(P_2)$，$T = f(P_2)$，

$\eta = f(P_2)$。在实际运行中由于 I_a 较易测到，且 I_a 随着 P_2 的增加而增大，故亦可将工作特性表示为 $n = f(I_a)$，$T = f(I_a)$，$\eta = f(I_a)$。

1. 转速特性

当 $U = U_N$、$I_f = I_{fN}$ 时，$n = f(I_a)$ 的关系曲线叫作转速特性。I_{fN} 的条件是：当电动机加额定电压 U_N，拖动额定负载，使 $I_a = I_{aN}$，转速也为 n_N 时的励磁电流。

将式（5-2）代入式（5-1），整理后得

$$n = \frac{U_N}{K_E \Phi_N} - \frac{R_a}{K_E \Phi_N} I_a \tag{5-7}$$

式（5-7）即为他励直流电动机的转速特性公式。公式表明：当 I_a 增加时，转速 n 要下降，但因 R_a 较小，转速 n 下降不多。随着电枢电流的增加，由于电枢反应的去磁作用又将使每极下的气隙磁通减小，反而使转速增加。一般情况下，电枢电阻压降 $I_a R_a$ 的影响大于电枢反应的去磁作用的影响。因此，转速特性是一条略下降的直线，如图 5-4 中的曲线 1 所示。

2. 转矩特性

当 $U = U_N$、$I_f = I_{fN}$ 时，$T = f(I_a)$ 的关系曲线称转矩特性。转矩特性就是直流电动机的电磁转矩基本关系式，即

$$T = K_T \Phi I_a \tag{5-8}$$

当每极气隙磁通 $\Phi = \Phi_N$ 时，电磁转矩与电枢电流成正比。考虑到电枢反应的去磁作用，当 I_a 增大时，T 略有减小，如图 5-4 中曲线 2 所示。

3. 效率特性

当 $U = U_N$、$I_f = I_{fN}$ 时，$\eta = f(I_a)$ 的关系曲线称效率特性。电动机总损耗 P_Σ 中，大致可分为不变损耗和可变损耗两部分。不变损耗为 $P_{Fe} + P_m = P_0$（空载损耗），P_0 基本不随 I_a 变化；而可变损耗，主要是电枢回路的总损耗 $P_{Cu} = I_a^2 R_a$，它随 I_a^2 成正比变化，所以 $\eta = f(I_a)$ 曲线如图 5-4 中的曲线 3 所示。当 I_a 从零开始增大时，效率 η 逐渐增大，但当 I_a 增大到一定程度后，效率 η 又逐渐减小。直流电动机效率在 0.75 ～ 0.94 电动机容量大，效率高。当电动机的可变损耗等于不变损耗时，其效率最高。

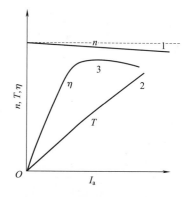

图 5-4　他励直流电动机
工作特性

5.3 他励直流电动机的机械特性

机械特性是指当电源电压 $U =$ 常数，励磁电流 $I_f =$ 常数以及电动机电枢回路电阻也为常数时，电动机的电磁转矩 T 与转速 n 之间的关系，即 $n = f(T)$。机械特性是直流电动机的重要特性，它描述直流电动机有载时的运行性能。

5.3.1　固有机械特性

当 $U = U_N$、$\Phi = \Phi_N$ 时，电枢回路没有串联电阻 R 时的机械特性，称为固有机械特性。

其表达式为

$$n = \frac{U_N}{K_E \Phi_N} - \frac{R_a}{K_E K_T \Phi_N^2} T = n_0 - \beta_N T \tag{5-9}$$

用图形表示为图 5-5 所示。

固有机械特性的特点：

（1） $T = 0$ 时， $n = n_0 = \dfrac{U_N}{K_E \Phi_N}$ 为理想空载转速。此时

$I_a = 0$， $E_a = U_N$。

（2） $T = T_N$ 时， $n = n_N = n_0 - \Delta n_N$ 为额定转速，其中

$\Delta n_N = \dfrac{R_a T_N}{K_E K_T \Phi_N^2}$ 为额定转速降，一般 n_N 约为 $0.95 n_0$，那么

$\Delta n_N = 0.05 n_0$。

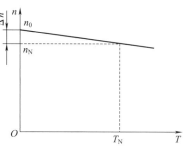

图 5-5　固有机械特性

（3） 特性斜率为 $\beta_N = \dfrac{R_a}{K_E K_T \Phi_N^2}$，由于 R_a 很小，因此 β_N 较小。特性较平，习惯上称为硬特性，转矩变化时，转速变化小。斜率 β 大时的特性则称为软特性。

（4） 当 Φ 为常数时，电磁转矩越大，转速越低，其特性是一条向下倾斜的直线。

（5） $n = 0$ 时，即电动机启动时， $E_a = K_E \Phi n = 0$，此时电枢电流 $I_a = \dfrac{U_N}{R_a} = I_{st}$，称为启动电流。启动时刻的电磁转矩 $T = K_T \Phi_N I_{st} = T_{st}$，称为启动转矩。由于电枢电阻 R_a 很小，所以 I_{st} 比额定值大得多。若 $\Delta n_N = 0.05 n_0$，则启动电流 $I_{st} = 20 I_N$，启动转矩 $T_{st} = 20 T_N$。这样大的启动电流和启动转矩会烧坏换向器。因此，一般中、大功率直流电动机不能在额定电压和额定输出功率下直接启动。

固有机械特性是反映电动机本身能力的重要特性。在固有机械特性的基础上，很容易得到电动机的其他机械特性。

5.3.2　人为机械特性

如果人为地改变电枢回路串入的电阻、电枢电压 U 和励磁电流 I_f 中的任意一个量的大小，而保持其余的量不变，这时得到的机械特性称为人为机械特性。

1. 电枢回路串接电阻 R 时的人为机械特性

保持 $U = U_N$、 $\Phi = \Phi_N$ 不变，在电枢回路串联电阻 R，此时电动机的人为机械特性方程式为

$$n = \frac{U_N}{K_E \Phi_N} - \frac{R_a + R}{K_E K_T \Phi_N^2} T \tag{5-10}$$

电枢回路串接电阻 R 时的人为机械特性与固有机械特性相比较，有如下几个特点：

（1） 理想空载转速 $n_0 = \dfrac{U_N}{K_E \Phi_N}$ 保持不变。

（2） 机械特性斜率 $\beta = \dfrac{R_a + R}{K_E K_T \Phi_N^2}$ 中增加了 R，则 β 随着 R 的增大而增大。不同的 R 值，可得到不同斜率的人为机械特性。它是一簇过 n_0 点的随 R 增加、斜率变大的直线，如图 5-6 所示。

（3）当 $T = T_N$ 时，$n < n_N$，电动机随 R 增大，转速降 Δn 增大，机械特性变软。

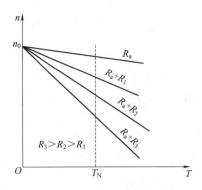

图 5-6　串联 R 后人为机械特性

2. 改变电枢电压时的人为机械特性

当励磁电流一定 $I_f = I_{fN}$，即 $\Phi = \Phi_N$。电枢回路不串联电阻 R，改变电枢电压 U 时的人为机械特性方程为

$$n = \frac{U}{K_E \Phi_N} - \frac{R_a}{K_E K_T \Phi_N^2} T \tag{5-11}$$

电动机运行时，通常以额定工作电压 $U = U_N$ 为上限。因此，电枢电压 U 只能在 $U < U_N$ 的范围内改变。所以改变电枢电压 U 的人为机械特性与固有特性比较，有如下几个特点：

（1）理想空载转速 $n_0 = \dfrac{U}{K_E \Phi_N}$ 与电枢电压成正比，且 $n < n_0 = \dfrac{U_N}{K_E \Phi_N}$。

（2）特性斜率 $\beta = \dfrac{R_a}{K_E K_T \Phi_N^2}$ 与固有特性相同，是一簇低于固有机械特性并与之平行的直线，如图 5-7 所示。

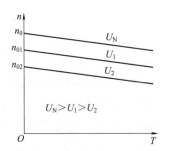

图 5-7　改变电枢电压的人为机械特性

（3）当负载转矩保持不变，降低电枢电压时，电动机的稳定转速随之降低。

3. 减小励磁磁通时的人为机械特性

保持电枢电压 $U = U_N$ 不变，电枢回路不串接电阻 R（$R = 0$），改变励磁电路中的电流 I_f（一般是增大励磁电路中的串联调节电阻 R_f 以减小 I_f，可使磁通 Φ 减弱），并在 $I_f < I_N$，也就是在 $\Phi < \Phi_N$ 范围内调节，这时人为机械特性方程式为

$$n = \frac{U_N}{K_E \Phi_N} - \frac{R_a}{K_E K_T \Phi_N^2} T \tag{5-12}$$

与固有机械特性比较，减小 Φ 时的人为机械特性的特点有以下几点：

（1）理想空载转速 $n_0 = \dfrac{U_N}{K_E \Phi}$ 与 Φ 成反比，Φ 减小，n_0 升高。

（2）特性斜率 $\beta = \dfrac{R_a}{K_E K_T \Phi^2}$ 与 Φ^2 成反比，Φ 减弱，β 增大。

（3）减小 Φ 的人为机械特性是一簇随 Φ 减小，理想空载转速升高，同时特性斜率也变大的直线，如图 5-8 所示。

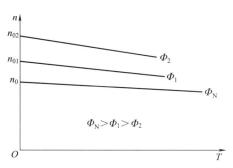

图 5-8　改变励磁磁通的人为机械特性

注意： 在设计时，为了节省铁磁材料，电动机在正常运行时磁路已接近饱和，所以要改变磁通，只能是减弱磁通，因此对应的人为机械特性在固有特性的上方。当磁通过分削弱后，在输出转矩一定的条件下，电动机电流将大大增加而会严重过载。另外，若处于严重弱磁状态，则电动机的速度会上升到机械强度不允许的数值，俗称"飞车"。因此，直流他励电动机在启动和运行过程中，决不允许励磁电路断开或励磁电流为零，为此，直流他励电动机通常设有"失磁"保护。

上面讨论了机械特性位于直角坐标系第一象限的情况（通常称该直角坐标系为 $n - T$ 平面），它是指转速与电磁转矩均为正的情况。倘若电动机反转，电磁转矩也随 n 的方向一同变化，机械特性曲线的形状仍是相同的，只是位于 $n - T$ 平面的第三象限，称为反转电动状态。

5.3.3　机械特性的计算

在设计电动机及拖动系统时，首先应知道所选择的电动机的机械特性 $n = f(T)$。但电动机产品目录及铭牌中并没有直接给出机械特性的数据，要利用电动机铭牌上提供的额定功率 P_N、额定电压 U_N、额定电流 I_N、额定转速 n_N 等来进行机械特性曲线的计算与绘制。从前面所述，固有机械特性是一条斜直线。如果能知道两个特殊点，即理想空载点 $(n_0, 0)$ 和额定工作点 (n_N, T_N)，将两点连成直线即为固有机械特性。

计算步骤：首先根据已知数据估算电枢回路等效电阻 R_a。估算的依据是，对于在额定条件下运行的电动机，其电枢铜耗等于全部损耗的 $\dfrac{1}{2} \sim \dfrac{2}{3}$，即

$$R_a = \left(\frac{1}{2} \sim \frac{2}{3} \right) \frac{U_N I_N - P_N}{I_N^2} \tag{5-13}$$

再计算

$$K_E \Phi_N = \frac{U_N - I_N R_a}{n_N} \tag{5-14}$$

求空载点（n_0，T_0）

$$n_0 = \frac{U_N}{K_E \Phi_N}, \quad T_0 = 0$$

求额定点（n_N，T_N）

$$(n_N，T_N) = 9.55 K_E \Phi_N I_N$$

根据求出的（n_0，T_0）、（n_N，T_N）绘制固有特性。

注意：直流电动机轴上输出转矩 $T_{2N} = \dfrac{9\,550 P_N}{n_N}$ 与这里求得的 T_N 不相等，相差 T_0，式中 P_N 的单位用 kW，n_N 用 r/min，T_N 用 N·m。

5.4 他励直流电动机反转特性

要使他励（或并励）直流电动机反转，就要改变电磁转矩 T 的方向。由式 $T = K_T \Phi I_a$ 可知，只要改变励磁磁通 Φ 的方向或改变电枢电流 I_a 的方向，就可以使转矩 T 改变方向，实现电动机反转。由此，改变电动机的转向有以下两种方法。

1. 改变励磁电流的方向

保持电枢电压极性不变，将励磁绕组反接，使励磁电流反向，励磁磁通 Φ 改变方向，如图 5-9 所示。

由于他励直流电动机励磁绕组匝数多，电感较大，电磁惯性较大，励磁电流从正向额定值到反向额定值的过程较长。因此，反向磁通所产生的反向转矩建立较慢，反转过程迟缓。另外，在励磁绕组接触器触点换接的瞬间，励磁绕组瞬间断开，绕组中产生很高的感应电动势，这可能引起绝缘击穿。因此在实际应用中，改变励磁电流方向实现反转的方法，只适用于电动机容量较大，而励磁电流和励磁功率较小，对反转加速要求不高的场合。通常采用下面介绍的改变电枢电压极性的方法来实现电动机的反转。

2. 改变电枢电压极性

保持励磁绕组中电流方向不变，将电枢绕组反接，则电枢电流 I_a 改变方向，如图 5-10 所示。图中，KM1 为正转接触器触点，KM2 为反转接触器触点。

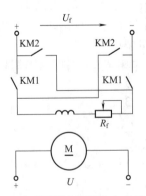

图 5-9　改变励磁电流的方向的接线图

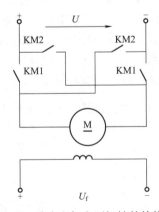

图 5-10　改变电枢电压极性的接线图

5.5 他励直流电动机的制动

当电动机发出的转矩克服负载转矩的作用，使生产机械朝着电磁转矩决定的方向旋转时，电动机处于电动状态。该状态的特点是：电动机电磁转矩 T 的方向与转速 n 的方向相同，电动机从电网输入电能并将其变为机械能带动负载，其机械特性曲线位于 $n - T$ 平面第 Ⅰ（正向电动）、Ⅲ（反向电动）象限内。

在实际生产中，有时需要传动系统快速停车，或由高速状态迅速向低速状态过渡，为了吸收轴上多余的机械能，往往希望电动机产生一个与实际旋转方向相反的制动转矩，这时电动机是将轴上的机械能变成了电能，或是回馈电网，或是消耗在电动机内部，电动机的这种运行状态称为制动状态。该状态的特点是：电动机转矩 T 的方向与转速 n 的方向相反，电磁转矩不是拖动性的，而是制动性阻转矩，此时电动机吸收机械能并转化为电能。其机械特性曲线位于 $n - T$ 平面第 Ⅱ、Ⅳ象限内。

常用的电气制动方法有三种：能耗制动、反接制动和回馈制动，下面分别进行分析讨论。

1. 能耗制动

（1）能耗制动过程：一台原运行于正转电动状态的他励电动机，如图 5-11 所示。现将电动机从电源上拉开，开关 Q 接向电阻 R（此时 $U=0$）。由于机械惯性，电动机仍朝原方向旋转，电枢反电势方向不变，但电枢电流 $I_a = \dfrac{(0 - E_a)}{(R_a + R)} < 0$，方向发生了变化，则转矩的方向跟随着变化，电动机产生的转矩与实际旋转方向相反，为一制动转矩，这时电动机运行于能耗制动状态，由工作点 A 跳变到第 Ⅱ 象限 B 点，如图 5-12 所示。若电动机带动一摩擦性恒转矩负载运行，则系统在负载转矩和电动机的制动转矩共同作用下，迅速减速，直至电动机的转速为零，反电势、电枢电流、电磁转矩均为零，系统停止不动（图 5-12）；若系统拖动一位能性负载，如图 5-13 所示，在转速制动到零时，在负载转矩的作用下，电动机反向启动，但电枢电流也反向，对应的转矩仍为一制动转矩，至 C 点系统进入新的稳定运行状态。很显然，在能耗制动过程中，电动机变成了一台与电网无关的发电机，它把轴上多余的机械能变成了电能，并消耗在电枢回路电阻上。

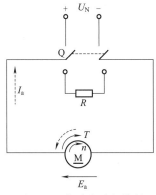

图 5-11　他励电动机能耗
制动原理图

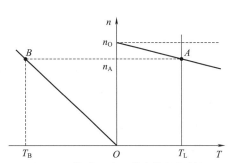

图 5-12　他励电动机带摩擦性恒转矩
负载时能耗制动机械特性

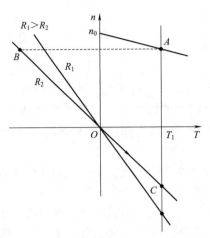

图 5-13　他励电动机带位能性恒转矩负载时能耗制动机械特性

（2）能耗制动状态的能量关系及机械特性：以正转电动状态电流方向为正方向，则在能耗制动状态下，电枢回路电压平衡方程式为

$$E_a = -I_a (R_a + R) \tag{5-13}$$

因能耗制动下电枢电流的方向与电动状态相反，将式（5-13）两边同乘以 $-I_a$，得出能耗制动状态下的能量平衡关系为

$$-I_a E_a = -I_a^2 (R_a + R) \tag{5-14}$$

与电动状态相比较，$-I_a E_a$ 表示从轴上输入机械功率（即系统的动能），转换成电能后，消耗在电枢回路电阻上，使系统快速减速。我们称这种方法为能耗制动。

将 $E_a = K_E \Phi_N n$ 与 $I_a = \dfrac{T}{K_T \Phi}$ 代入式（5-13），得到能耗制动状态下的机械特性表达式为

$$n = -\frac{R_a + R}{K_E K_T \Phi^2} T \tag{5-15}$$

式（5-15）说明能耗制动状态的机械特性曲线，为一簇过原点的直线，随外串电阻 R 的增加，机械特性将变软，当 R 越小时，机械特性越平，电动机制动越快。但如果 R 过小，电枢电流 I_a 和转矩过大，可能越过允许值。所以 R 应受到限制，一般按最大制动电流不超过 $2I_N$ 来选择 R，即 $\dfrac{R_a + R}{2I_N} \geqslant \dfrac{E_N}{2I_N} \approx \dfrac{U_N}{2I_N}$，则 $R \geqslant \dfrac{U_N}{2I_N - R_a}$，特性曲线位于 $n - T$ 平面的第 Ⅱ、Ⅳ 象限，如图 5-13 所示。

2. 反接制动

反接制动是指当他励电动机的电枢电压 U 或电枢反电势 E_a 中的任一个在外部条件的作用下，改变了方向，即两者由方向相反变为顺极性串联，电动机即运行于反接制动状态。

（1）电枢电压反接制动电压：电压反接制动电路原理图如图 5-14 所示。如果电动机原拖动摩擦性恒转矩负载以某一速度稳定运行于 A 点，如图 5-15 所示，在某一时刻将电枢电压反向，由于机械惯性，转速来不及变化，反电动势 E_a 的方向瞬间不会改变，使 U 与 E_a 顺极性串联，为了限制电流，需在电枢回路中串接一个较大的电阻 R，对应的电枢电流 $I_a = \dfrac{-U - E_a}{R_a + R} < 0$，电磁转矩方向发生改变，系统由 A 点过渡到 B 点，电动机产生一制动转矩 T，

与负载阻转矩共同作用下，使系统沿着由 R 所决定的人为特性快速减速，到了 C 点，$n = 0$，但堵转矩并不为零，若要停车，应立即关断电源，否则在堵转矩 $T > T_L$ 时，电动机将反向启动。

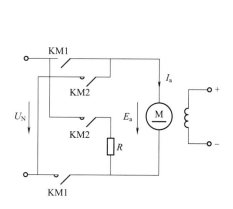

图 5-14 电压反接制动电路原理图

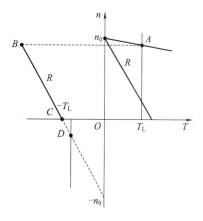

图 5-15 电压反接制动的机械特性

电压反接制动状态的能量关系以正转电动状态为正方向，电枢电压反接时，电枢回路的电压平衡方程式为

$$- U = E_a - I_a \left(R_a + R \right) \tag{5-16}$$

因为电流反向，两边同乘以 $- I_a$，得到电压反接制动状态下的能量平衡关系为

$$I_a U = - I_a E_a + I_a^2 \left(R_a + R \right) \tag{5-17}$$

与电动状态相比较，在电压反接制动下，电动机仍从电网吸收电功率 UI_a，同时又将轴上多余的机械能变成了电能，这两部分电能全部消耗在电枢回路电阻上，因此该制动方式可产生较强的制动效果。

同样将 $E_a = K_E \Phi_N n$ 与 $I_a = \dfrac{T}{\left(K_T \Phi \right)}$ 代入式（5-13），整理后，可得到电压反接制动的机械特性方程式为

$$n = \frac{U}{K_E \Phi} + \frac{R_a + R}{K_E K_T \Phi^2} T \tag{5-18}$$

由式（5-18）可知在电压反接制动状态下，因 $n_0 = \dfrac{- U}{\left(K_E \Phi \right)}$，故电压反接制动机械特性曲线应是反转电动状态下的机械特性向第 Ⅱ 象限的延伸，也为电压反接制动段。

（2）倒拉反接制动（电势反接制动）：倒拉反接制动的原理图及机械特性如图 5-16 所示。设电动机拖动一位能性负载运行，原工作于 A 点，现在电枢回路中串入一个较大的电阻，电枢电流 $I_a = \dfrac{\left(U - E_a \right)}{\left(R_a + R \right)}$ 减小，电磁转矩减小到 T_C，系统沿着由 R 所决定的人为特性减速。当速度降至 $n = 0$ 时，堵转矩 T_D 若小于负载转矩 T_L，则在负载转矩的作用下，电动机将强迫反转，并反向加速，电枢电流 $I_a = \dfrac{\left[- U - \left(- E_a \right) \right]}{\left(R_a + R \right)} > 0$ 未反向，但随着转速升高而增加，制动性电磁转矩随之增加至 B 点，系统进入稳定运行。这时电磁转矩与实际旋转方向相反，U 与 E_a 同向，故这种制动为反接制动（或称电动反接制动）。

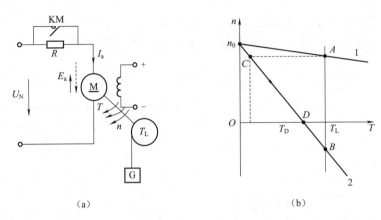

图 5-16 倒拉反接制动的原理图及机械特性

（a）原理图；（b）机械特性

倒拉反接制动状态的能量平衡与正转电动状态相比较，在电枢回路中仅有反电势 E_a 的方向发生了改变，故电压平衡关系为

$$U = -E_a + I_a (R_a + R) \tag{5-19}$$

电流方向与正转电动状态的相同，两边同乘以 I_a，对应的能量平衡关系为

$$I_a U = -I_a E_a + I_a^2 (R_a + R) \tag{5-20}$$

由式（5-20）可知，倒拉反接制动的能量平衡关系与电压反接制动完全相同。对于倒拉反接制动的机械特性方程式应与电动状态时一样，因为它仅是在电枢回路中串接了较大电阻 R，在位能负载的作用下，使电动机工作在正转电动状态下机械特性向第 Ⅳ 象限的延伸段。这种制动方法常应用于起重设备低速下放重物的场合。

3. 回馈制动

回馈制动也叫发电反馈制动。当电动机转速高于其理想空载转速，即 $n > n_0$ 时，电枢电动势 E_a 大于电枢电压 U，电动机向电源回馈电能，且电磁转矩 T 与转速 n 方向相反，T 为制动性质，此时电动机的运行状态称回馈制动。回馈制动可能出现下列两种情况：

（1）正向回馈制动：他励直流电动机，如果原来运行于固有机械特性的 A 点，电枢电压为 U_N，当电压降为 U_1 后（$U_1 < U_N$），则电动机运行从机械特性 $A \to B \to C \to D$，最后稳定运行于 D 点，如图 5-17 所示。

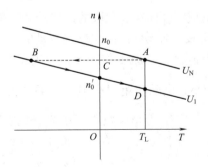

图 5-17 正向回馈制动

在降速过程中，从 $B \to C$ 阶段，电动机转速 n 仍大于零，而电磁转矩 $T < 0$，T 与 n 方向相反，这时 T 为制动转矩，属于正向回馈制动状态。从能量转换的观点，机械功率的输入是系统从高速向低速降速过程中释放出来的动能所提供，电功率的送出，不是给用电设备，而是回馈到直流电源。回馈制动过程，是从转速高于 n_0 的速度减到 n_0 的减速过程，而不是像能耗制动和反接制动那样从高速到 $n = 0$ 的停车过程。

如果电动机拖动负载（如一台电车）平路前进，转速为 n。设电磁转矩 T 与 n 同方向为正值，负载转矩 T_{L1} 与 n 反方向也为正值，平路前进时，负载转矩为摩擦阻转矩 $T_{L1} > 0$。当电车在下坡路上前进时，负载转矩就为摩擦阻转矩与位能性拖动转矩的合成转矩。而后者数值比前者大时，两者方向相反。

因此，电车下坡时的总负载转矩为 T_{L2}，且 $T_{L2} < 0$，如图 5-18 所示。这样，电车平路前进时，电动机为电动运行状态，工作点为固有机械特性与 T_{L1} 的交点 A；电车下坡时，电动机则运行于正向回馈制动状态，工作点为固有机械特性在第 Ⅱ 象限与 T_{L2} 的交点 B。从图中看到，回馈制动时的电磁转矩 T 与转速 n 相反。当 $T = T_{L2}$ 时，电车能够恒速下坡行驶。这也是一种正向回馈制动运行情况。这种稳定运行时的能量关系与上面回馈制动过程时是一样的，区别仅仅是机械功率不是由负载减少动能来提供，而是由电车减少位能储存来提供的。

（2）反向回馈制动：如果他励直流电动机拖动位能性负载，电动机原先在 A 点提升重物，当电源电压反接，同时接入一大电阻，如图 5-19 所示。电动机拖动位能负载进行反接制动，运行点从 A 点过渡到 B 点，电动机进入反接制动状态，当转速 n 下降到 $n = 0$ 时，如果不及时切断电源，也不采取机械制动措施，由于电磁转矩和负载转矩共同作用，经反向电动状态到 $n = -n_0$，反向电动状态结束。这时 $T = 0$，电动机在 T_L 的作用下，继续加速，使 $|n| > |-n_0|$，电枢电流 I_a 与电枢电势 E_a 同方向，T 与 n 反方向，电动机运行在回馈制动状态，直到 C 点，才能稳定。电动机在 C 点也是反向回馈制动运行状态。

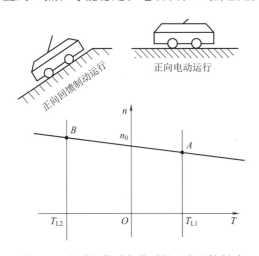

图 5-18　电动机拖动负载时的正向回馈制动

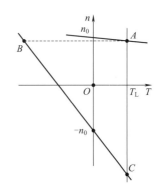

图 5-19　反向回馈制动

他励直流电动机的四个象限运行的机械特性如图 5-20 所示。其中第 Ⅰ、Ⅲ 象限内，T 与 n 同方向，是正向和反向电动运行状态；第 Ⅱ、Ⅳ 象限内，T 与 n 反方向，是制动运行状态。图中也标出了能耗制动、反接制动和回馈制动的过程曲线和稳定运行的交点。

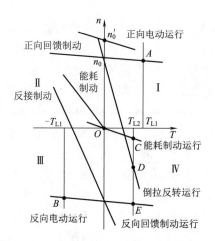

图 5-20　他励直流电动机各种运行状态

例 5-1　某他励直流电动机数据如下：$P_N = 22$ kW，$U_N = 220$ V，$I_N = 115$ A，$n_N = 1\,500$ r/min，$R_a = 0.1\ \Omega$，忽略空载转矩 T_0，要求 $I_{amax} < 2I_N$。若电动机正向电动运行，$T_L = 0.9T_N$，试求：

（1）若采用反接制动停车，电枢回路应串入的制动电阻 R 的最小值。

（2）若电动机运行在 $n = 1\,000$ r/min 匀速下放重物，采用倒拉反接制动运行，电枢回路应串入的电阻值 R 为多少？该电阻上功耗为多少？

（3）采用反向回馈制动运行，电枢回路不串电阻，电动机转速为多少？

解：
$$K_E\Phi_N = \frac{U_N - I_N R_a}{n_N} = \frac{220 - 115 \times 0.1}{1\,500} = 0.139\ [\,\text{V}/(\text{r/min})\,]$$

$$n_0 = \frac{U_N}{K_E\Phi_N} = \frac{220}{0.139} = 1\,582.7\ (\text{r/min})$$

$$\Delta n_N = n_0 - n_N = 1\,582.7 - 1\,500 = 82.7\ (\text{r/min})$$

$$E_{aN} = K_E\Phi_N n_N = 0.139 \times 1\,500 = 208.5\ (\text{V})$$

$T_L = 0.9T_N$ 时的转速降 $\Delta n = \dfrac{\Delta n_N \times 0.9T_N}{T_N} = 0.9 \times 82.7 = 74.4\ (\text{r/min})$

$T_L = 0.9T_N$ 时的转速　$n = n_0 - \Delta n = 1\,582.7 - 74.4 = 1\,508.3\ (\text{r/min})$

制动时的电枢电动势 $E_a = \dfrac{E_{aN}n}{n_N} = \dfrac{208.5 \times 1\,508.3}{1\,500} = 209.7\ (\text{V})$

（1）接制动停车，电枢回路串入电阻最小值

$$R_{min} = \frac{U_N + E_a}{I_{amax}} - R_a = \frac{220 + 209.7}{2 \times 115} - 0.1 = 1.768\ (\Omega)$$

（2）倒拉反接制动时电枢回路串入电阻值及功耗。

转速为 $-1\,000$（r/min）时，电枢电动势 $E_a = \dfrac{n}{n_N}E_{aN} = \dfrac{-1\,000}{1\,500} \times 208.5 = -139\ (\text{V})$

反转时负载转矩　　　　$T_L = T_L - 2\Delta T = 0.9T_N - 2 \times 0.1T_N = 0.7T_N$

负载电流　　　　　　$I_a = \dfrac{T_L}{T_N}I_N = 0.7I_N = 0.7 \times 115 = 80.5\ (\text{A})$

应串入电阻值为 $\qquad R = \dfrac{U_N - E_a}{I_a} - R_a = \dfrac{220 + 139}{80.5} - 0.1 = 4.36 \ (\Omega)$

R 上的功耗为 $\qquad P_R = I_a^2 R = 80.5^2 \times 4.36 = 28.25 \ (kW)$

（3）位能性恒转矩负载，反向回馈制动运行，电枢不串电阻，电动机转速为

$$n = \dfrac{-U_N}{K_E \Phi_N} - \dfrac{I_a R_a}{K_E \Phi_N} = -n_0 - \dfrac{I_a}{I_N} \Delta n_N = -1\ 640.6 \ (r/min)$$

例 5-2 一台他励直流电动机的技术数据如下：$P_N = 6.5 \ kW$，$U_N = 220 \ V$，$I_N = 34.4 \ A$，$n_N = 1\ 500 \ r/min$，$R_a = 0.242 \ \Omega$，试计算出此电动机的如下特征：

（1）固有机械特性。

（2. 电枢附加电阻分别为 3 Ω 和 5 Ω 时的人为机械特性。

（3）电枢电压为 $\dfrac{U_N}{2}$ 时的人为机械特性。

（4）磁通为 0.8 时的人为机械特性。

并绘出上述特性的图形。

解：（1）$\qquad K_E \Phi_N = \dfrac{(U_N - I_N R_a)}{n_N} = \dfrac{(220 - 34.4 \times 0.242)}{1\ 500} = 0.141\ 1$

$$n_0 = \dfrac{U_N}{(K_E \Phi_N)} = 220/0.141\ 1 = 1\ 559 \ (r/min)$$

$$T_N = \dfrac{9.55 P_N}{n_N} = \dfrac{9.55 \times 6\ 500}{1\ 500} = 41.38 \ (N \cdot m)$$

（2）附加电阻为 3 Ω 时，

根据：$\qquad n = \dfrac{U_N}{K_E \Phi_N} - \dfrac{R_{ad} + R_a}{K_E K_T \Phi_N^2} T = n_0 - \Delta n$

可求得 $\qquad K_E K_T \Phi_N^2 = \dfrac{T_N R_a}{n_0 - n_N} = \dfrac{41.38 \times 0.242}{1\ 559 - 1\ 500} \approx 0.17$

所以，P_N、U_N、T_N、I_N 保持不变，附加电阻为 3 Ω 时，

$$n_N = \dfrac{U_N}{K_E \Phi_N} - \dfrac{R_{ad} + R_a}{K_E K_T \Phi_N^2} T_N = n_0 - \dfrac{R_{ad} + R_a}{K_E K_T \Phi_N^2} T_N = 1\ 559 - \dfrac{3.242}{0.17} \times 41.38 = 770 \ (r/min)$$

附加电阻为 5 Ω 时，

$$n_N = n_0 - \dfrac{R_{ad} + R_a}{K_E K_T \Phi_N^2} T_N = 1\ 559 - \dfrac{5.242}{0.17} \times 41.38 = 283 \ (r/min)$$

（3）电枢电压为 $\dfrac{U_N}{2} = 110 \ V$ 时的人为机械特性，

$$n_0 = \dfrac{U_N}{(K_E \Phi_N)} = \dfrac{110}{0.141\ 1} = 780 \ (r/min)$$

当 $T_N = 41.38 \ (N \cdot m)$ 时，

$$n_N = n_0 - \dfrac{R_a}{K_E K_T \Phi_N^2} T_N = 780 - \dfrac{0.242}{0.17} \times 41.38 = 721 \ (r/min)$$

（4）磁通为 $0.8 \Phi_N$ 时，

$$n_0 = \frac{U_N}{(K_E \Phi_N)} = \frac{220}{(0.8 \times 0.141\ 1)} = 1\ 949\ (\text{r/min})$$

当 $T_N = 41.38\ \text{N} \cdot \text{m}$ 时，

$$K_T \Phi_N = \frac{0.17}{0.141\ 1} \approx 1.2, \quad K_E \Phi_N = 0.141\ 1$$

$$n_N = n_0 - \frac{R_a}{K_E K_T \Phi_N^2} T_N = 1\ 949 - \frac{0.242}{1.2 \times 0.8 \times 0.141\ 1 \times 0.8} \times 41.38 = 1\ 857\ (\text{r/min})$$

根据计算参数绘制电动机特性曲线，如图 5-21 所示。

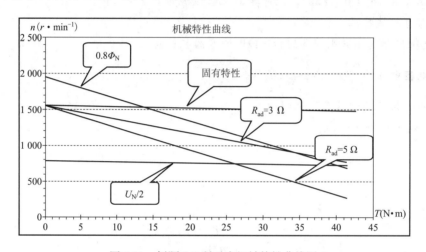

图 5-21 例题 5-2 所对应机械特性曲线图

例 5-3 一台他励直流电动机的数据为 $P_N = 22\ \text{kW}$，$U_N = 220\ \text{V}$，$I_N = 115\ \text{A}$，$n_N = 1\ 500\ \text{r/min}$，$R_a = 0.1\ \Omega$，最大允许电流 $I_{a\max} \leq 2I_N$，原在固有特性上运行，负载转矩 $T_L = 0.9 T_N$，试计算：

（1）电动机拖动反抗性恒转矩负载，采用能耗制动停车，电枢回路应串入的最小电阻为多少？

（2）电动机拖动反抗性恒转矩负载，采用电源反接制动停车，电枢回路应串入的最小电阻为多少？

（3）电动机拖动位能性恒转矩负载，如起重机。当传动机构的损耗转矩 $\Delta T = 0.1 T_N$，要求电动机以 $n = -200\ \text{r/min}$ 恒速下放重物，采用能耗制动运行，电枢回路应串入多大电阻？该电阻上消耗的功率是多少？

（4）电动机拖动同一位能性负载，电动机运行在 $n = -1\ 000\ \text{r/min}$，恒速下放重物，采用转速反向的反接制动，电枢回路应串入多大电阻？该电阻上消耗的功率是多少？

（5）电动机拖动同一位能性负载，采用反向回馈制动下放重物，稳定下放时电枢回路中不串电阻，电动机的转速是多少？

解： 先求 $K_E \Phi_N$、n_0 及 Δn_N。

$$K_E \Phi_N = \frac{U_N - I_N R_a}{n_N} = \frac{220 - 115 \times 0.1}{1\ 500} = 0.139$$

$$n_0 = \frac{U_N}{K_E \Phi_N} = \frac{220}{0.139} = 1\ 583\ (\text{r/min})$$

$$\Delta n_{\mathrm{N}} = n_0 - n_{\mathrm{N}} = 1\,583 - 1\,500 = 83 \ (\mathrm{r/min})$$

电动机稳定运行时，电磁转矩等于负载转矩，即

$$T = T_{\mathrm{L}} = 0.9 T_{\mathrm{N}} = 0.9 \times 9.55 K_E \Phi_{\mathrm{N}} I_{\mathrm{N}} = 0.9 \times 9.55 \times 0.139 \times 115 = 137.4 \ (\mathrm{N \cdot m})$$

（1）能耗制动停车，电枢应串电阻的计算：

能耗制动前，电动机稳定运行的转速为

$$n = \frac{U_{\mathrm{N}}}{K_E \Phi_{\mathrm{N}}} - \frac{R_{\mathrm{a}}}{9.55 \ (K_E \Phi_{\mathrm{N}})^2} T = \frac{220}{0.139} - \frac{0.1}{9.55 \times 0.139^2} \times 137.4 = 1\,508 \ (\mathrm{r/min})$$

$$E_{\mathrm{a}} = K_E \Phi_{\mathrm{N}} n = 0.139 \times 1\,508 = 209.6 \ (\mathrm{V})$$

能耗制动时，$0 = E_{\mathrm{a}} + I_{\mathrm{a}} \ (R_{\mathrm{a}} + R_{\mathrm{n}})$，应串电阻 R_{n} 为

$$R_{\mathrm{n}} = -\frac{E_{\mathrm{a}}}{I_{\mathrm{amax}}} - R_{\mathrm{a}} = -\frac{209.6}{-2 \times 115} - 0.1 = 0.811 \ (\Omega)$$

（2）电源反接制动停车，电枢回路应串入电阻的计算：

$$-U_{\mathrm{N}} = E_{\mathrm{a}} + I_{\mathrm{a}} \ (R_{\mathrm{a}} + R_{\mathrm{f}})$$

$$R_{\mathrm{f}} = \frac{-U_{\mathrm{N}} - E_{\mathrm{a}}}{I_{\max}} - R_{\mathrm{a}} = \frac{-\ (220 + 209.6)}{-2 \times 115} - 0.1 = 1.768 \ (\Omega)$$

（3）能耗制动运行时，电枢回路应串入电阻及消耗功率的计算：

采用能耗制动下放重物时，电源电压 $U_{\mathrm{N}} = 0$，负载转矩变为

$$T_{\mathrm{L2}} = T_{\mathrm{L1}} - 2\Delta T = 0.9 T_{\mathrm{N}} - 2 \times 0.1 T_{\mathrm{N}} = 0.7 T_{\mathrm{N}}$$

稳定下放重物时，$T = T_{\mathrm{L2}}$，此时电枢电流为

$$I_{\mathrm{a}} = \frac{T_{\mathrm{L2}}}{K_T \Phi_{\mathrm{N}}} = \frac{0.7 T_{\mathrm{N}}}{K_T \Phi_{\mathrm{N}}} = 0.7 I_{\mathrm{N}} = 0.7 \times 115 = 80.5 \ (\mathrm{A})$$

对应转速为 $-200 \ \mathrm{r/min}$ 时的电枢电势 E_{a}，

$$E_{\mathrm{a}} = K_E \Phi_{\mathrm{N}} n = 0.139 \times \ (-200) \ = -27.8 \ (\mathrm{V})$$

电枢回路中应串入的电阻值：$R_{\mathrm{n}} = -\dfrac{E_{\mathrm{a}}}{I_{\mathrm{a}}} - R_{\mathrm{a}} = -\dfrac{-27.8}{80.5} - 0.1 = 0.245 \ (\Omega)$

R_{n} 电阻上消耗的功率为：

$$P_{\mathrm{R}} = I_{\mathrm{a}}^2 R_{\mathrm{n}} = 80.5^2 \times 0.245 = 1\,588 \ (\mathrm{W})$$

（4）转速反向的反接制动运行时，电枢回路应串入电阻及消耗功率的计算：

转速反向的反接制动运行时，电压方向没有改变，电枢电流仍为 $0.7 I_{\mathrm{N}}$，

对应转速为 $-1\,000 \ \mathrm{r/min}$ 时的电枢电势 E_{a}，

$$E_{\mathrm{a}} = K_E \Phi_{\mathrm{N}} n = 0.139 \times (-1\,000) = -139 (\mathrm{V})$$

电枢回路中应串入的电阻值 R_{C}，

$$R_{\mathrm{C}} = \frac{U_{\mathrm{N}} - E_{\mathrm{a}}}{I_{\mathrm{a}}} - R_{\mathrm{a}} = \frac{220 - \ (-139)}{80.5} - 0.1 = 4.36 \ (\Omega)$$

R_{C} 电阻上消耗的功率为

$$P_{\mathrm{R}} = I_{\mathrm{a}}^2 R_{\mathrm{C}} = 80.5^2 \times 4.36 = 28\,254 \ (\mathrm{W}) \ = 28.254 \ (\mathrm{kW})$$

（5）反向回馈制动运行时，电动机转速的计算：

反向回馈制动下放重物时，电枢电流仍为 $0.7 I_{\mathrm{N}}$，外串电阻 $R_{\mathrm{C}} = 0$，电压反向，

$$n = \frac{-U_{\mathrm{N}} - I_{\mathrm{a}} R_{\mathrm{a}}}{K_E \Phi_{\mathrm{N}}} = \frac{-220 - 80.5 \times 0.1}{0.139} = -1\,641 \ (\mathrm{r/min})$$

例5-4 一台他励直流电动机，铭牌数据为 $P_N = 60$ kW，$U_N = 220$ V，$I_a = 350$ A，$n_N = 1\,000$ r/min，$R_a = 0.037$ Ω，生产机械要求的静差率 $\delta \leqslant 20\%$，调速范围 $D = 4$，最高转速 $n_{max} = 1\,000$ r/min，试问：采用哪种调速方法能满足要求？

解：计算电动机的 $K_e\varPhi_N$：

$$K_e\varPhi_N = \frac{U_N - I_N R_a}{n_N} = \frac{220 - 350 \times 0.037}{1\,000} = 0.207$$

计算理想空载转速：

$$n_0 = \frac{U_N}{K_e\varPhi_N} = \frac{220}{0.207} = 1\,063 \ (\text{r/min})$$

由于 $n_{max} = n_N$，所以调速时只能从 n_N 向下调速，故有两种方法可供选择：

（1）电枢串电阻调速：

电枢串电阻调速时，n_0 保持不变，静差率 $\delta = \dfrac{n_0 - n}{n_0}$，若想保持 $\delta \leqslant 20\%$，则最低转速：

$$n_{min} = n_0 \ (1 - \delta) = 1\,063 \times \ (1 - 0.2) \ = 850 \ (\text{r/min})$$

调速范围：

$$D = \frac{n_{max}}{n_{min}} = \frac{1\,000}{850} = 1.176$$

由此可知，采用电枢串电阻调速方法不能满足 $D = 4$ 的要求。

（2）降压调速：

降压调速时，理想空载转速发生变化，额定转速降不变，

$$\Delta n_N = n_0 - n_N = 1\,063 - 1\,000 = 63 \ (\text{r/min})$$

若想保持 $\delta \leqslant 20\%$，则最低理想空载转速为

$$n_{0min} = \frac{\Delta n_N}{\delta} = \frac{63}{0.2} = 315 \ (\text{r/min})$$

对应的最低转速：$\quad n_{min} = n_{0min} - \Delta n_N = 315 - 63 = 252 \ (\text{r/min})$

此时调速范围：

$$D = \frac{n_{max}}{n_{min}} = \frac{1\,000}{252} = 3.968 \approx 4$$

由此可知，采用降压调速方法可满足调速性能指标的要求。

【小结与拓展】

直流电动机拖动以其方便的调速方法得到了广泛应用。利用机械特性可以分析在直流电动机拖动中的各种运行情况，包括电动机的启动、制动和调速。为了限制启动电流采用了串电阻分级启动方法，在制动的三种方法涵盖直流电动机的各种运行状态，包括正向电动和制动、反向电动和制动、能耗制动及回馈再生发电状态。结合过去所学电学方面知识，对直流电动机部分小结如下：

1. 直流电动机的工作原理

直流电动机的工作原理是建立在电和磁相互作用的基础上的。直流电动机以及其他旋转电动机都是实现机电能量转换的装置。为此必须熟练地应用所学过的基本电磁定律，结合电刷和换向器的作用去理解，并且充分注意到直流电动机中外电路的电压（电动势）和电流都是直流电性质的，而每个元件的电压（电动势）和电流都是交变性质的。

2. 直流电动机的结构

任何类型的旋转电动机都由定子部分和转子部分组成，在这两部分之间存在着一定大小的气隙，使电动机中磁场和电路能发生相对运动。直流电动机的主要结构部件除定子部分的主磁极和转子部分的电枢外，还有一些其他主要的部件，如换向器。这些主要的结构部件都有其结构形式和作用。

3. 负载机械特性

各种生产机械的机械特性可以分为三类：负载转矩 T_L 不随转速 n 变化的称为恒转矩负载机械特性，包括反抗性恒转矩负载机械特性和位能性恒转矩负载机械特性两种；T_L 与转速 n 成反比的称为恒功率负载机械特性；T_L 与转速 n 的平方成正比的称为风机类负载机械特性。

4. 他励直流电动机的机械特性

他励直流电动机的转速特性是指 U、Φ、R_Ω 一定时转速 n 与电枢电流 I_a 的关系，他励直流电动机的机械特性是指 U、Φ、R_Ω 一定时转速 n 与电磁转矩 T 的关系，可通过上述三个基本公式导出。

【思考与习题】

5-1 他励直流电动机的机械特性曲线为什么下垂？

5-2 一台他励直流电动机所拖动的负载转矩 T_L = 常数，当电枢电压或电枢附加电阻改变，能否改变其稳定运行状态下电枢电流的大小？为什么？这时拖动系统中哪些量必然发生变化？

5-3 一台他励直流电动机在稳态运行时，电枢反电势 $E = E_1$，如负载转矩 T_L = 常数，外加电压和电枢电路的电阻均不变，问减弱励磁使转速上升到新的稳态值后，电枢反电势将如何变化？是大于、小于还是等于 E_1？

5-4 如何判断一台他励直流电动机是运行于发电机状态，还是电动机状态？它的能量关系有何不同？

5-5 一台他励直流电动机一般为什么不允许直接启动？如允许直接启动会发生什么问题？应采用什么方法启动比较好？

5-6 他励直流电动机改变磁通的人为特性为什么在固有特性的上方？改变电枢电压的人为特性为什么在固有特性的下方？

5-7 他励直流电动机反馈制动和能耗制动各有什么特点？

5-8 他励直流电动机电压反接制动过程与倒拉反接制动过程有何异同点？

5-9 他励直流电动机在运行时若励磁绕组断线，会出现什么现象？

5-10 有一台直流电动机，其额定功率 P_N = 40 kW，额定电压 U_N = 220 V，额定转速 n_N = 1 500 r/min，额定效率 η_N = 87.5%，求该电动机的额定电流。

5-11 有一台并励直流电动机，P_N = 17 kW，U_N = 220 V，I_N = 88.9 A，电枢回路总电阻 R_a = 0.087 Ω，励磁回路电阻 R_f = 181.5 Ω，求：

（1）额定负载时，电枢电势为多少？

（2）固有特性方程式。

（3）设轴上负载转矩为 $0.9T_N$ 时，电动机在固有机械特性上的转速。

5-12 有一台他励直流电动机，$P_N = 10$ kW，$U_N = 220$ V，$I_N = 53.8$ A，$R_a = 0.29$ Ω，$n_N = 1\ 500$ r/min，试计算：

（1）直接启动瞬间的堵转电流 T_{st}。

（2）若限制启动电流不超过 $2I_N$，采用电枢串电阻启动时，应串入启动电阻的最小值是多少？若采用降压启动，最低电压应为多少？

第6章

▶▶▶▶▶

▶▶▶▶▶ **交流电动机原理及其传动特性**

【目标与解惑】

（1）熟悉三相异步电动机的工作原理；

（2）掌握三相异步电动机的运行特性；

（3）掌握三相异步电动机的机械特性；

（4）理解三相异步电动机的工作特性；

（5）理解三相异步电动机的制动；

（6）熟悉三相交流电动机的选择。

why???

设备中交流电动机原理及特性是什么样的？交流电动机需要励磁吗？为何有异步电动机与同步电动机的划分？三相异步电动机是常用交流电动机吗？为何要有转差率？以后怎么选择电动机？这些都很想知道。

6.1 三相异步电动机的工作原理

6.1.1 三相异步电动机的构造

三相异步电动机的两个基本组成部分为定子（固定部分）和转子（旋转部分）。此外还有端盖、风扇等附属部分，如图 6-1 所示。

1. 定子

三相异步电动机的定子由三部分组成，见表 6-1。

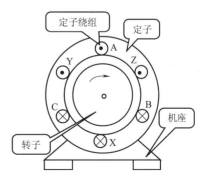

图 6-1 三相电动机的结构示意图

101

表 6-1　三相异步电动机的定子组成

定子	定子铁心	由厚度为 0.5 mm 的，相互绝缘的硅钢片叠成，硅钢片内圆上有均匀分布的槽，其作用是嵌放定子三相绕组 AX、BY、CZ
	定子绕组	三组用漆包线绕制好的，对称地嵌入定子铁心槽内的相同的线圈。这三相绕组可接成星形或三角形
	机座	机座用铸铁或铸钢制成，其作用是固定铁心和绕组

2. 转子

三相异步电动机的转子由三部分组成，见表 6-2。

表 6-2　三相异步电动机的转子组成

转子	转子铁心	由厚度为 0.5 mm 的，相互绝缘的硅钢片叠成，硅钢片外圆上有均匀分布的槽，其作用是嵌放转子三相绕组
	转子绕组	转子绕组有两种形式： （1）鼠笼式——鼠笼式异步电动机。 （2）绕线式——绕线式异步电动机
	转轴	转轴上加机械负载

鼠笼式电动机由于构造简单，价格低廉，工作可靠，使用方便，成为生产上应用得最广泛的一种电动机。

为了保证转子能够自由旋转，在定子与转子之间必须留有一定的空气隙，中小型电动机的空气隙在 0.2~1.0 mm。

6.1.2　三相异步电动机的转动原理

1. 基本原理

为了说明三相异步电动机的工作原理，我们做如下演示实验，如图 6-2 所示。

（1）物理实验：在装有手柄的蹄形磁铁的两极间放置一个闭合导体，当转动手柄带动蹄形磁铁旋转时，将发现导体也跟着旋转；若改变磁铁的转向，则导体的转向也跟着改变。

（2）现象解释：当磁铁旋转时，磁铁与闭合的导体发生相对运动，鼠笼式导体切割磁力线而在其内部产生感应电动势和感应电流。感应电流又使导体受到一个电磁力的作用，于是导体就沿磁铁的旋转方向转动起来，这就是异步电动机的基本原理。

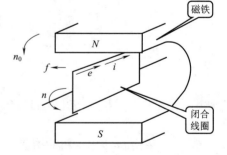

图 6-2　三相异步电动机工作原理

转子转动的方向和磁极旋转的方向相同。

（3）结论：欲使异步电动机旋转，必须有旋转的磁场和闭合的转子绕组。

2. 旋转磁场

1）产生

图 6-3 表示最简单的三相定子绕组 AX、BY、CZ，它们在空间按互差 120°的规律对称排

列，并接成星形与三相电源 U、V、W 相连。则三相定子绕组便通过三相对称电流：随着电流在定子绕组中通过，在三相定子绕组中就会产生旋转磁场（图6-4）。

$$\begin{cases} i_{\mathrm{U}} = I_{\mathrm{m}}\sin\omega t \\ i_{\mathrm{V}} = I_{\mathrm{m}}\sin\left(\omega t - 120°\right) \\ i_{\mathrm{W}} = I_{\mathrm{m}}\sin\left(\omega t + 120°\right) \end{cases} \tag{6-1}$$

视频：电动机绕组的
头和尾

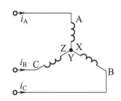

图6-3　三相异步电动机定子接线

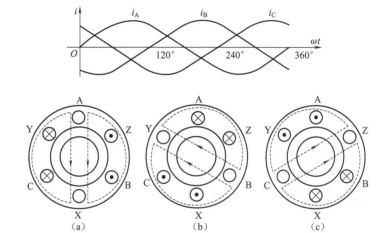

图6-4　旋转磁场的形成
（a）$\omega t = 0°$；（b）$\omega t = 120°$；（c）$\omega t = 240°$

当 $\omega t = 0°$ 时，$i_{\mathrm{A}} = 0$，AX 绕组中无电流；i_{B} 为负，BY 绕组中的电流从 Y 流入 B 流出；i_{C} 为正，CZ 绕组中的电流从 C 流入 Z 流出；由右手螺旋定则可得合成磁场的方向，如图6-4（a）所示。

当 $\omega t = 120°$ 时，$i_{\mathrm{B}} = 0$，BY 绕组中无电流；i_{A} 为正，AX 绕组中的电流从 A 流入 X 流出；i_{C} 为负，CZ 绕组中的电流从 Z 流入 C 流出；由右手螺旋定则可得合成磁场的方向，如图6-4（b）所示。

当 $\omega t = 240°$ 时，$i_{\mathrm{C}} = 0$，CZ 绕组中无电流；i_{A} 为负，AX 绕组中的电流从 X 流入 A 流出；i_{B} 为正，BY 绕组中的电流从 B 流入 Y 流出；由右手螺旋定则可得合成磁场的方向，如图6-4（c）所示。

可见，当定子绕组中的电流变化一个周期时，合成磁场也按电流的相序方向在空间旋转一周。随着定子绕组中的三相电流不断地作周期性变化，产生的合成磁场也不断地旋转，因此称为旋转磁场。

2）旋转磁场的方向

旋转磁场的方向是由三相绕组中电流相序决定的，若想改变旋转磁场的方向，只要改变通入定子绕组的电流相序，即将三根电源线中的任意两根对调即可。这时，转子的旋转方向也跟着改变。

3. 三相异步电动机的极数与转速

1）极数（磁极对数 p）

三相异步电动机的极数就是旋转磁场的极数。旋转磁场的极数和三相绕组的安排有关。

当每相绕组只有一个线圈，绕组的始端之间相差 120° 空间角时，产生的旋转磁场具有一对极，即 $p = 1$。

当每相绕组为两个线圈串联，绕组的始端之间相差 $60°$ 空间角时，产生的旋转磁场具有两对极，即 $p = 2$。

同理，如果要产生三对极，即 $p = 3$ 的旋转磁场，则每相绕组必须有均匀安排在空间的串联的三个线圈，绕组的始端之间相差 $40° \left(\theta = \dfrac{120°}{p} \right)$ 空间角。极数 p 与绕组的始端之间的空间角 θ 的关系为：$\theta = \dfrac{120°}{p}$。

2）转速 n

三相异步电动机旋转磁场的转速 n_0 与电动机磁极对数 p 有关，它们的关系是：

$$n_0 = \frac{60 f_1}{p} \tag{6-2}$$

由式（6-2）可知，旋转磁场的转速 n_0 决定于电流频率 f_1 和磁场的极数 P。对某一异步电动机而言，f_1 和 P 通常是一定的，所以磁场转速 n_0 是个常数。

在我国，工频 $f_1 = 50$ Hz，因此对应于不同极对数 p 的旋转磁场转速 n_0，见表6-3。

表 6-3　不同极对数 p 的旋转磁场转速 n_0

p	1	2	3	4	5	6
n_0	3 000	1 500	1 000	750	600	500

3）转差率 S

电动机转子转动方向与磁场旋转的方向相同，但转子的转速 n 不可能达到与旋转磁场的转速 n_0 相等，否则转子与旋转磁场之间就没有相对运动，因而磁力线就不切割转子导体，转子电动势、转子电流以及转矩也就都不存在。也就是说旋转磁场与转子之间存在转速差，转子转速不等于同步转速，因此我们把这种电动机称为异步电动机，又因为这种电动机的转动原理是建立在电磁感应基础上的，故又称为感应电动机。

旋转磁场的转速 n_0 常称为同步转速。

转差率 S：用来表示转子转速 n 与磁场转速 n_0 相差的程度的物理量。即

$$S = \frac{(n_0 - n)}{n_0} = \frac{\Delta n}{n_0} \tag{6-3}$$

转差率是异步电动机的一个重要的物理量。

当旋转磁场以同步转速 n_0 开始旋转时，转子则因机械惯性尚未转动，转子的瞬间转速 $n = 0$，这时转差率 $S = 1$。转子转动起来之后，$n_0 > 0$，$(n_0 - n)$ 差值减小，电动机的转差率 $S < 1$。

如果转轴上的阻转矩（与电动机旋转方向相反的转矩）加大，则转子转速 n 降低，即异步程度加大，才能产生足够大的感受电动势和电流，产生足够大的电磁转矩，这时的转差率 S 增大。反之，S 减小。异步电动机运行时，转速与同步转速一般很接近，转差率很小。异步电动机在额定工作状态下通常 n 接近于 n_0，转差率 S 很小，为 $0.015 \sim 0.06$。

根据式（6-3），可以得到电动机的转速常用公式

$$n = (1 - s) n_0 \tag{6-4}$$

例 6-1　有一台三相异步电动机，其额定转速 $n = 975$ r/min，电源频率 $f = 50$ Hz，求电动机的极数和额定负载时的转差率 S。

　　解：由于电动机的额定转速接近而略小于同步转速，而同步转速对应于不同的极对数有一系列固定的数值。显然，与 975 r/min 最相近的同步转速 $n_0 = 1\,000$ r/min，与此相应的磁极对数 $p = 3$。因此，额定负载时的转差率为

$$S = \frac{n_0 - n}{n_0} \times 100\% = \frac{1\,000 - 975}{1\,000} \times 100\% = 2.5\%$$

　　转差率 s 是分析异步电动机运行情况的主要参数。

　　当转子旋转时，如果在轴上加机械负载，则电动机就可以输出机械能。从物理本质上来分析，异步电动机的运行和变压器的相似，即电能从电源输入定子绕组（一次绕组），通过电磁感应的形式，以旋转磁场作介质体，传送到转子绕组（二次绕组），而转子中的电能通过电磁力的作用变换成机械能输出。由于在这种电动机中，转子电流的产生和电能的传递是基于电磁感应现象，所以异步电动机又称为感应电动机。

　　4）三相异步电动机的定子电路与转子电路

　　三相异步电动机中的电磁关系同变压器类似，定子绕组相当于变压器的原绕组，转子绕组（一般是短接的）相当于副绕组。给定子绕组接上三相电源电压，则定子中就有三相电流通过，此三相电流产生旋转磁场，其磁力线通过定子和转子铁心而闭合，这个磁场在转子和定子的每相绕组中都要感应出电动势。

6.2　三相异步电动机的运行特性

　　电磁转矩 T（以下简称转矩）是三相异步电动机最重要的物理量之一，它表示一台电动机拖动生产机械能力的大小。机械特性是它的主要特性。

　　从异步电动机的工作原理知道，异步电动机的电磁转矩是由于具有转子电流 I_2 的转子导体在磁场中受到电磁力 F 作用而产生的，因此电磁转矩的大小与转子电流 I_2 以及旋转磁场的每极磁通 Φ 成正比。从转子电路分析知道，转子电路是一个交流电路，它不但有电阻，而且还有漏磁感抗存在，所以转子电流 I_2 与转子感应电动势 E_2 之间有一相位差，用 Φ_2 表示。于是转子电流 I_2 可分解为有功分量 $I_2\cos\Phi_2$ 和无功分量 $I_2\sin\Phi_2$ 两部分，只有转子电流的有功分量 $I_2\cos\Phi_2$ 才能与旋转磁场相互作用而产生电磁转矩。也就是说，电动机的电磁转矩实际是与转子电流的有功分量 $I_2\cos\Phi_2$ 成正比。综上所述，异步电动机的电磁转矩表达式为

$$T = K_T \Phi I_2 \cos\Phi_2 \tag{6-5}$$

式中：K_T 为仅与电动机结构有关的常数；Φ 为旋转磁场每极磁通；I_2 为转子电流；$\cos\Phi_2$ 为转子回路的功率因数。

　　从电工技术中知 I_2 和 $\cos\Phi_2$ 为

$$I_2 = \frac{4.44 S f_1 N_2 \Phi}{\sqrt{R_2^2 + (S X_{20})^2}} \tag{6-6}$$

$$\cos\Phi_2 = \frac{R_2}{\sqrt{R_2^2 + (S X_{20})^2}} \tag{6-7}$$

将式（6-6）和式（6-7）代入式（6-5），并考虑到式 $E_1 = 4.44 f_1 N_1 \Phi$ 和忽略定子电阻 R_1 和

漏感抗 X_1 上的压降，则 $U_1 \approx E_1$，则得出转矩的另一个表达式为

$$T = K \frac{SR_2U_1^2}{R_2^2 + (SX_{20})^2} = K \frac{SR_2U^2}{R_2^2 + (SX_{20})^2} \tag{6-8}$$

式中：K 为与电动机结构参数、电源频率有关的一个常数；U_1、U 分别为定子绕组相电压、电源电压；R_2 为转子每相绕组的电阻；X_{20} 为电动机不动（$n = 0$）时，转子每相绕组的感抗。

式（6-8）所表示的电磁转矩 T 与转差率 S 的关系 $T = f(S)$ 曲线，通常叫作 T–S 曲线。电磁转矩 T 与每相电压有效值 U_1 的平方成正比。由此可见，当电源电压变化时，对电磁转矩影响很大，当电压 U_1 一定，转子参数 R_2 和 X_{20} 一定时，电磁转矩与转差率 S 有关。

6.3 三相异步电动机的机械特性

异步电动机的机械特性曲线是指定子电压 U_1、频率 f_1 和参数一定的条件下，转子转速 n 随着电磁转矩 T 变化的关系曲线，即 $n = f(T)$。它有固有机械特性和人为机械特性之分。

6.3.1 固有机械特性

异步电动机在额定电压和额定频率下，用规定的接线方式，定子和转子电路中不串联任何电阻或电抗时的机械特性称为固有（自然）机械特性。根据式（6-8）和异步电动机转速 $n = (1 - S)n_0$ 的关系可将 T–S 曲线换成转速与转矩的关系曲线，即 $n = f(T)$。这也就是三相异步电动机的固有机械特性曲线，如图 6-5 所示。研究机械特性的目的是分析和测定电动机的运行特性，并为以该电动机为执行元件的控制电路提供参量。从特性曲线上可以看出，其上有四个特殊点可以决定特性曲线的基本形状和异步电动机的运行性能，这四个特殊点是：

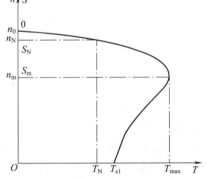

图 6-5 异步电动机的固有机械特性

（1）$T = 0$，$n = n_0$（$S = 0$），电动机处于空载工作点，此时电动机的转速为理想空载转速 n_0。

（2）$T = T_N$，$n = n_N$（$S = S_N$）为电动机额定工作点。此时额定转矩和额定转差率为

$$T_N = 9.55 \frac{P_N}{n_N} \tag{6-9}$$

$$S_N = \frac{n_0 - n_N}{n_0} \tag{6-10}$$

式中：P_N 为电动机的额定功率，W；n_N 为电动机的额定转速，一般 $n_N = (0.94 \sim 0.95)n_0$，r/min；$S_N$ 为电动机的额定转差率，一般 $S_N = 0.06 \sim 0.15$；T_N 为电动机的额定转矩，N·m。

（3）$T = T_{st}$，$n = 0$（$S = 1$），为电动机的启动工作点，此时的转矩称为启动转矩，是衡量电动机运行性能的重要指标之一。因为启动转矩的大小将影响到电动机拖动系统加速度的大小和加速时间的长短。如果启动转矩太小，在一定负载下电动机有可能启动不起来。

将 $S = 1$ 代入式（6-8），可得

$$T_{st} = K \frac{R_2 U^2}{R_2^2 + (X_{20})^2} \tag{6-11}$$

可见异步电动机的启动转矩 T_{st} 与定子每相绕组上所加电压平方成正比，当施加在定子每相绕组上的电压降低时，启动转矩下降明显；当转子电阻适当增大时，启动转矩会增大，这是因为转子电路电阻增加后，提高了转子回路的功率因数，转子电流的有功分量增大（此时 X_{20} 一定），因而启动转矩增大；若增大转子电抗，则启动转矩会大为减小，这是我们所不需要的。通常把在固有机械特性上启动转矩与额定转矩之比 $\lambda_{s1} = \dfrac{T_{st}}{T_N}$ 作为衡量异步电动机启动能力的一个重要数据。一般 $\lambda_{s1} = 1.0 \sim 1.2$。

（4）$T = T_{max}$，$n = n_m$（$S = S_m$），为电动机的临界工作点。此时转矩称为最大转矩 T_{max}，也是表征电动机运行性能的重要参数之一。转矩的最大值，可由式（6-8）令 $\dfrac{dT}{dS} = 0$，而得临界转差率为

$$S_m = \frac{R_2}{X_{20}} \tag{6-12}$$

再将 S_m 代入式（6-9），即可得

$$T_m = K \frac{U^2}{2X_{20}} \tag{6-13}$$

从式（6-12）和式（6-13）可看出，最大转矩 T_{max} 的大小与定子每相绕组上所加电压 U 的平方成正比，这说明异步电动机对电源电压的波动是很敏感的。电源电压过低，会使轴上输出转矩明显降低，甚至小于负载转矩，而造成电动机停转；最大转矩 T_{max} 的大小与转子电阻 R_2 的大小无关，但临界转差率 S_m 却正比于 R_2，这对线绕转子异步电动机而言，若在转子电路中串接附加电阻，则 S_m 增大，而 T_{max} 不变。

异步电动机在运行中经常会遇到短时冲击负载，冲击负载转矩小于最大电磁转矩时，电动机仍然能够运行，而且电动机短时过载也不会引起剧烈发热。通常把在固有机械特性上最大电磁转矩与额定转矩之比为

$$\lambda_m = \frac{T_{max}}{T_N} \tag{6-14}$$

称为电动机的过载能力系数，它表征了电动机能够承受冲击负载的能力大小，一般三相异步电动机的 $\lambda_m = 1.6 \sim 2.2$，且供起重机械和冶金机械用的绕线转子异步电动机的 $\lambda_m = 2.5 \sim 2.8$。

在实际应用中，用式（6-5）计算机械特性非常麻烦，如把它化成用 T_{max} 和 S_m 表示的形式，则方便多了。为此，用式（6-8）除以式（6-13），并代入式（6-12），经整理后就可得到

$$T = \frac{2T_{max}}{\left(\dfrac{S}{S_m} + \dfrac{S_m}{S} \right)} \tag{6-15}$$

式（6-15）为转矩—转差率特性的实用表达式，也叫规格化转矩—转差率特性。根据该

式，当转差率 S 很小，即 $S < S_m$ 时，则 $\dfrac{S}{S_m}$ 远远小于 $\dfrac{S_m}{S}$，若忽略 $\dfrac{S}{S_m}$，则有

$$T = \frac{2T_{\max}}{S_m}S \qquad (6\text{-}16)$$

式（6-16）表示转矩 T 与转差率 S 成正比的直线关系，即异步电动机的机械特性呈线性关系，工程上常把这一段特性曲线作为直线来处理，这一段曲线叫作机械特性曲线的线性段。一般三相异步电动机在运行中，负载会变化（如车床切削进给量的大小、起重重物的改变等），使电动机的转速 n 随负载转矩的变化而变化。从图 6-5 可见，当转矩 T 增大，其转速 n 会下降，随着转速 n 的下降，转差率 S 增加，又使转子电流 I_2 增加，同时也使 $\cos\varPhi_2$ 减小，使转矩不断增大。当转矩等于变动后的负载转矩时，电动机将在较低的转速 n 下稳定运行。所以电动机有负载运行时，一般工作在图 6-5 所示的线性段。

6.3.2 人为机械特性

由式（6-8）知，电动机的机械特性与电动机的参数、外加电源电压、电源频率有关，因此人为地改变这些参数而获得的机械特性称为异步电动机的人为机械特性。在机电传动系统中，人们可以通过合理地利用人为机械特性对异步电动机进行调速或者启动。下面简单介绍几种人为机械特性。

1. 降低电动机电源电压时的人为特性

当电源电压降低时，由 $n_0 = 60f/p$ 和式（6-12）、式（6-13）可以看出，理想空载转速 n_0 和临界转差率 S_m 与电源电压无关，而最大转矩 $T_{\max}$ 却与 U^2 成正比，当降低定子电压时，n_0 和 S_m 不变，而 $T_{\max}$ 大大减小。在同一转差率情况下，人为特性与固有特性的转矩之比等于两者的电压平方之比。因此，在绘制降低电压的人为特性时，是以固有特性为基础，在不同的 S 处，取固有特性上对应的转矩乘降低电压与额定电压比值的平方，即可作出人为特性曲线，如图 6-6 所示。降低电压后电动机械特性是通过 n_0 点的曲线簇，其线性段的斜率增大。例如，当 $U_a = U_N$ 时，$T_a = T_{\max}$；当 $U_b = 0.8U_N$ 时，$T_b = 0.64T_{\max}$；当 $U_c = 0.5U_N$ 时，$T_c = 0.25T_{\max}$。可见，电压越低，人为特性曲线越往右

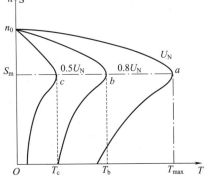

图 6-6 改变电源电压时的人为特性

移。由式（6-11）可知，启动转矩 T_{st} 也随 U^2 成比例降低，故异步电动机对电源电压的波动非常敏感。运行时，如电压降得太多，会大大降低它的过载能力与启动转矩，甚至电动机会发生带不动负载或根本不能启动的现象。例如，电动机运行在额定负载 T_N 下，即使 $\lambda_m = 2$，若电网电压下降到 $70\% U_N$，由于这时 $T_{\max} = \lambda_m T_N (U/U_N)^2 = 0.98T_N$，电动机就会停转，此外，电网电压下降，在负载不变的条件下，将使电动机转速下降，转差率 S 增大，电流增加，引起电动机发热，甚至烧坏。

2. 定子电路接入电阻或电抗时的人为特性

在电动机定子电路中外串电阻或电抗后，电动机端电压为电源电压减去定子外串电阻上

或电抗上的压降，因此，定子绕组相电压降低，这种情况下的人为特性与降低电源电压时的相似，如图 6-7 所示。图中实线 1 为降低电源电压的人为特性，虚线 2 为定子电路串入电阻 R_{1s} 或电抗 X_{1s} 的人为特性。从图中可看出，所不同的是定子串入 R_{1s} 或 X_{1s} 后的最大转矩要比直接降低电源电压时的最大转矩大一些，因为随着转速的上升和启动电流的减小，在 R_{1s} 或 X_{1s} 上的压降减小，加到电动机定子绕组上的端电压自动增大，致使最大转矩大些。而降低电源电压的人为特性在整个启动过程中，定子绕组的端电压是恒定不变的。

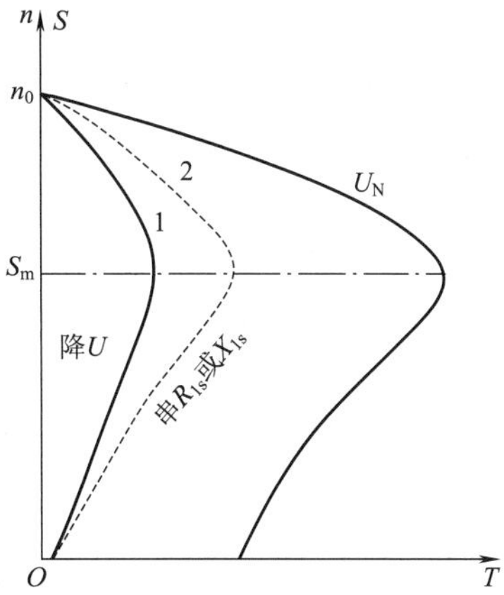

3. 改变定子电源频率时的人为特性

改变定子电源频率 f 对三相异步电动机机械特性的影响是比较复杂的，下面仅定性地分析一下 $n = f(T)$ 的近似关系，根据 $n_0 = 60f/p$ 和式（6-12）~式（6-14），并注意到上列式中 $X_{20} \propto f$，$K \propto \dfrac{1}{f}$，且一般变频调速采用恒转矩调速，即希望最大转矩 T_{max} 保持为恒值，为此在改变频率 f 的同

图 6-7　定子电路接入电阻或电抗时的人为特性

时，电源电压 U 也要作相应的变化，使 $\dfrac{U}{f} =$ 常数，这在实质上是使电动机气隙磁通保持不变。在上述条件下就存在有 $n_0 \propto f$，$S_m \propto \dfrac{1}{f}$，T_{max} 不变的关系，即随着频率的降低，理想空载转速 n_0 减小，临界转差率要增大，启动转矩要增大，而最大转矩基本维持不变，如图 6-8 所示。

4. 转子电路串接电阻时的人为特性

在绕线转子异步电动机的转子电路内串接对称的电阻 R_{2r}，如图 6-9（a）所示，此时转子电路中的电阻为（$R_2 + R_{2r}$），由 $n_0 = 60f/p$ 和式（6-12）、式（6-13）可看出，R_{2r} 的串入对理想空载转速 n_0、最大转矩 T_{max} 没有影响，但临界转差率 S_m 则随着 R_{2r} 增加而增大，人为特性的线性部分斜率也随着 R_{2r} 的增加而增大，也就是说其特性变软，如图 6-9（b）所示。很明显，串入的电阻越大，临界转差率亦越大，可选择适当的电阻 R_{2r} 接入转子电路，使 T_{max} 发生在 $S_m = 1$ 的瞬间，即使最大转矩发生在启动瞬间，以改善电动机的启动性能。

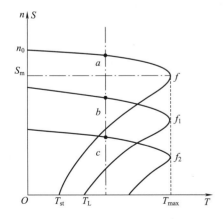

图 6-8　改变定子电源频率时的人为特性

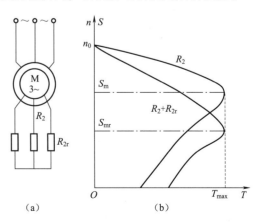

图 6-9　绕线转子异步电动机的转子电路串接电阻
（a）原理接线图；（b）机械特性

109

6.4 三相异步电动机的工作特性

异步电动机的工作特性是指当外加电源电压 U_1 为常数、电源频率 f_1 为常数时，异步电动机的转速 n、转矩 T、定子绕组电流 I_1、定子功率因数 $\cos\Phi_1$ 及效率 η 与该电动机输出功率 P_2 的关系曲线，这些曲线可用实验方法测得。从异步电动机的工作特性曲线可以判断它的工作性能好坏，从而达到正确选用电动机，以满足不同工作要求。异步电动机的不同工作特性曲线如图 6-10 所示。

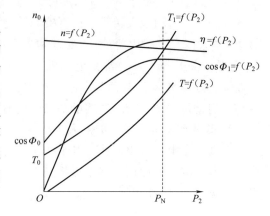

图 6-10　三相异步电动机的不同工作特性曲线

6.4.1　转速特性 $n = f(P_2)$

异步电动机的转速 n 在电动机正常运行的范围内随负载 P_2 的变化不大，所以 $n = f(P_2)$ 曲线是一条稍下倾的近似直线。如果略去电动机的机械损耗，则输出功率 $P_2 \approx T\dfrac{2\pi n}{60}$，则有

$$T = \frac{30}{\pi n}P_2 \tag{6-17}$$

式中：P_2 的单位为 kW，n 的单位为 r/min，T 的单位为 N·m。

6.4.2　定子电流特性 $I_1 = f(P_2)$

随着负载增加，转速下降，转子电流增大，定子电流也随着增大，定子电流几乎随 P_2 按比例增加，如图 6-10 所示。

6.4.3　功率因数特性 $\cos\Phi_1 = f(P_2)$

异步电动机在空载时功率因数很低，随着负载 P_2 增加，开始时 $\cos\Phi_1$ 增加较快，通常在额定负载 P_N 时达最大值，当负载再增加时，由于转差率 S 增大，使转子漏感抗 $X_2 = SX_{20}$ 变大，因而使 $\cos\Phi_1$ 反而降低，转子电流的无功分量增加，因而定子电流的无功分量随之增加，使电动机定子功率因数又重新开始下降，如图 6-10 所示。

6.4.4　电磁转矩特性 $T = f(P_2)$

由于电动机在正常运行范围内，转速 $n = f(P_2)$ 曲线变化不大，近似为直线，故 $T = f(P_2)$ 也近似为一直线。由于 $T = T_2 + T_0$，在转速不变情况下，T_0 为一常数，所以 T 是在 T_2 的基础上叠加 T_0，因此，异步电动机的转矩特性是一条不通过原点的近似直线，如图 6-10 所示。

6.4.5　效率特性 $\eta = f(P_2)$

电动机的效率 η 随着负载 P_2 的增大，开始时增加较快，通常也在额定负载时达到最大值，此后随 P_2 的增加效率 η 反而略有下降，因为效率达最大值后，如果负载继续增大，由于定、转子铜损耗增加很快，效率反而降低。对于中、小型异步电动机，最大效率通常出现在 $0.7 \sim 1.0 P_N$ 范围内。一般说来，电动机的容量越大，效率越高。

6.5　三相异步电动机的制动

在讲解三相异步电动机的制动之前，理应讲解三相异步电动机的启动问题，但考虑到三相异步电动机启动方式有很多种方法，除直接启动即电动机直接接额定电压启动外，还有降压启动，而降压启动又包含（1）定子串电抗降压启动；（2）星形-三角形启动器启动；（3）软启动器启动；（4）用自耦变压器启动等。为便于章节安排起见，本教材安排在第八章详细讲解。我们这里先介绍三相异步电动机的制动。

为提高工作效率，尽量缩短辅助时间，从安全考虑，有些生产机械往往需要电动机断电后迅速停车或反转，这就需要对电动机进行制动，也就是加与转子转动方向相反的转矩，称制动转矩。故异步电动机除有电动运转状态外，亦有三种制动方式，即反馈制动（发电制动）、反接制动与能耗制动。无论哪一种制动，其共同的特点都是电动机的转矩 T 与转速 n 的方向相反，此时电磁转矩起制动作用，电动机从轴上吸取机械能并转换为电能。

6.5.1　反馈制动

当异步电动机由于某种原因，如位能负载的作用使其转速 $n > n_0$

（n_0 为理想空载转速）时，转差率 $S = \dfrac{(n_0 - n)}{n_0} < 0$，异步电动机就进入发电状态，显然这时

转子导体切割旋转磁场的方向与电动状态时的方向相反，电流 I_2 改变了方向，电磁转矩 T 也随之改变方向，即 T 与 n 的方向相反，T 起制动作用。反馈制动时，电动机从轴上吸取机械功率转换为电磁功率后，一部分转换为转子铜耗，大部分则通过空气隙进入定子，并在供给定子铜耗和铁耗后，反馈给电网，所以反馈制动又称发电制动，这时异步电动机实际上是一台与电网并联运行的异步发电机。由于 T 为负，$S < 0$，所以反馈制动的机械特性是电动状态机械特性向第Ⅱ象限的延伸，如图 6-11 所示。

异步电动机的反馈制动运行状态有以下两种情况。

（1）起重机械下放重物时，负载转矩为位能性转矩。例如，在桥式吊车上，电动机反转（在第Ⅲ象限）下放重物，开始在反转电动状态下工作，电磁转矩和负载转矩方向相同，系统加速，重物快速下降，直到 $|1 - n| > |-n_0|$，电动机被负载转矩拖入到反馈制动运

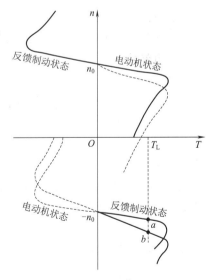

图 6-11　反馈制动状态异步电动机的机械特性

行状态（特性曲线进入第Ⅳ象限），即电动机的实际转速超过同步转速，电磁转矩改变方向成为制动转矩，并随着转速的上升而增大，当 $T = T_L$ 时，达到稳定状态，重物匀速下降，如

图 6-11 中的 a 点，此时，重物将储藏的位能释放出来，由电动机转换成电能反馈到电网。改变转子电路内的串入电阻，可以调节重物下降的稳定运行速度，如图 6-11 中的 b 点，转子电阻越大，电动机转速就越高，但为了不致因电动机转速太高而造成运行事故，转子附加电阻的值不允许太大。

（2）电动机在变极调速或变频调速过程中，极对数突然增多或供电频率突然降低使同步转速 n_0 突然降低时，转子转速将超过同步速度，这时 $S<0$，异步电动机运行在反馈制动状态。例如，某生产机械采用双速电动机传动，高速运行时为 4 极（$2p=4$），$n_{01}=1\ 500$ r/min；低速运行时为 8 极（$2p=8$），$n_{02}=750$ r/min。如图 6-12 所示，当电动机由高速挡切换到低速挡时，由于转速不能突变，在降速开始一段时间内，电动机将运行到机械特性的发电区域内（b 点），此时，电枢所产生的电磁转矩为负，和负载转矩一起，迫使电动机降速。在降速过程中，电动机将运动系统中的动能转换成电能反馈到电网，当电动机在高速挡所储存的动能消耗完后，电动机就进入 $2p=8$ 的电动状态，一直到电动机的电磁转矩又重新与负载转矩相平衡，电动机稳定运行在 c 点。

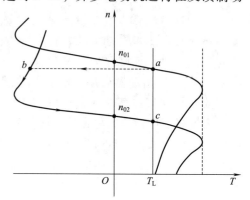

图 6-12　变极或变频调速时反馈制动的机械特性

6.5.2　反接制动

异步电动机的反接制动有电源反接制动（两相反接）和倒拉反接制动（转速反接）两种。

1. 电源反接制动

若异步电动机原在电动状态下稳定运行时，将其定子两相反接，即将三相电源的相序突然改变，也就是改变旋转磁场的方向，因而也就是改变电动机的旋转方向，那么电动状态下的机械特性曲线就将由第Ⅰ象限的曲线 1 变成第Ⅲ象限的曲线 2，如图 6-13 所示。但此时由于机械惯性，转速不能突变，系统运行点 a 只能平移到特性曲线 2 上的 b 点，电磁转矩由正变负，转子将在电磁转矩和负载转矩共同作用下其转速将迅速从 b 点降到 c 点，电磁转矩 T 和转速 n 的方向相反，电动机进入反接制动状态。

待到 $n=0$（c 点）时应将电源切断，否则，电动机将反向启动运行。电源反接制动状态下，电动机的转差率 $S=\dfrac{(-n_0-n)}{(-n_0)}>1$，故转子中的感应电动势 SE_{20} 比启动时的转子电势 E_{20} 要高，电源反接制动时的电流比启动电流要大得多。为了限制制动电流，常在笼型异步电动机定子电路中串接电阻，对于绕线转子异步电动机，则在转子回路中串接电阻，这时的人为机械特性如图 6-13 所示的曲线 3，制

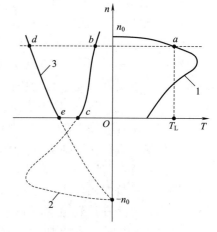

图 6-13　电源反接制动

动工作点由 a 点转换到 d 点，然后沿特性曲线 3 减速，至 $n=0$（e 点），切断电源。

在电源反接制动状态下，电动机不仅从电源吸取电能，而且从机械轴上吸收机械能（由系统降速时释放出的动能转换而来），将这两部分能量转换成电能后，消耗在转子电阻上。

该制动方法的优点是制动强度大；缺点是能量损耗大，对电动机和机械的冲击都比较大。适用于要求迅速停车与迅速反向的生产机械，如某些中型车床和铣床的主轴电动机制动和某些起重电动机制动。

2. 倒拉反接制动

当异步电动机的负载为位能转矩时，如起重机械下放重物，异步电动机电源相序不变，而速度反向，进入倒拉反接制动状态。起重机提升重物时，电动机则运行在电动状态的固有机械特性曲线 1 的 a 点上，如图 6-14 所示，电磁转矩 T 与位能转矩 T_L 相平衡。欲使重物下降，就要在转子电路内串入较大的附加电阻，此时系统运行点将从机械特性曲线 1 上的 a 点移至特性曲线 2 上的 b 点，负载转矩 T_L 将大于电动机的电磁转矩 T，电动机减速到 c 点（即 $n=0$），这时由于电磁转矩 T 仍小于负载转矩，重物迫使电动机反向旋转，重物开始下放，电动机转速 n 也就由正变负（转速反向），$S>1$，机械特性由第

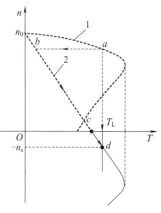

图 6-14　倒拉反接制动时的机械特性

Ⅰ 象限延伸到第 Ⅳ 象限，电动机进入倒拉反接制动状态。负载转矩成为拖动转矩，电动机电磁转矩起制动作用，随着下放速度的增大，S 增大，转子电流 I_2 和电磁转矩随之增大，直至 $T=T_L$，系统达到相对平衡状态，重物以 $-n_s$ 匀速下放。可见，这与电源反接的过渡制动状态不同，是一种能稳定运转的制动状态。下放重物的速度不要太快，这样比较安全。改变串入电阻值的大小，可获得不同的下放速度。在倒拉制动状态下，转子轴上输入的机械功率（重物的位能减少）转变成电功率后，连同定子输送来的电磁功率一起，消耗在转子电路的电阻上。

6.5.3　能耗制动

要用异步电动机反接制动方法来准确地停车有一定的困难，因为它容易造成反转，而且电能损耗也比较大。反馈制动虽是比较经济的制动方法，但它只能在高于同步转速下使用。而能耗制动却是比较常用的能准确停车的方法。

异步电动机的能耗制动是这样实现的：把处于电动运转状态下的电动机的定子绕组，从三组交流电源上断开，而接到直流电源上，即可实现能耗制动。原理线路图一般如图 6-15（a）所示。进行能耗制动时，首先将定子绕组从三相交流电源断开（打开 KM1），接着立即将一低压直流电源与定子绕组接通（闭合 KM2）。直流电流通过定子绕组后，在电动机内部建立一个固定不变的磁场，而转子在运动系统储存的机械能作用下旋转，旋转转子切割磁力线，导体内就产生感应电势和电流，该电流与恒定磁场相互作用，产生作用方向与转子实际旋转方向相反的制动转矩。在它的作用下，电动机转速迅速下降，此时运动系统储存的机械能被电动机转换成电能，消耗在转子电路的电阻中。

能耗制动时的机械特性如图 6-15（b）所示，制动时系统运行点从特性曲线 1 上的 a 点，平移至特性曲线 2 上的 b 点，在制动转矩和负载转矩共同作用下，沿特性曲线 2 迅速减速，

直到 $n=0$。当 $n=0$ 时，$T=0$，所以能耗制动能准确停车。不过当电动机停止后，不应再接通直流电源，因为那样将会烧坏定子绕组。另外制动的后阶段，随着转速的降低，能耗制动转矩也很快减少，所以制动比较平稳，但制动效果则比反接制动差。制动转矩的大小，一方面取决于定子直流励磁电流的大小（即恒定磁场的强弱）；另一方面取决于转子电流的大小，即取决于转子转速和转子电阻。因此，笼型异步电动机可通过改变直流电压 U、励磁电流 I_f 的大小，而绕线转子电动机则可通过改变 I_f 和转子回路电阻来控制制动转矩的强弱。由于制动时间很短，所以通过定子的直流电流可以大于电动机的定子额定电流，一般取 $I_f =（2\sim3）I_{1N}$。由于能耗制动可以使生产机械准确地停车，故广泛应用于矿井提升、起重运输及机床等生产机械上。

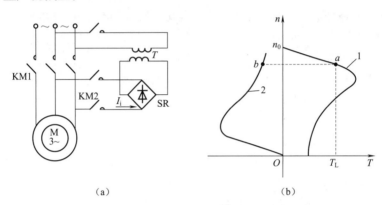

图 6-15　能耗制动时的原理线路图及机械特性

（a）原理线路图；（b）机械特性

6.6　三相交流电动机的选择

　　三相异步电动机是拖动生产机械运行的最为广泛的设备。正确选择它的功率、种类和型号是很重要的。选得太大，容量未得到充分利用，既增加投资，也增加运行费用。如选得过小，又使电动机温升过高，降低其使用寿命。一般情况是，当电动机负载为 $100\%P_n$ 时，温度为 $100\ ℃$，可使用 $10\sim20$ 年；而电动机负载为 $125\%P_n$ 时，温度为 $145\ ℃$，只能使用一个半月。

6.6.1　电动功率的选择

　　对长期负荷运行时的异步电动机，可按其额定功率 P_n 等于或略大于生产机械所需要的功率来选择。

　　如某些加工时间长的切削机床，可按长期负荷选择功率，其电动机功率 P（kW）为

$$P \geqslant \frac{Fv}{10.4 \times 60 \times \eta}$$

式中：F 为切削力，kg；v 为切削速度，m/min；η 为传动机构效率。

　　选择系列产品电动机的额定功率 $P_N > P$。

　　通常在没有确定的计算公式和资料的情况下，可按生产机械的转矩随时间变化的曲线

（可统计测试得到）计算不同时间间隔 t_1，t_2，$\cdots$ 的等效转矩，按等效转矩公式选择电动机功率。即

$$T_{eq} = \sqrt{\frac{T_1^2 t_1 + T_2^2 t_2 + \cdots}{t_1 + t_2 + \cdots}}, \quad P_N \geq \frac{T_{eq} n}{975}$$

式中：n 为生产机械所要求的电动机的转速，r/min；T_{eq} 为生产机械的等效转矩，N·m。

同时还应按转矩过载能力进行校验：$\lambda \geq \frac{T_{max}}{T_N}$，也可用等效功率法计算等效功率来选择电动机，即

$$P_N \geq P_{eq} = \sqrt{\frac{P_1^2 t_1 + P_2^2 t_2 + \cdots}{t_1 + t_2 + \cdots}}$$

对短时工作制电动机功率的选择，如果不需要专用短时运行的特殊设计电动机时，可按连续运行的电动机进行选择。由于工作时间较短，惯性温升较慢，因而允许短时过载。故可根据过载系数 λ 选择电动机功率，这时电动机功率按生产机械所要求的功率的 $\frac{1}{\lambda}$ 来计算。

例如，机床刀架快速移动电动机的功率为

$$P_N \geq P = \frac{G \mu v}{102 \times 60 \eta \lambda}$$

式中：G 为被移动元件质量，kg；v 为移动速度，m/min；μ 为摩擦因数，通常为 $0.1 \sim 0.2$；η 为传动机构效率，通常为 $0.1 \sim 0.2$；λ 为所选电动机的过载系数。

对重复短时工作制的电动机功率的选择：短时工作制和重复短时工作制的区别如图 6-16 所示，图中 τ 为电动机温升时间常数，t_0 为工作时间，t_1 为休息时间。对重复短时工作制的电动机，其最终温升比同样负荷下长期运行时的温升要低，但比短时工作的要高，则电动机功率选择可比生产机械所要求的功率小一些。重复短时工作制的电动机常用运转相对持续系数表示运行工作情况。在供电系统中用负载持续率 ε 表示运行工作情况，即

$$\varepsilon = \frac{t_0}{t_0 + t_1} \times 100\%$$

则电动机的等效持续功率可表示为

$$P_{eq} = P_\varepsilon \sqrt{\varepsilon} \tag{6-18}$$

式中：P_ε 为相对持续率为 ε 时的电动机功率。

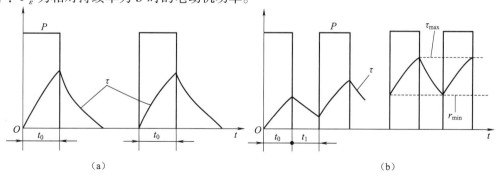

图 6-16 工作制负载图

（a）短时；（b）重复短时

由于电动机制造厂家给出的是标准 ε 的值，如 $\varepsilon_N = 15\%$、25%、40%、60%、100% 等，所以计算重复短时工作制电动机容量通常使用

$$P_N \geqslant P_\varepsilon \sqrt{\frac{\varepsilon}{\varepsilon_N}}$$

如果 $\varepsilon < 10\%$，表示工作时间很短，则可按短时工作制选择电动机功率；如果 $\varepsilon > 60\%$，一般就按长期运行选择。

6.6.2 电动机类型选择

交流电动机主要有笼型感应电动机、线绕转子异步电动机和同步电动机等。

笼型感应电动机的结构简单、价格便宜、牢固、运行可靠，从而得到最广泛的应用。在通风机、水泵、运输传送带上，机床的辅助用电动机及一些小型机床的主轴传动均可采用。笼型感应电动机的主要缺点是启动性能不好，启动转矩小，而启动电流大。

视频：电动机类型选择

线绕转子异步电动机，由于转子绕组可串接电阻，一方面限制启动电流；另一方面增加启动转矩，也有一定的调速范围，在许多地方有其应用，如吊车等。缺点是转子上装有集电环和电刷，使其制造和运行较为麻烦。

同步电动机的转子采用直流励磁，可通过转子励磁电流的调节而改变定子电流和电压之间的相位差，直至使定子电流超前电压而呈电容性能，从而改善电网的功率因数。因此，凡是大容量不调速的生产机械尽可能采用同步电动机驱动，如大型空气压缩机、大型水泵、大型轴流风机等。

【小结与拓展】

1. 三相异步电动机的工作原理是：当定子绕组中通以对称三相交流电流时，产生旋转磁通势及相应的旋转磁场。这种旋转磁场以同步转速 n_1 切割转子绕组，则在转子绕组中感应出电势和电流，转子电流与旋转磁场相互作用产生电磁转矩，使转子旋转。因为只有在转子与旋转磁场有相对运动时，才能在转子绕组中感应出电势及电流，所以转子转速与同步转速之间总存在着转差。

2. 三相异步电动机的结构是由定子和转子两大部分组成的，定子和转子均由铁心和绕组组成，其中定子绕组是三相异步电动机的主要电路。定子绕组由许多线圈组成，每个线圈的磁势是空间按矩形波分布、大小随时间变化的脉振磁势。每相绕组的磁势可由各个线圈磁势的基波和谐波分量分别相加而得。

3. 三相异步电动机的电磁关系：三相异步电动机在空载运行时转子转速接近同步转速，此时可近似地认为气隙磁场完全由定子磁势产生。负载运行时，其气隙磁场由定子、转子磁势共同建立，由于定子电压保持恒定不变，定子漏阻抗压降很小，因此可认为气隙磁场基本不变。从电磁关系来看，异步电动机与变压器非常相似，其定子相当于变压器的原边，转子相当于变压器的副边，其本质区别在于异步电动机的合成磁势是旋转磁势，而变压器中的磁势是脉振磁势。

4. 三相异步电动机的功率与转矩：三相异步电动机的机电能量转换过程和直流电动机相似。由定子绕组输入电功率，由转子轴输出机械功率，其间不可避免地要产生一些损耗。不同的是异步电动机的电磁功率是在定子绕组中产生的，然后通过气隙传给转子。在异步电动机的功率与转矩的关系中，要充分理解电磁转矩与电磁功率及总功率的关系。

5. 三相异步电动机的工作特性为电源电压和频率均为额定值时，异步电动机的转速、定子电流、功率因数、电磁转矩及效率与输出功率的关系。从工作特性可知，异步电动机在任何负载下功率因数始终是滞后的，这是异步电动机的不足之一。

6. 三相异步电动机固有机械特性是指三相异步电动机的定子在额定频率的额定电压下，定子绕组按规定的接线方式联结，定子及转子回路不外接任何电器元件的条件下的机械特性称为固有机械特性。

7. 转差率是异步电动机的一个重要的物理量，异步电动机运行时，转速与同步转速一般很接近，转差率很小。转差率 S 是用来表示转子转速 n 与磁场转速 n_0 相差的程度的物理量。在额定工作状态下为 $0.015 \sim 0.06$。

【思考与习题】

6-1 三相异步电动机初始启动瞬间，即 $S = 1$，转子电流 I_2 大而功率因数小，原因何在？

6-2 三相异步电动机在一定负载转矩下运行时，如果电源电压降低，电动机的转矩、定子电流和转速 n 有何变化？

6-3 某三相异步电动机的额定转速 $n_N = 1\,460$ r/min，当负载转矩只为额定转矩的 1/2 时，电动机的转速如何变化？

6-4 有一台四极三相异步电动机，电源电压频率为 50 Hz，满载时电动机的转差率为 0.022，求电动机的同步转速、转子转速和转子电流频率。

6-5 三相异步电动机正在运行时，转子突然被卡住，这时电动机的电流会如何变化？对电动机有何影响？

6-6 三相异步电动机断了一根电源线后，为什么不能启动？而运行时断了一根电源线后，为什么能继续转动？这两种情况对电动机将产生什么影响？

6-7 三相异步电动机在相同的电源电压下，满载和空载启动时，启动电流是否相同？启动转矩是否相同？

6-8 双笼型、深槽式异步电动机为什么可以改善启动性能？高转差率笼型异步电动机又是如何改善启动性能的？

6-9 绕线转子异步电动机采用转子串电阻启动时，所串电阻越大启动转矩是否越大？

6-10 异步电动机有哪几种调速方法？各种调速方法有何优缺点？

6-11 什么叫恒功率调速？什么叫恒转矩调速？

6-12 异步电动机有哪几种制动状态？各有何特点？

6-13 有一台三相异步电动机，电源电压频率为 $f_1 = 50$ Hz，额定负载时的转差率为 0.025，该电动机的同步转速 $n_0 = 1\,500$ r/min，试求该电动机的极对数和额定转速。

6-14 有一台三相异步电动机，电源电压频率为 $f_1 = 50$ Hz，额定转速 $n_N = 1\,425$ r/min，转子电路每相电抗 $X_{20} = 0.08$ Ω，电阻 $R_2 = 0.02$ Ω，则当定子每相电动势 $E_1 = 200$ V 时，转子电动势 $E_{20} = 20$ V，磁极对数 $P = 2$，求：

（1）转子不动时，转子线圈每相的电流 I_2 和 $\cos \Phi_2$。

（2）在额定转速下，转子线圈每相的感应电动势 E_2，电流 I_2 及功率因数 $\cos \Phi_2$。

6-15 有一台三相笼型异步电动机，其额定技术参数为：$P_N = 300$ kW，$U_N = 380$ V，$n_N = 1\,475$ r/min，$I_N = 527$ A，$I_{st}/I_N = 6.7$，$T_{st}/T_N = 1.5$，$T_{max}/T_N = 2.5$。定子星形联结，车间变电站允许最大冲击电流为 1 800 A，生产机械要求启动转矩不小于 1 000 N·m，试选择适当的启动方法。

第7章 机电传动系统常用控制电动机

【目标与解惑】

(1) 熟悉交/直流伺服电动机的功能及结构原理和控制方式；

(2) 熟悉三相磁阻式步进电动机的功能与结构，掌握其运行方式与工作原理；

(3) 熟悉交/直流测速发电机的性能要求及结构，理解其工作原理和输出特性；

(4) 了解力矩式自整角机和控制式自整角机的用途及工作原理；

(5) 了解正余弦旋转变压器与线性旋转变压器的用途及工作原理；

(6) 了解新型直线电动机的用途及工作原理。

数控机床中应用广泛的有步进电动机与伺服电动机，它们结构一样吗？具体如何工作？除了它们还有其他控制电动机，听说种类不少，那这些控制电动机是做什么的呢？希望通过本章的学习恍然大悟。

how many??

7.1 步进电动机

步进电动机又称脉冲马达，是将电脉冲信号转换为线位移或角位移的电动机，是数字控制系统中的一种执行元件，广泛应用于数控机床和现有普通机床的数控化技术改造。例如，在数控机床中或在数控平面绘图机中，将被加工的零件图形或仿形的图样的尺寸和工艺要求编制成加工指令或仿形指令，存入纸带或软盘，输入计算机或数控装置，根据给定的数据要求和程序进行运算，而后不断发出电脉冲信号，驱动步进电动机转动，带动工作台或刀架，达到自动加工和仿形绘图的目的。

7.1.1 步进电动机的基本结构

步进电动机每当输入一个电脉冲，电动机就转动一个角度前进一步。脉冲一个一个地输入，电动机便一步一步地转动。它的输入既不是正弦交流电，也不是恒定直流电，而是电脉冲，所以又称它为脉冲电动机。它输出的角位移与输入的脉冲数成正比，转数与脉冲频率成正比，控制输入脉冲数量、频率及电动机各相绕组的通电顺序，就可以得到各种需要的运行特性。

步进电动机种类繁多，通常使用的有永磁式、感应永磁式和反应式步进电动机。应用最多的一种，是反应式步进电动机。下面以六极反应式步进电动机为例，分析其基本结构和工作原理。

六极反应式步进电动机的结构示意图如图 7-1 所示。它分为定子和转子两部分。它的定子具有分布均匀的六个磁极，磁极上装有绕组，两个相对的磁极组成一相，绕组的连接如图所示。转子具有均匀分布的四个齿。

反应式步进电动机定子相数用 m 表示，一般定子相数可以为 2、3、4、5、6，则定子磁极的个数就为 $2m$，每两个相对的磁极套着该相绕组。转子齿数用 Z_r 表示。图 7-1 中转子齿数为 $Z_r = 4$。

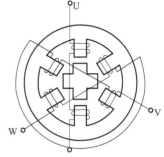

图 7-1 六极反应式步进
电动机的结构示意图

7.1.2 步进电动机工作原理

1. 矩角特性和稳定平衡点

三相六极和转子四齿反应式步进电动机，当 U 相绕组通入直流电流 I 时，由电磁力作用原理，电动机中产生反应转矩，如图 7-2 所示。该反应转矩 T 称为静转矩，设逆时针方向为正。

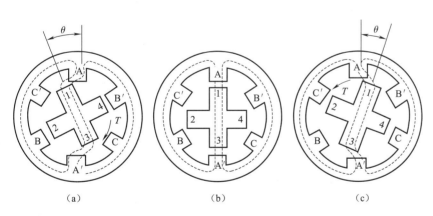

视频：步进电动机特点

图 7-2 三相反应式步进电动机 U 相通入电流时的静转矩和失调角的示意图
(a) $0° < \theta < 180°$；(b) $\theta = 0°$；(c) $-180° < \theta < 0°$

定子磁极 A 的轴线方向与转子齿 1 的轴线方向的夹角称为失调角。设转子齿 1 领先定子磁极 A 的轴线为正，大小用弧度表示。当控制绕组匝数一定，忽略磁路饱和的影响时，则静转矩 T 与失调角 θ 的关系为

$$T = -T_C \sin\theta \tag{7-1}$$

式中，T_C 是与控制绕组电流 I 的大小和匝数及气隙磁阻有关的常数。

式（7-1）称为步进电动机的矩角特性。

当电动机空载时，转子位置只要在 $-\pi < \theta < \pi$ 区域，对 U 相绕组通电，在 $-\pi < \theta < \pi$ 范围，转子的静转矩 $T > 0$，在 T 作用下，转子必将逆时针加速转动，然后减速到达 $\theta = 0$，此时，$T = 0$；同样，在 $0 < \theta < \pi$ 范围内，$T < 0$，转子将顺时针反向加速，然后减速也到达 $\theta = 0$，此时 $T = 0$。如果考虑到转子的惯性，有可能经多次振荡，最后衰减到 $\theta = 0$ 位而静止下来。称 $\theta = 0$ 为 U 相的稳定平衡点。我们将 $-\pi < \theta < \pi$ 的区域称为静稳定区。

同理，V 相控制绕组通入直流电流 I，情况与 U 相通电一样，其转矩—失调角特性与 U 相形状相同，只是右移 $\dfrac{2\pi}{3}$，其稳定平衡点为 $\left(\theta = \dfrac{2\pi}{3},\ T = 0\right)$。转子齿 2 与磁极 B 对齐，静稳定区域是 $\left(-\pi + \dfrac{2\pi}{3}\right) < \theta < \left(\pi + \dfrac{2\pi}{3}\right)$。W 相通入直流电流 I，其矩角特性又右移了 $\dfrac{2\pi}{3}$，稳定平衡点为 $\left(\theta = \dfrac{4\pi}{3},\ T = 0\right)$，转子齿 3 与磁极 C 对齐，静稳定区域是 $\left(-\pi + \dfrac{4\pi}{3}\right) < \theta < \left(\pi + \dfrac{4\pi}{3}\right)$。

图 7-3 画出了步进电动机的三相矩角特性及静稳定区域。

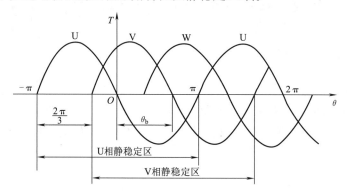

图 7-3　步进电动机的三相矩角特性及静稳定区域

2. 步进电动机通电运行方式

反应式步进电动机，按其相电流通电的顺序不同使它作旋转运行，有三种工作方式，即单三拍、双三拍和三相单、双六拍工作方式。

（1）单三拍通电方式。单三拍通电方式是每次只有一相绕组通电，而每一个循环只有三次通电。设三相步进电动机 U 相首先通电，V、W 相不通电，则产生 A-A′轴线方向磁通，并通过转子形成闭合回路，形成极靴的电磁铁，在磁场作用下，由矩角特性，转子力图使 θ 角为零，即转到转子齿与 A-A′轴线对齐的位置。接着 V 相通电，U、W 两相不通电，转子便顺时针转过 30°，使 2、4 齿与 B-B′极对齐。随后 W 相通电，U、V 相不通电，转子又顺时针转过 30°，又使齿 3、1 与 C-C′极对齐。如果当电脉冲信号以一定频率，按 U-V-W-U 的顺序轮流通电，不难理解，电动机转子便顺时针方向一步一步地转动起来。每步的转角为 30°（称为步距角 θ_b），相电流换接三次，磁场旋转一周，转子前进了一个齿距角，即 $3 \times 30° = 90°$。

如果三相电流脉冲的通电顺序改为 U-W-V-U，则电动机转子便逆时针方向转动。单三拍顺时针转动的示意图如图 7-4 所示。单三拍通电方式每次只有一相控制绕组通电吸引转子，容易使转子在平衡位置附近产生振荡，运行稳定性较差。另外，在切换时一相控制绕组断电而另一相控制绕组开始通电，容易造成失步，因而实际上很少采用这种通电方式。

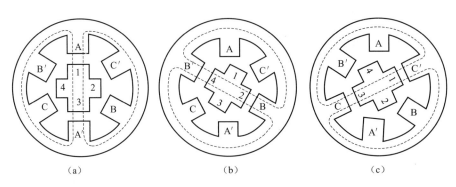

图 7-4　单三拍通电方式时转子的位置

(a) U 相通电；(b) V 相通电；(c) W 相通电

（2）双三拍方式。上面讨论的是三相六极步进电动机单三拍方式。所谓"一拍"是每改变一次通电方式，三拍是指改变三次通电方式为一个通电循环，为三拍。"单"是每拍只有一相定子绕组通电。双三拍方式是每两相绕组通电，即顺序为 UV-VW-WU-UV 或 UW-WV-VU-UW。三拍为一个通电循环。三相双三拍工作方式转子步进位置如图 7-5 所示。

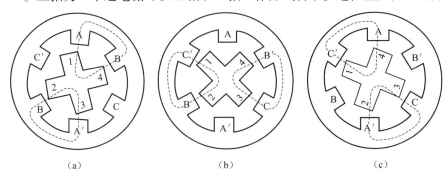

图 7-5　三相双三拍工作方式转子步进位置

(a) U、V 相通电；(b) V、W 相通电；(c) W、U 相通电

双三拍方式步矩角 $\theta_b = 180° \times \dfrac{1}{6} = 30°$，与单三相拍方式相同。但是，双三拍的每一步的平衡点，转子受到两个相反方向的转矩而平衡，因而稳定性优于单三拍方式，不易失步。

（3）三相单、双六拍工作方式。单、双六拍工作方式也称六拍方式，如图 7-6 所示。设 U 相首先通电，转子齿 1、3 稳定于 A-A′磁极轴线，如图 7-6（a）所示，然后在 U 相继续通电的情况下，接通 V 相。这时定子 B-B′磁极对转子齿 2、4 产生拉力，使转子顺时针转动，但此时 A-A′极继续拉住齿 1、3。转子转到两磁拉力平衡为止，转子位置如图 7-6（b）所示。从图中看到，转子从 A 位置顺时针转过了 15°角。接着，U 相断电，V 相继续通电，这时转子齿 2、4 又和 B-B′磁极对齐而平衡，转子从图 7-6（b）位置又转过 15°角，如图 7-6（c）所示。在 V 相通电下，而后 W 相又通电。这时 B-B′和 C-C′共同作用使转子又转过了 15°角，其位置如图 7-6（d）所示。以此规律，按 U-UV-V-VW-W-WU-U 的顺序循环通电，则转子便顺时针一步一步地转动。电流换接六次，磁场旋转一周，转子前进的齿矩角为 15°×6 = 90°，其步距角 $\theta_b = 15°$。如果按 U-UW-W-WV-V-VU-U 的顺序通电，则电动机逆时针方向转动。六拍方式的步距角 $\theta_b = 15°$，其运行稳定性比前两种方式更好。

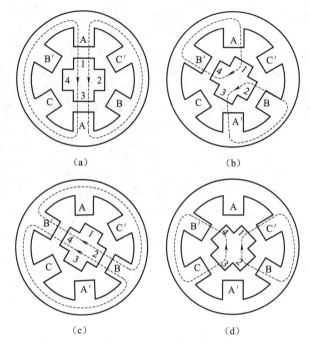

图7-6 三相单、双六拍工作方式转子运行位置

(a) U相通电；(b) U、V相通电；(c) V相通电；(d) V、W相通电

（4）步进电动机的转速及实际小步距角步进电动机。设步进电动机的拍数为 N，通常拍数即为相数或相数的2倍，即 $N=m$ 或 $N=2m$，设步距角为 θ_b，则

$$\theta_b = \frac{360°}{Z_r N} = \frac{360°}{Z_r m} \text{或} \theta_b = \frac{360°}{Z_r 2m} \tag{7-2}$$

式中：Z_r 为转子齿数。

定子一相绕组通电时形成的磁极个数为 $2p=2$，如 B-B′、C-C′，则步进电动机的转速 n（r/min）为

$$n = \frac{60f\theta_b}{360} = \frac{60f}{Z_r m} \tag{7-3}$$

式中：f 为电脉冲的频率。

步进电动机的定子磁极数与转子齿数之间是有一定关系的，一般每个磁极下的转子齿数不是整数关系，而是差 $\frac{1}{m}$ 个齿。这样每极下的转子齿数为

$$\frac{Z_r}{2mp} = K \pm \frac{1}{m} \tag{7-4}$$

式中：p 为磁极对数；K 为正整数；上述的三相六极电动机，$2mp=6$，$K=1$。

三相六拍步距角15°，步距角较大，不适合一般用途的要求。实际的步进电动机，步距角做得很小。国内常见的反应式步进电动机步距角有 1.2°/0.6°、1.5°/0.75°、1.8°/0.9°、2°/1°、3°/1.5°、4.5°/2.25°等。从式（7-2）可见，增加步进电动机相数和转子数，可减小步距角。但相数越多，驱动电源越复杂，成本越高，一般步进电动机做成二相、三相、四相、五相和六相等。因此减小步距角主要是增加转子齿数 Z_r。图7-7 所示为一台三相六极、转子为40齿的反应式步进电动机截面图。为使转子和定子齿一样大小，所以定子每磁极上

也做成齿。显然，每极下的齿数为

$$\frac{Z_r}{2mp} = \frac{40}{2 \times 3 \times 1} = 6\frac{2}{3} = 7 - \frac{1}{3}$$

$K = 7$ 时，差 $\frac{1}{3}$，当相数为 $m = 3$ 时，步距角为

$$\theta_r = \frac{360°}{Z_r m} = \frac{360°}{40 \times 3} = 3 \ (°)$$

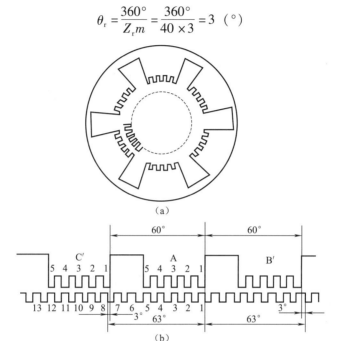

图 7-7　小步距角三相反应式步进电动机
（a）截面结构示意图；（b）展开图

7.2 伺服电动机

伺服电动机又称为执行电动机，在自动控制系统中作为执行元件，其任务是将输入的电信号转换为轴上的转角或转速，以带动控制对象。按电流种类不同，伺服电动机可分为交流和直流两种，它们的最大特点是转矩和转速受信号电压控制。当信号电压的大小和极性（或相位）发生变化时，电动机的转动方向将非常灵敏和准确地跟着变化。因此，它与普通电动机相比具有如下几个特点：

（1）调速范围宽广，即要求伺服电动机的转速随着控制电压改变，能在宽广范围内连续调节。

（2）转子的惯性小，响应快速，随控制电压改变反应很灵敏，即能实现迅速启动、停转。

（3）控制功率小，过载能力强，可靠性也好。

7.2.1　直流伺服电动机

一般式直流伺服电动机的基本结构和工作原理与普通直流电动机相同，不同点只是它做

得比较细长一些，以满足快速响应的要求。按励磁方式之不同可分为电磁式和永磁式两种。电磁式又分为他励式、并励式和串励式，但一般多用他励式。永磁式的磁场由永久磁铁产生，如图7-8所示，其中图7-8（a）所示的为电磁式，图7-8（b）所示的为永磁式。除一般式外，还有低惯量式直流伺服电动机，它有无槽、杯形、圆盘、无刷电枢几种，它们的特点及应用范围见表7-1。

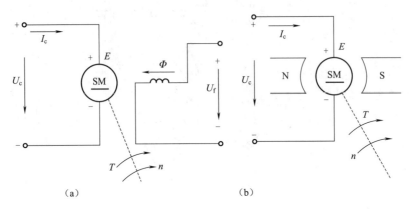

（a）   （b）

图7-8　直流伺服电动机的接线图

（a）电磁式（他励式）；（b）永磁式

表7-1　直流伺服电动机的特点和应用范围

名　　称	励磁方式	产品型号	结构特点	性能特点	适用范围
一般直流伺服电动机	电磁或永磁	SZ或SY	与普通直流电动机相同，但电枢铁心长度与直径之比大一些，气隙较小	具有下垂的机械特性和线性的调节特性，对控制信号响应快速	一般直流伺服系统
无槽电枢直流伺服电动机	电磁或永磁	SWC	电枢铁心为光滑圆柱体，电枢绕组用环氧树脂黏在电枢铁心表面，气隙较大	具有一般直流伺服电动机的特点，而且转动惯量和机电时间常数小，换向良好	需要快速动作、功率较大的直流伺服系统
空心杯形电枢直流伺服电动机	永磁	SYK	电枢绕组用环氧树脂浇注成杯形，置于内、外定子之间，内、外定子分别用软磁材料和永磁材料做成	除具有一般直流伺服电动机的特点外，转动惯量和机电时间常数小，低速运转平滑，换向好	需要快速动作的直流伺服系统
印制绕组直流伺服电动机	永磁	SN	在圆盘形绝缘薄板上印制裸露的绕组构成电枢，磁极轴向安装	转动惯量小，机电时间常数小，低速运行性能好	低速和启动、反转频繁的控制系统
无刷直流伺服电动机	永磁	SW	由晶体管开关电路和位置传感器代替电刷和换向器，转子用永久磁铁做成，电枢绕组在定子上且做成多相式	既保持了一般直流伺服电动机的优点，又克服了换向器和电刷带来的缺点。寿命长，噪声低	要求噪声低、对无线电不产生干扰的控制系统

他励式直流伺服电动机的机械特性公式与他励直流电动机机械特性公式相同，即

$$n = \frac{U_c}{K_E \Phi} - \frac{R}{K_E K_T \Phi^2} \tag{7-5}$$

式中：U_c 为电枢控制电压；R 为电枢回路电阻；Φ 为每极磁通；K_E、K_T 为电动机结构常数。

由式（7-5）看出，改变控制电压 U_c 或改变磁通 Φ 都可以控制直流伺服电动机的转速和转向，前者称为电枢控制，后者称为磁场控制。由于电枢控制具有响应迅速、机械特性硬、调速特性线性度好的优点，在实际生产中大都采用电枢控制方式（永磁式伺服电动机，只能采用电枢控制）。

图 7-9 所示为直流伺服电动机机械特性曲线。从图中可以看出，机械特性是一组平行的直线，理想空载转速与控制电压成正比，启动转矩（堵转转矩）也是与控制电压成正比，机械特性是下垂的直线，故启动转矩也是最大转矩。在一定负载转矩下，当磁通 Φ 不变时，如果升高电枢电压 U_c，电动机的转速就上升，反之，转速下降，当 $U_c = 0$ 时，电动机立即停止，因此无自转现象。

7.2.2 交流伺服电动机

两相交流伺服电动机的结构与单相电容式异步电动机的结构相似，定子上装有两个绕组，一个是励磁绕组，另一个是控制绕组，它们在空间相隔 90°，两个绕组通常是分别接在两个不同的交流电源（两者频率相同）上，此点与单相电容式异步电动机不同，如图 7-10 所示。

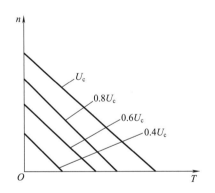

图 7-9　直流伺服电动机机械特性曲线

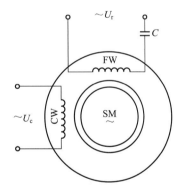

图 7-10　交流伺服电动机的接线图

交流伺服电动机的转子分两种：笼型转子和杯形转子。笼型转子和三相笼型异步电动机的转子结构相似，只是为了减小转动惯量而做得细长一些。杯形转子伺服电动机的结构如图 7-11 所示。为了减小转动惯量，杯形转子通常用高电阻系数的非磁极性的铝合金或铜合金制成空心薄壁圆筒，在空心杯形转子内放置固定的内定子，起闭合磁路的作用，以减小磁路的磁阻。杯形转子可以把铝杯看作无数根笼型导条并联组成，因此，它的原理与笼型相同。这种形式的伺服电动机由于转子质量轻，惯性小，启动电压低，对信号反应快，调速范围宽，多用于运行平滑的系统。目前用得最多的是笼型转子的交流伺服电动机。交流伺服电动机的特点和应用范围见表 7-2。

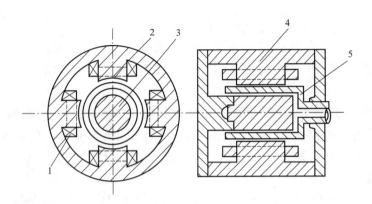

图 7-11　杯行转子伺服电动机的结构

1—励磁绕组；2—控制绕组；3—内定子；4—外定子；5—转子

表 7-2　交流伺服电动机的特点和应用范围

种类	产品型号	结构特点	性能特点	应用范围
笼型转子	SL	与一般笼型异步电动机结构相同，但转子做得细而长，转子导体采用高电阻率的材料	励磁电流较小，体积较小，机械强度高，但是低速运行不够平稳，有时快时慢的抖动现象	小功率的自动控制系统
空心杯行转子	SK	转子做成薄壁圆筒形，放在内、外定子之间	转动惯量小，运行平滑，无抖动现象，但是励磁电流较大，体积也较大	要求运行平滑的系统

1. 工作原理

两相交流伺服电动机是以单相异步电动机原理为基础的，从图 7-10 看出，励磁绕组接到电压一定的交流电网上，控制绕组接到控制电压 U_c 上，当有控制信号输入时，两相绕组便产生旋转磁场。该磁场与转子中的感应电流相互作用产生转矩，使转子跟着旋转磁场以一定的转差率转动起来，其同步转速 n_0（r/min）为 $n_0 = 60f/p$。

转向与旋转磁场的方向相同，把控制电压的相位改变 180°，则可改变伺服电动机的旋转方向。

对伺服电动机的要求是控制电压一旦取消，电动机必须立即停转，但根据单相异步电动机的原理，若电动机一旦转动以后，再取消控制电压，仅励磁电压单相供电，则它将继续转动，即存在"自转"现象，这意味着失去控制作用，是不允许的。

2. 消除"自转"现象的措施

消除"自转"的办法就是使转子导条具有较大电阻，从三相异步电动机的机械特性可知，转子电阻对电动机的转速、转矩特性影响很大（图 7-12），转子电阻越大，达到最大转矩的转速越低，转子电阻增大到一定程度（例如图 7-12 中 r_{23}）时，最大转矩出现在 $S=1$ 附近。为此目的，一般把伺服电动机的转子电阻 r_2 设计得很大，这可使电动机在失去控制信号，即成单相运行时，正转矩或负转矩的最大值处均出现在 $S_m > 1$ 的地方，这样就可得出图 7-13 所示的机械特性曲线。

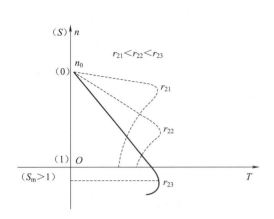

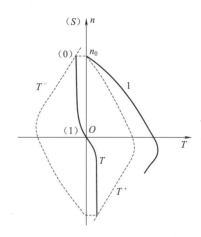

图 7-12　对应不同转子电阻 r_2 的 $n=f/(T)$　　图 7-13　$U_c=0$ 时的交流伺服电动机的 $n=f/(T)$ 曲线

图 7-13 中，曲线 1 为有控制电压时伺服电动机的机械特性曲线；曲线 T^+ 和 T^- 为去掉控制电压后，脉动磁场分解为正、反两个旋转磁场对应产生的转矩曲线；曲线 T 为 T^+ 和 T^- 合成的转矩曲线。从图 7-13 看出，它与异步电动机的机械特性曲线不同，它是在第 Ⅱ 和第 Ⅳ 象限内。当速度 n 为正时，电磁转矩 T 为负；当 n 为负时，T 为正。即去掉控制电压后，电磁转矩的方向总是与转子转向相反的，是一个制动转矩。制动转矩的存在，可使转子迅速停止转动，保证了不会存在"自转"现象。停转所需要的时间，比两相电压 U_c 和 U_f 同时取消，单靠摩擦等制动方法所需的时间要短得多。这正是两相交流伺服电动机工作时，励磁绕组始终接在电源上的原因。

由此可见，增大转子电阻 r_2，可使单相供电时合成电磁转矩在第 Ⅱ 和第 Ⅳ 象限，成为制动转矩，有利于消除"自转"。同时 r_2 的增大，还使稳定运行段加宽，启动转矩增大，有利于调速和启动。这就是两相交流伺服电动机的鼠笼导条通常都用高电阻材料制成，杯形转子的壁做得很薄（一般只有 $0.2 \sim 0.8$ mm）的缘故。

7.2.3　步进电动机与伺服电动机比较

目前国内的数字控制系统中，步进电动机的应用十分广泛。随着全数字式交流伺服系统的出现，交流伺服电动机也越来越多地应用于数字控制系统中。为了适应数字控制的发展趋势，运动控制系统中大多采用步进电动机或全数字式交流伺服电动机作为执行电动机。虽然两者在控制方式上相似（脉冲串和方向信号），但在使用性能和应用场合上存在着较大的差异。现就二者比较如下：

1. 控制精度不同

两相混合式步进电动机步距角一般为 $3.6°$、$1.8°$，五相混合式步进电动机步距角一般为 $0.72°$、$0.36°$。也有一些高性能的步进电动机步距角更小，如四通公司生产的一种用于慢走丝机床的步进电动机，其步距角为 $0.09°$；德国百格拉公司（Berger lahr）生产的三相混合式步进电动机其步距角可通过拨码开关设置为 $1.8°$、$0.9°$、$0.72°$、$0.36°$、$0.18°$、$0.09°$、$0.072°$、$0.036°$，兼容了两相和五相混合式步进电动机的步距角。

2. 低频特性不同

步进电动机在低速时易出现低频振动现象。振动频率与负载情况和驱动器性能有关，一般认为振动频率为电动机空载起跳频率的一半。这种由步进电动机的工作原理所决定的低频振动现象对于机器的正常运转非常不利。当步进电动机工作在低速时，一般应采用阻尼技术来克服低频振动现象，比如在电动机上加阻尼器，或在驱动器上采用细分技术等。

交流伺服电动机运转非常平稳，即使在低速时也不会出现振动现象。交流伺服系统具有共振抑制功能，可涵盖机械的刚性不足，并且系统内部具有频率解析机能（FFT），可检测出机械的共振点，便于系统调整。

3. 矩频特性不同

步进电动机的输出力矩随转速升高而下降，且在较高转速时会急剧下降，所以其最高工作转速一般在 $300 \sim 600$ r/min。交流伺服电动机为恒力矩输出，即在其额定转速（一般为 $2\,000$ r/min或 $3\,000$ r/min）以内，都能输出额定转矩，在额定转速以上为恒功率输出。

4. 过载能力不同

步进电动机一般不具有过载能力。交流伺服电动机具有较强的过载能力。以松下交流伺服系统为例，它具有速度过载和转矩过载能力。其最大转矩为额定转矩的 3 倍，可用于克服惯性负载在启动瞬间的惯性力矩。步进电动机因为没有这种过载能力，在选型时为了克服这种惯性力矩，往往需要选取较大转矩的电动机，而机器在正常工作期间又不需要那么大的转矩，便出现了力矩浪费的现象。

5. 运行性能不同

步进电动机的控制为开环控制，启动频率过高或负载过大易出现丢步或堵转的现象，停止时转速过高易出现过冲的现象，所以为保证其控制精度，应处理好升、降速问题。交流伺服驱动系统为闭环控制，驱动器可直接对电动机编码器反馈信号进行采样，内部构成位置环和速度环，一般不会出现丢步或过冲的现象，控制性能更为可靠。

6. 速度响应性能不同

步进电动机从静止加速到工作转速（一般为每分钟几百转）需要 $200 \sim 400$ ms。交流伺服系统的加速性能较好，以松下 MSMA 400W 交流伺服电动机为例，从静止加速到其额定转速3 000 r/min仅需几毫秒，可用于要求快速启停的控制场合。

综上所述，交流伺服系统在许多性能方面都优于步进电动机。但在一些要求不高的场合也经常用步进电动机来做执行电动机。所以，在控制系统的设计过程中要综合考虑控制要求、成本等多方面的因素，选用适当的控制电动机。

步进电动机是一种将电脉冲转化为角位移的执行机构。当步进驱动器接收到一个脉冲信号，它就驱动步进电动机按设定的方向转动一个固定的角度（称为"步距角"），它的旋转是以固定的角度一步一步运行的。可以通过控制脉冲个数来控制角位移量，从而达到准确定位的目的；同时可以通过控制脉冲频率来控制电动机转动的速度和加速度，从而达到调速的目的。

步进电动机可以作为一种控制用的特种电动机，利用其没有积累误差（精度为100%）的特点，广泛应用于各种开环控制。

现在比较常用的步进电动机包括反应式步进电动机（VR）、永磁式步进电动机（PM）、混合式步进电动机（HB）和单相式步进电动机等。

伺服电动机内部的转子是永磁铁，驱动器控制的 U/V/W 三相电形成电磁场，转子在此磁场的作用下转动，同时电动机自带的编码器反馈信号给驱动器，驱动器根据反馈值与目标值进行比较，调整转子转动的角度。伺服电动机的精度决定于编码器的精度（线数）。步进电动机相对于伺服电动机价格便宜，且适用在低速下运行工作。

7.3 其他类型发电机和电动机

7.3.1 测速发电机

测速发电机可将输入的机械转速转换为电压信号输出。在自动控制和计算装置中，测速发电机通常作为测速元件、校正元件、解算元件和角加速度信号元件。

自动控制系统对测速发电机的主要要求有以下几点：

（1）输出电压与转速保持良好的线性关系。

（2）输出特性的斜率大，即输出电压对转速的变化反应灵敏。

（3）温度变化对输出特性的影响小。

（4）剩余电压（转速为零时的输出电压）小。

按照输出电信号性质的不同，测速发电机可分为直流测速发电机和交流测速发电机两大类。

1. 直流测速发电机

1）直流测速发电机的输出特性

直流测速发电机的结构与普通小型直流发电机的相同，按励磁方式可分为永磁式和电磁式两种。其中永磁式直流测速发电机的定子用永久磁钢制成，无须励磁绕组，具有结构简单、不需励磁电源、使用方便、温度对磁场的影响小等优点，因此应用最广泛。

视频：直流发电机

直流测速发电机的工作原理与直流发电机的相同，其工作原理图如图 7-14 所示。在恒定磁场中，当发电机电枢以转速 n 切割磁通 Φ 时，电刷两端产生的感应电动势为

$$E_a = C_e \Phi_n = K_e n \tag{7-6}$$

式（7-6）表明感应电动势 E_a 与转速 n 成正比。

空载运行时，负载电流 $I_a = 0$，直流测速发电机的输出电压就是感应电动势，$U_0 = E_a$，所以输出电压 U_0 与转速 n 成正比。

直流测速发电机的输出特性是指在励磁磁通中和负载电阻 R_L 为常数时，发电机的输出电压 U 随转速 n 的变化关系，即 $U = f(n)$。

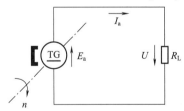

图 7-14　直流测速发电机的工作原理

实际负载运行时，因负载电流 $I_a = \dfrac{U}{R_L}$，若不计电枢反应的影响，直流测速发电机的输出电压应为

$$U = E_a - I_a R_a = E_a - \frac{R_a}{R_L} U \tag{7-7}$$

式中：R_a 为电枢回路的总电阻，包括电枢绕组电阻和电刷与换向器之间的接触电阻。

经代入整理后可得

$$U = \frac{C_e\Phi}{1 + \dfrac{R_a}{R_L}}n = Cn \tag{7-8}$$

式（7-8）表明，当 R_a 及负载电阻 R_L 不变时，输出特性的斜率 C 为常数，输出电压 U 与转速 n 成正比。当负载电阻 R_L 不同时，输出特性的斜率也不同，随 R_L 的减小而减小。理想的输出特性是一组直线，如图 7-15 所示。

2）输出特性产生误差原因和减小误差方法

图 7-15 所示为直流测速发电机的输出特性。实际上，直流测速发电机在负载运行时，输出电压与转速并不能保持严格的正比关系，而存在一定误差，引起误差的主要原因有以下几点：

（1）电枢反应的去磁作用。当测速发电机带负载时，电枢电流引起的电枢反应的去磁作用，使发电机气隙磁通量减小。当转速一定时，若负载电阻越小，则电枢电流越大；当负载电阻一定时，若转速越高，则电动势越大，电枢电流也越大，它们都使电枢反应的去磁作用增强，Φ 减小，输出电压和转速的线性误差增大，如图 7-15 实线所示。因此为了改善输出特性，

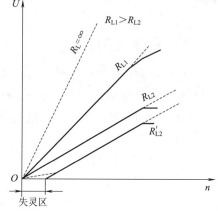

图 7-15　直流测速发电机的输出特性曲线

必须削弱电枢反应的去磁作用。例如，使用直流测速发电机时，R_L 不能小于规定的最小负载电阻，转速 n 不能超过规定的最高转速。

（2）电刷接触电阻的非线性。因为电枢电路总电阻 R 包括电刷与换向器的接触电阻，而这种接触电阻是非线性的，随负载电流的变化而变化。当电动机转速较低时，相应的电枢电流较小，而接触电阻较大，电刷压降较大，这时测速发电机虽然有输入信号（转速），但输出电压却很小，因而在输出特性上有一失灵区而引起线性误差，如图 7-15 所示。因此，为了减小电刷接触电阻的非线性，缩小失灵区，直流测速发电机常选用接触压降较小的金属—石墨电刷或铜电刷。

（3）温度的影响。对电磁式直流测速发电机，因励磁绕组长期通电而发热，它的电阻也相应增大，引起励磁电流及磁通 Φ_0 的减小，从而造成线性误差。为了减小由温度变化引起的磁通变化，在设计直流测速发电机时使其磁路处于足够饱和的状态，同时在励磁回路中串一个温度系数很小、阻值比励磁绕组电阻大 3~5 倍的用康铜或锰铜材料制成的电阻。

2. 交流测速发电机

交流测速发电机有异步式和同步式两种，下面主要介绍在自动控制系统中应用较广的交流异步测速发电机的结构和工作原理。

交流异步测速发电机的结构与交流伺服电动机的相同，按结构可分为笼型转子和空心杯形转子两种。由于空心杯形转子测速发电机的精度高，转动惯量小，性能稳定，因此应用比较广泛。对于空心杯形转子的测速发电机，机座号较小时，空间相差 90°电角度的两相绕组全部嵌放在内定子铁心槽内，其中一相为励磁绕组，另一相为输出绕组。机座号较大时，常把励磁绕组嵌放在外定子上，而把输出绕组嵌放在内定子上，以便调节内、外定子间的相对位置，使剩余电压最小。

交流异步测速发电机的工作原理图如图 7-16 所示。励磁绕组 N_1 接于恒定的单相交流电源 U_1，电源频率为 f_1。输出绕组 N_2 则输出与转速大小成正比的电压信号 U_2。当励磁电压 U_1 加在励磁绕组以后，励磁绕组中便有励磁电流流入，产生直轴（d 轴）方向的脉振磁场。

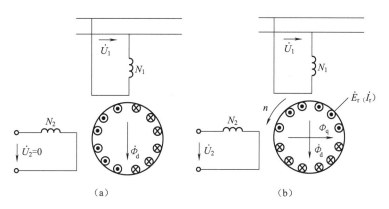

图 7-16　交流异步测速发电机的工作原理图
(a) 转子静止；(b) 转子旋转

当 $n=0$，即转子静止时，励磁绕组与杯形转子之间的电磁关系和二次侧短路时的变压器一样，励磁绕组相当于变压器的一次绕组，杯形转子（看作是无数根并联导条组成的笼型转子）则是短路的二次绕组。此时，测速发电机的气隙磁场为脉振磁场，脉振磁场的轴线就是励磁绕组轴线，与输出绕组的轴线（R 轴）互相垂直。直轴的脉振磁通只能在空心杯形转子中感应出变压器电动势，由于转子是闭合的，这一变压器电动势将产生转子电流，电流的方向可根据楞次定律判断，如图 7-16(a) 所示。此电流所产生的磁通与励磁绕组产生的磁通方向相反，所以合成磁通仅为沿 d 轴方向的磁通 Φ_d，如图 7-16(a) 所示。而输出绕组的轴线与励磁绕组的轴线在空间位置上相差 90° 电角度，它与 d 轴磁通没有耦合关系，故不产生感应电动势，输出电压为零，即 $n=0$，$U_2=0$。

当 $n\neq0$，即转子转动以后，杯形转子中除了感应有变压器电动势外，同时还因杯形转子切割磁通 Φ_d，在转子中感应一旋转电动势 E_r，其方向可根据给定的转子转向和磁通 Φ_d 方向，用右手定则判断，如图 7-16(b) 所示。旋转电动势 E_r 与磁通 Φ_d 同频率，频率也为 f_1，而其有效值为

$$E_r = C_2 \Phi_d n \tag{7-9}$$

式中：C_2 为比例常数。

式 (7-9) 表明，若磁通电量的幅值恒定，则电动势 E_r 与转子的转速成正比。

在旋转电动势 E_r 的作用下，转子绕组中将产生频率为 f_1 的交流电流 I_r。由于杯形转子的电阻很大，远大于转子电抗，则 E_r 与 I_r 基本上同相位，如图 7-16(b) 所示。由 I_r 所产生的脉振磁通 Φ_d，也是交变的，其脉振频率为 E_r。若在线性磁路下，磁通 Φ_d 的大小与 I_r 以及 E_r 的大小成正比，即 $\Phi_d \propto I_r \propto E_r$。

无论转速如何变化，由于杯形转子的上半周导体电流方向与下半周导体电流方向总是相反的，在输出绕组中感应出变压器电动势 E_2，其频率仍不变，而有效值与磁通 Φ_d 成正比，即 $E_2 \propto \Phi_d$。

综合以上分析可知，若磁通 Φ_d 的幅值恒定，且在线性磁路下，则输出绕组中的电动势 E_2 频率与励磁电源频率相同，其有效值与转速大小成正比，即 $E_2 \propto \Phi_d \propto E_r \propto n$。

根据输出绕组的电动势平衡方程式，在理想状况下，异步测速发电机的输出电压 U_2 也应与转速 n 成正比，输出特性为直线；输出电压的频率与励磁电源频率相同，与转速 n 的大小无关，使负载阻抗不随转速的变化而变化，这一优点使它被广泛应用于控制系统中。

若转子反转，则转子中的旋转电动势 E_r、电流 I_r 及其所产生磁通 Φ_d 的相位均随之反相，使输出电压的相位也反相。

实际上，由于励磁绕组的漏阻抗及杯形转子漏抗等因素的影响，使磁通 Φ_d 不能完全保证是恒定值。此外，还有励磁电源的影响及温度的影响。因此异步测速发电机的输出电压与转速之间并不是严格的线性关系，即输出特性不是直线而是曲线。详情请参阅有关控制电动机的书籍。

7.3.2 自整角机

自整角机是一种对角位移或角速度的偏差能自动整步的控制电动机，在自动控制系统中实现角度的传输、变换和指示，如液面高度、电梯和矿井提升机高度的位置显示，两扇闸门的开度控制，轧钢机轧辊之间的距离与轧辊转速的控制，变压器分接开关的位置指示，等等。自整角机通常是两台或多台组合使用，主令轴上装的是自整角发送机，从动轴上装的是自整角接收机。一台自整角发送机可以带一台或多台自整角接收机工作。发送机与接收机在机械上互不相连，只有电路的连接。

按用途不同，自整角机可以分为力矩式自整角机和控制式自整角机；按励磁绕组的相数不同，自整角机可以分为单相自整角机与三相自整角机；按转子结构的不同，自整角机可以分为凸极转子自整角机和隐极转子自整角机。

1. 力矩式自整角机的工作原理

单相力矩式自整角机的定子结构与一般三相异步电动机的类似，定子上有星形连接的三相对称绕组，称为整步绕组。转子上装有单相绕组，称为励磁绕组。

图 7-17 所示为单相力矩式自整角机工作原理示意图，其中一台为发送机（用 T 表示），与系统主令轴相连接，另一台为接收机（用 R 表示），与系统输出轴相连接，两者结构参数完全一样。两台自整角机转子上的励磁绕组同时并接在同一交流电源上，它们的定子三相绕组按相序对应连接。设主令轴使发送机转子从基准电气零位逆时针转过 θ_2 角，而接收机的转子位置为 θ_2。发送机的转子绕组通以单相交流电后，产生的脉振磁场在其定子绕组中感应的电动势有效值分别为

$$\left. \begin{array}{l} E_{1a} = E_m \cos\theta_1 \\ E_{1b} = E_m \cos(\theta_1 - 120°) \\ E_{1c} = E_m \cos(\theta_1 + 120°) \end{array} \right\} \tag{7-10}$$

接收机的转子绕组通以同一单相交流电后，产生的脉振磁场在其定子绕组中感应的电动势有效值分别为

$$\left. \begin{array}{l} E_{2a} = E_m \cos\theta_2 \\ E_{2b} = E_m \cos(\theta_2 - 120°) \\ E_{2c} = E_m \cos(\theta_2 + 120°) \end{array} \right\} \tag{7-11}$$

式中：E_m 为发送机和接收机定子绕组感应电动势的最大值（发送机与接收机是同类型的，两者的最大感应电动势是相同的）。

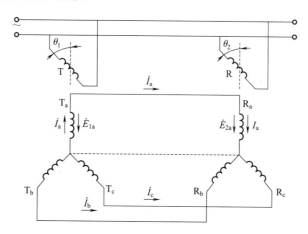

图 7-17　单相力矩式自整角机工作原理示意图

当 $\theta_1 = \theta_2$ 时，失调角 $\theta = \theta_1 - \theta_2 = 0$，系统中发送机和接收机的定子绕组中对应的电动势相互平衡，定子绕组中无电流通过，转子相对静止，系统处于协调位置。

当主令轴转过某一角度时，则 θ_1 不等于 θ_2，失调角 $\theta = \theta_1 - \theta_2 \neq 0$，使发送机、接收机定子绕组对应相的电动势不平衡，定子绕组（整步绕组）中产生电流。载流的定子整步绕组导体与励磁绕组的脉振磁场作用将产生整步转矩，由于定子是固定的，转子将同样受到整步转矩的作用而向失调角减小的方向转动。但发送机转子由主令轴带动，主令轴发出指令后是固定不动的，故只有接收机的整步转矩才能带动接收机转子及负载向失调角减小的方向转动，直至 $\theta = 0$，即 $\theta_1 = \theta_2 = 0$ 时，转子停止转动，系统进入新的协调位置。

力矩式自整角机能直接达到转角随动的目的，即将机械角度变换为力矩输出，但无力矩放大作用，带负载能力较差。因此，力矩式自整角机只适用于负载很轻（如仪表的指针等）及精度要求不高的开环控制的随动系统中。

图 7-18 所示为液面位置指示器。浮子随着液面的上升或下降，通过绳索带动自整角发送机转子转动，将液面位置转换成发送机转子的转角。自整角发送机和接收机之间通过导线远距离连接起来，于是自整角接收机转子就带动指针准确地跟随自整角发送机转子的转角变化而偏转，从而实现了远距离液面位置的指示。这种系统还可以用于电梯和矿井提升机构位置的指示及核反应堆

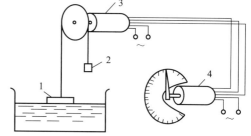

图 7-18　液面位置指示器

1—浮子；2—平衡锤；3—发送机；4—接收机

中的控制棒指示器等装置。若需驱动较大负载，或提高传递角位移的精度，则要用控制式自整角机。

2. 控制式自整角机的工作原理

控制式自整角机也分为发送机和接收机两种。控制式自整角发送机的结构形式和力矩式自整角发送机的基本一样，转子上通常放置励磁绕组。与力矩式自整角接收机不同的是控制

式自整角接收机不直接驱动机械负载，而是输出电压信号，通过伺服电动机去控制机械负载。它的转子为隐极式，转子上通常放置高精度的正弦绕组作为输出绕组。

单相控制式自整角机的工作原理如图7-19所示。发送机 T 的励磁绕组接单相交流电源，发送机 T 和接收机 R 的三相整步绕组按相序对应连接，接收机 R 的输出绕组向外输出电压。

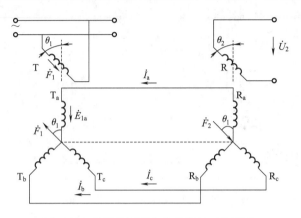

图 7-19　单相控制式自整角机的工作原理

当发送机转子转过 θ_1 角后，其定子绕组中产生感应电动势，此电动势使发送机与接收机的定子绕组中产生电流，从而分别在这两个定子绕组中建立合成脉振磁动势 F_1 和 F_2。根据楞次定律，发送机定子绕组中产生的脉振磁动势 F_1 与其转子励磁磁动势 F_f 的方向相反，起去磁作用。因接收机中的定子电流与发送机的对应定子电流大小相等而方向相反，所以接收机定子绕组产生的脉振磁动势 F_2 与发送机的脉振磁动势 F_1 方向相反，即与 F_f 方向相同，如图7-19所示。而由 F_2 产生的与接收机转子绕组轴线重合的磁场分量，将在接收机的转子绕组中感应出电动势，因而转子绕组（输出绕组）的输出电压为

$$U_2 = U_{2m}\sin(\theta_1 - \theta_2) = U_{2m}\sin\theta \qquad (7\text{-}12)$$

式中：U_{2m} 为接收机转子绕组的最大输出电压。

由于控制式自整角接收机运行于变压器状态，故称它为自整角变压器。其输出电压 U_2 通常经放大器放大后输至交流伺服电动机的控制绕组，使伺服电动机驱动机械负载，同时，带动自整角变压器的转子转动，直至 $\theta_1 = \theta_2$，即失调角 $\theta = \theta_1 - \theta_2 = 0$。此时 $U_2 = 0$。放大器无电压输出，伺服电动机停止转动，系统进入新的协调位置。

采用控制式自整角机和伺服机构组成的随动系统，其驱动负载的能力取决于系统中伺服电动机的功率，故能驱动较大负载。另外，它作为角度和位置的检测元件，其精密程度比较高。因此控制式自整角机常用于精密闭环控制的伺服系统中。目前，我国生产的控制式自整角发送机的型号为 ZKF，自整角变压器的型号为 ZKB。

7.3.3　旋转变压器

旋转变压器是一种输出电压与转子转角呈某一函数关系的控制电动机，在解算装置、伺服系统及数据传输系统中得到了广泛的应用。

旋转变压器的结构与绕线转子异步电动机的相似，一般做成两极电动机。定、转子上分别布置着两个在空间上轴线相互垂直的绕组。绕组通常采用正弦绕组，以提高旋转变压器的

精度。转子绕组的输出通过集电环和电刷引至接线柱。

旋转变压器可以看作一次（定子）绕组与二次（转子）绕组之间的电磁耦合程度随着转子转角变化而变化的变压器。

旋转变压器有正余弦旋转变压器和线性旋转变压器等。下面简要介绍正余弦旋转变压器和线性旋转变压器的工作原理。

1. 正余弦旋转变压器的工作原理

正余弦旋转变压器的转子输出电压与转子转角 θ 成正弦或余弦关系，它可用于坐标变换、三角运算、单相移相器、角度数字转换、角度数据传输等场合。

正余弦旋转变压器的工作原理图如图 7-20 所示。若在定子绕组 S_1 和 S_3 两端施以交流励磁电压 $\dot{U}_{S1}$，则建立励磁磁通势 F_{S1} 而产生脉振磁场。当转子从原来的基准电气零位逆时针转过 θ 角度时，则图 7-20 中的转子绕组 R_1R_3，R_2R_4 中所产生的电压分别为

$$\left.\begin{array}{l} U_{R13} = k_u U_{s1} \cos\theta \\ U_{R24} = k_u U_{s1} \sin\theta \end{array}\right\} \tag{7-13}$$

式中：k_u 为比例函数。

根据式（7-13），我们常称转子的 R_1R_3 绕组为余弦绕组，称 R_2R_4 绕组为正弦绕组。

为了使正余弦旋转变压器负载时的输出电压不畸变，仍是转角的正余弦函数，则希望转子正余弦绕组的负载阻抗相等；希望定子上的 S_2S_4 绕组自行短接（图 7-20），以补偿（抵消）由负载电流引起的与 F_{S1} 垂直的会引起输出电压畸变的磁动势，因此 S_2S_4 绕组也称补偿绕组。

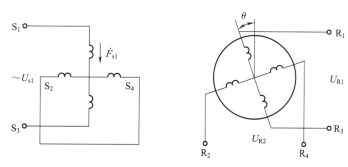

图 7-20　正余弦旋转变压器的工作原理图

2. 线性旋转变压器的工作原理

线性旋转变压器转子的输出电压与转子转角 θ 成线性关系，即 $U_{R2} = f(\theta)$ 函数曲线为一直线，故它只能在一定转角范围内用作机械角与电信号的线性变换。

若使用正余弦旋转变压器的正弦输出绕组，输出电压 $U_{R24} = k_u U_{s1} \sin\theta$，则只能在 θ 很小的范围内，使 $\sin\theta \approx \theta$ 时，才有 $U_{R24} \propto \theta$ 的关系。

为了扩大线性的角度范围，将图 7-20 接成图 7-21 所示的线路，即把正余弦旋转变压器的定子绕组 S_1S_3 与转子绕组 R_1R_3 串联，成为一次侧（励磁侧）。当施以交流电压 $\dot{U}_{s1}$ 后，经推导，转子绕组 R_2R_4 所产生的电压 U_{R24} 与转子转角 θ 有如下关系：

$$U_{R24} = \frac{k_u U_{s1} \sin\theta}{1 + k_u \cos\theta}$$ (7-14)

式中：k_u 为比例常数。

当 k_u 取值在 $0.56 \sim 0.6$ 时，转子转角 θ 在 $\pm 60°$ 范围内时，输出电压 U_{R2} 呈良好的线性关系。

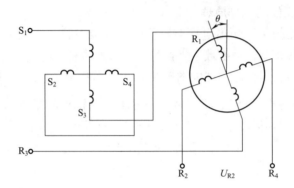

图 7-21　线性旋转变压器工作原理图

7.3.4　力矩电动机

力矩电动机是一种能够长期处于堵转（启动）状态下工作，低转速、高转矩的特殊电动机。它不经过齿轮等减速机构而直接驱动负载，避免了因采用减速装置闭环控制系统产生的自激振荡，从而提高了系统运行性能。

1. 分类

力矩电动机分交流和直流两大类。交流力矩电动机可分为异步型和同步型两种类型，异步型交流力矩电动机的工作原理与交流伺服电动机的工作原理相同，但为了产生低转速和大转矩，电动机做成径向尺寸大、轴向尺寸小的多极扁平形，虽然它结构简单，工作可靠，但在低速性能方面还有待进一步完善。直流力矩电动机具有良好的低速平稳性和线性的机械特性及调节特性，在生产中应用最广泛。

2. 结构特点

直流力矩电动机的工作原理和传统式直流伺服电动机相同型号尺寸上有所不同。一般直流伺服电动机为了减少其转动惯量，大部分做成细长圆柱形，而直流力矩电动机为了在相同体积和电枢电压的前提下，产生比较大的转矩及较低的转速，一般都做成扁平状，采用永磁式电枢控制方式，其结构示意图如图 7-22 所示。

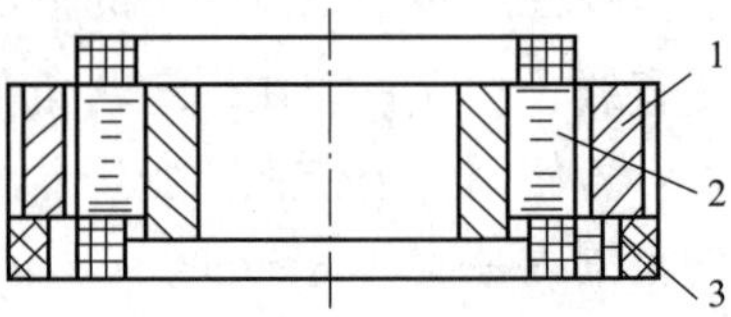

3. 工作特性及应用

永磁式直流力矩电动机一般转矩大及转速低的原因如下。

1）转矩大的原因

图 7-22　永磁式直流力矩
电动机的结构示意图

1—定子；2—电枢；3—刷架

从直流电动机基本工作原理可知，设直流电动机每个磁极下磁感应强度平均值为 B，电枢绕组导体上的电流为 I_a，导体的有效长度（即电枢铁心厚度）为 l，则每根导体所受的电磁力为 $F = BI_a l$，电磁转矩为

$$T = NF\frac{D}{2} = NBI_a l\frac{D}{2} = \frac{BI_a Nl}{2}D \tag{7-15}$$

式中：N 为电枢绕组总匝数；D 为电枢铁心直径。

式（7-15）表明了电磁转矩与电动机结构参数 l 和 D 的关系。电枢体积大小，在一定程度上反映了整个电动机的体积。因此，在电枢体积相同条件下，即保持 $\frac{\pi D^2 l}{4}$ 不变，当 D 增大时，铁心长度 l 就减小；其次，在相同电流 I_a 以及相同用铜量的条件下，电枢绕组的导线粗细不变，则总匝数 N 应随 l 的减小而增加，以保持 Nl 不变，满足上述条件，则式（7-15）中 $\frac{BI_a Nl}{2}$ 近似为常数，故转矩 T 与直径 D 近似成正比关系。

2）转速低的原因

导体在磁场中运动切割磁力线所产生的感应电势为

$$e_a = Blv$$

式中：v 为导体运动的线速度，$v = \frac{\pi Dn}{60}$。

设一对电刷之间的并联支路数为 2，则一对电刷间，$\frac{N}{2}$ 根导体串联后总的感应电势为 E_a，且在理想空载条件下，外加电压 U_a 应与 E_a 相平衡，所以

$$U_a = E_a = \frac{NBl\pi Dn_0}{120}$$

即

$$n_0 = \frac{120}{\pi}\frac{U_a}{NBlD} \tag{7-16}$$

式（7-16）说明，在保持 Nl 不变的情况下，理想空载转速和电枢铁心直径 D 近似成反比，电枢直径 D 越大，电动机理想空载转速 n_0 就越低。

由以上分析可知，在其他条件相同的情况下，增大电动机直径、减小轴向长度有利于增加电动机的转矩和降低空载转速，故力矩电动机都做成扁平圆盘结构。

考虑到力矩电动机在低速或堵转运行情况下能产生足够大的力矩而不损坏，能直接驱动负载，这提高了传动精度及转动惯量比。因此，直流力矩电动机的特点是电气时间常数小、动态响应迅速、线性度好、精度高、振动小、机械噪声小、结构紧凑、运行可靠，能获得很好的精度和动态性能。在无爬行的平稳低速运行时，这些特点尤为显著。由于上述特点，直流力矩电动机常用在低速、需要力矩调节、力矩反馈和保持一定张力的随动系统中作执行元件。例如，雷达天线、X-Y 记录仪、人造卫星天线、潜艇定向仪和天文望远镜的驱动等。将它与直流测速发电机配合，可以组成高精度的宽调速系统，调速范围可达 0.000 17 ～ 25 r/min。

7.3.5　直线电动机

图 7-23（a）、（b）所示分别为一台旋转电动机和一台扁平型直线电动机。直线电动机

可以认为是旋转电动机在结构方面的一种演变，它可看作是将一台旋转电动机沿径向剖开，然后将电动机的圆周展成直线，如图 7-24 所示。这样就得到了由旋转电动机演变而来的最原始的直线电动机。由定子演变而来的一侧称为初级或原边，由转子演变而来的一侧称为次级或副边。

视频：直线电动机

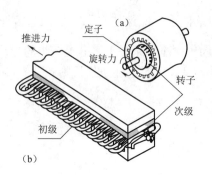

图 7-23　直线电动机与旋转电动机

（a）旋转电动机；（b）直线电动机

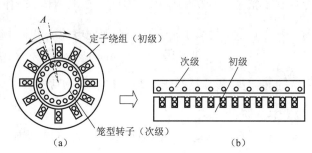

图 7-24　直线电动机的演变原理

（a）沿径向剖开；（b）把圆周展成直线

图 7-24 中演变而来的直线电动机，其初级和次级长度是相等的，由于在运行时初级与次级之间要作相对运动，如果在运动开始时，初级与次级正巧对齐，那么在运动中，初级与次级之间互相耦合的部分越来越少，而不能正常运动。为了保证在所需的行程范围内，初级与次级之间的耦合能保持不变，因此实际应用时，是将初级与次级制造成不同的长度。在直线电动机制造时，既可以是初级短、次级长，也可以是初级长、次级短，前者称作短初级长次级，后者称为长初级短次级。但是由于短初级在制造成本上，运行的费用上均比短次级低得多，因此，目前除特殊场合外，一般均采用短初级，如图 7-25、图 7-26 所示。

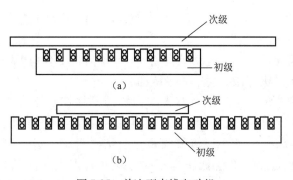

图 7-25　单边型直线电动机

（a）短初级；（b）短次级

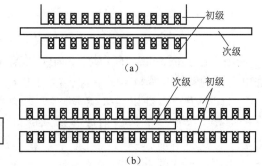

图 7-26　双边型直线电动机

（a）短初级；（b）短次级

上述介绍的直线电动机称为扁平型直线电动机，是目前应用最广泛的，除了上述扁平型直线电动机的结构形式外，直线电动机还可以做成圆筒型（也称管型）结构，它也可以看作是由旋转电动机演变过来的，其演变的过程如图 7-27 所示。

旋转电动机通过钢绳、齿条、皮带等转换机构转换成直线运动，这些转换机构在运行中，其噪声是不可避免的，而直线电动机是靠电磁推力驱动装置运行的，故整个装置或系统噪声很小或无噪声，运行环境好。

图 7-27（a）中表示一台旋转式电动机以及定子绕组所构成的磁场极性分布情况，图 7-27（b）表示转变为扁平型直线电动机后，初级绕组所构成的磁场极性分布情况，然后将扁平型直线电动机沿着和直线运动相垂直的方向卷接成筒形，这样就构成图 7-27（c）所示的圆筒型直线电动机。

此外，直线电动机还有弧型和盘型结构。所谓弧型结构，就是将平板型直线电动机的初级沿运动方向改成弧型，并安放于圆柱形次级的柱面外侧，如图 7-27 所示。

7.3.6　音圈电动机原理

音圈电动机（voice coil motor）是一种特殊形式的直接驱动电动机。具有结构简单、体积小、高速、高加速、响应快等特性。近年来，随着对高速、高精度定位系统性能要求的提高和音圈电动机技术的迅速发展，音圈电动机不仅被广泛用在磁盘、激光唱片定位等精密定位系统中，在许多不同形式的高加速、高频激励上也得到广泛应用。例如：光学系统中透镜的定位、机械工具的多坐标定位平台、医学装置中精密电子管、真空管控制等。音圈电动机结构及其实物如图 7-28 所示。

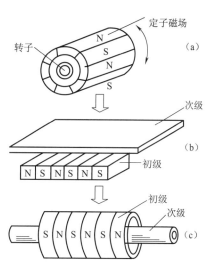

图 7-27　旋转式电动机演变成直线电动机过程
（a）旋转型圆形电动机；（b）扁平单边型直线电动机；
（c）管状型直线电动机

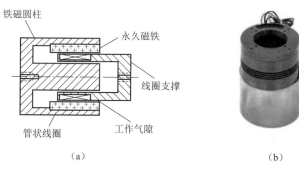

（a）　　　　　　　　　　　　　　（b）

图 7-28　音圈电动机结构与实物图
（a）电动机结构图；（b）实物图

音圈电动机工作原理如下：

1. 磁学方面原理

音圈电动机的工作原理是依据安培力原理，即通电导体放在 磁场中，就会产生力 F，力的大小取决于磁场强弱 B、电流 I 以及磁场和电流的方向。力的方向是电流方向和磁场向量的函数，是二者的相互作用，如果磁场和导线长度为常量，则产生的力与输入电流成比例，在最简单的音圈电动机结构形式中，直线音圈电动机就是位于径向电磁场内的一个管状线圈绕组，铁磁圆筒内部是由永久磁铁产生的磁场，这样的布置可使贴在线圈上的磁体具有相同的极性，铁磁材料的内芯配置在线圈轴向中心线上，与永久磁体的一端相连，用来形成磁回路。当给线圈通电时，根据安培力原理，它受到磁场作用，在线圈和磁体之间产生沿轴线方向的力，通电线圈两端电压的极性决定力的方向。

2. 电子学方面原理

音圈电动机是单相两极装置。给线圈施加电压则在线圈里产生电流，进而在线圈上产生与电流成比例的力，使线圈在气隙内沿轴向运动，通过线圈的电流方向决定其运动方向。当线圈在磁场内运动时，会在线圈内产生与线圈运动速度、磁场强度和导线长度成比例的电压（即感应电动势）。驱动音圈电动机的电源必须提供足够的电流满足输出力的需要，且要克服线圈在最大运动速度下产生的感应电动势，以及通过线圈的漏感压降。

3. 机械方面原理

音圈电动机经常作为一个由磁体和线圈组成的零部件出售。线圈与磁体之间的最小气隙通常是 0.254~0.381 mm，根据需要此气隙可以增大，只是需要确定引导系统允许的运动范围，同时避免线圈与磁体间摩擦或碰撞。多数情况下，移动载荷与线圈相连，即动音圈结构。其优点是固定的磁铁系统可以比较大，因而可以得到较强的磁场；缺点是音圈输电线处于运动状态，容易出现断路的问题。同时由于可运动的支承，运动部件和环境的热接触很恶劣，动音圈产生的热量会使运动部件的温度升高，因而音圈中所允许的最大电流较小，当载荷对热特别敏感时，可以把载荷与磁体相连，即固定音圈结构。该结构线圈的散热不再是大问题，线圈允许的最大电流较大，但为了减小运动部分的质量，采用了较小的磁铁，因此磁场较弱。

直线音圈电动机可实现直接驱动，且从旋转转为直线运动无后冲，也没有能量损失。优选的引导方式是与硬化钢轴相结合的直线轴承或轴衬，可以将轴/轴衬集成为一个整体部分，重要的是要保持引导系统的低摩擦，以不降低电动机的平滑响应特性。

典型旋转音圈电动机是用轴/球轴承作为引导系统，这与传统电动机是相同的。旋转音圈电动机提供的运动非常光滑，成为需要快速响应、有限角激励应用中的首选装置，比如万向节装配。

【小结与拓展】

1. 伺服电动机分为直流和交流两类。直流伺服电动机就是一台小型他励直流电动机，分为电枢控制和励磁控制，常用电枢控制，其机械特性和调节特性都是线性的，其转速与控制电压成正比，但存在"死区"。交流伺服电动机转子电阻必须较大，以消除自转现象，常用三种控制方法：幅值控制、相位控制和幅相控制。

2. 步进电动机本质上是一种同步电动机，它能将脉冲信号转换为角位移，每输入一个电脉冲，步进电动机就前进一步，其角位移与脉冲数成正比，能实现快速地启动、制动、反转，且有自锁的能力，只要不丢步，角位移不存在积累的情况。

3. 测速发电机分为直流和交流两种。在恒定的磁场中，直流测速发电机输出的电压与转速成正比，产生误差的因素主要是电枢反应、温度的变化、接触电阻，转速越高、负载电流越大，产生的非线性误差也越大。为了减小非线性误差，常用电阻较大的非磁性材料做转子；而制造和加工工艺不佳与材料不均引起的剩余电压误差，可用补偿电路进行有效的补偿。

4. 自整角机主要有控制式和力矩式两种。控制式自整角机转轴不直接带动负载，而是将失调角转变为与失调角成正弦函数的电压输出，经放大后去控制伺服电动机，以带动从动轴旋转；而力矩式自整角机可直接带动不大的轴上负载，可以远距离传递角度。

5. 直线电动机是一种新型的电动机，直线异步电动机由旋转的异步电动机演变而来。在很多工业应用场合，需要的是直线运动而不是旋转运动，实现连续旋转机械运动比连续直线机械运动较为容易，所以旋转电动机比直线电动机问世早。而实现机电能量变换的基本原理必须遵循一定的电磁和机械方面的客观规律，直线电动机就是在与旋转电动机相同的电磁理论基础上，结合直线运动的特点发展起来的，也可以看成由旋转电动机演变而来的一种电动机。其工作原理和旋转异步电动机相同。

6. 旋转变压器也是一种控制电动机，也可看成是可旋转的变压器。旋转变压器按输出电压的不同分为正余弦旋转变压器和线性旋转变压器。正余弦旋转变压器空载时，输出电压是转子转角的正余弦函数，带上负载后，输出电压发生畸变，可用定子补偿和转子补偿纠正畸变。对正余弦旋转变压器线路稍做改接，便可在一定的转角范围内得到输出电压与转角成正比的关系，此时便是一台线性旋转变压器。

7. 直线音圈电动机可实现直接驱动，且从旋转转为直线运动无后冲，也没有能量损失。优选的引导方式是与硬化钢轴相结合的直线轴承或轴衬，可以将轴/轴衬集成为一个整体部分，重要的是要保持引导系统的低摩擦，以不降低电动机的平滑响应特性。

【思考与习题】

7-1　直流伺服电动机常用什么控制方式？为什么？

7-2　直流伺服电动机的机械特性和调节特性如何？

7-3　交流伺服电动机常用什么控制方式？为什么？

7-4　交流伺服电动机的机械特性和调节特性如何？

7-5　步进电动机的转速与哪些因素有关？如何改变其转向？

7-6　交流伺服电动机的"自转"现象是指什么？采用什么办法能消除"自转"现象？如何改变交流伺服电动机的旋转方向？

7-7　步进电动机与伺服电动机的区别有哪些？

7-8　一台三相反应式步进电动机，步距角为 $3.0°/1.5°$，求转子齿数。

7-9　一台四相反应式步进电动机，步距角为 $1.8°/0.9°$。试问：

（1）转子齿数是多少？

（2）脉冲电源的频率为 400 Hz 时，电动机每分钟的转速是多少？

（3）写出四相八拍通电方式时的一个通电顺序。

7-10　一台五相反应式步进电动机，其步距角为 $1.5°/0.75°$，试问该电动机转子齿数是多少？

7-11　一台五相十拍的反应式步进电动机，电动机转速为 100 r/min，已知转子齿数为 24，试求：

（1）步进电动机的步角距。

（2）脉冲电源的频率。

7-12 步距角为 1.5°~0.75° 的三相磁阻式六极步进电动机的转子有多少个齿？若该电动机运行频率为 2 000 Hz，求电动机运行的转速是多少？

7-13 为什么直流测速发电机的使用转速不宜超过规定的最高转速，所接负载电阻不宜低于规定的最小负载电阻？

7-14 旋转变压器是怎样的一种控制电动机？常应用于什么控制系统中？

7-15 力矩式自整角机和控制式自整角机在工作原理上各有何特点？各适用于怎样的随动系统？

7-16 交流测速发电机励磁绕组与输出绕组在空间互差 90° 电角度，没有磁路的耦合作用，为什么励磁绕组接交流电源，发电机旋转时，输出绕组有输出电压？若把输出绕组移到与励磁绕组同一位置上，发电机工作时，输出绕组的输出电压是多大？与转速是否有关？

第8章　机电传动系统电动机启动与调速

【目标与解惑】

（1）熟悉直流电动机的启动与调速特性；
（2）熟悉交流电动机的启动与调速特性；
（3）理解步进电动机的启动和高频运行特性；
（4）了解电动机软启动技术原理；
（5）了解电动机的软停车原理。

现在对电动机的制动方式已经有所了解，但它们在启动与调速方面有何特点？单相异步电动机只有一相电，那如何启动？还有想了解电动机的软启动技术。电动机既然有启动特性那么还有其停机特性吗？机电设备有点儿难，所以想好好学一学。

why??

8.1 直流电动机的启动与调速

8.1.1 他励直流电动机的启动特性

直流电动机从静止状态到稳定运行状态的过程称为直流电动机启动过程或启动。启动中最重要的是启动电流 I_{st} 和启动转矩 T_{st}。他励直流电动机启动方法有三种：直接启动、降压启动和逐级切除电阻启动。

1. 直接启动

直接启动是在电动机电枢上直接加以额定电压的启动方式。启动前先接通励磁回路，然后接通电枢回路。启动开始瞬间，由于机械惯性，电动机转速 $n=0$，反电动势 $E_a=0$。启动电流 $I_{st}=\dfrac{U_N}{R_a}$，由于电枢电阻 R_a 的数值很小，I_{st} 很大，可达 $I_{st}=(10\sim20)I_N$，这样大的启动电流，对电动机绕组的冲击和对电网的影响均很大。因而，除了小容量的直流电动机可采用直接启动外，中、大容量的电动机不能直接启动。他励和并励直流电动机直接启动电路如图 8-1 所示。

2. 降压启动

启动瞬间，把加于电枢两端的电源电压降低，以减少启动电流 I_{st} 的启动方法称为降压启动。为了获得足够的启动转矩 T_{st}，一般将启动电流限制在 $(2 \sim 2.5)I_N$ 以内，因此在启动时，把电源电压降低到 $U = (2 \sim 2.5)I_N R_a$。随着转速 n 的上升，电枢电动势 E_a 逐渐增大，电枢电流 I_a 相应减小。此时，再将电源电压不断升高，直至电压升到 $U = U_N$，电动机进入稳定运行状态。降压启动特性如图 8-2 所示。其中负载转矩 T_L 作为已知，最后到达稳定运行点 A。平滑地增加电源电压，使电枢电流始终在最大值上，电动机将以最大加速度启动。故该启动方法可恒加速度启动，使启动过程处于最优运行状态。但需要一套调节直流电源设备，故投资较大。

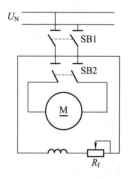

图 8-1　直接启动

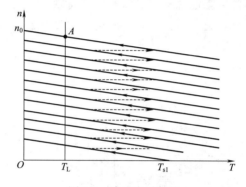

图 8-2　降压启动特性

3. 逐级切除电阻启动

如果传动系统未采用调压调速，为了减少初期投资，保持启动过程的平稳性，可采用逐级切除电阻的启动方法来限制启动电流。启动时串接适当的电阻，将启动电流限制在容许范围内，随着启动过程的进行，逐级地切除电阻，以加快启动过程的完成。最后可在所需的转速上稳定运行。分段切除电阻可用手动及自动控制的方法。

电阻的切除由接触器来控制，电动机驱动恒定转矩的负载。以三段启动电阻为例，电路原理图及启动过程的机械特性曲线如图 8-3 所示。

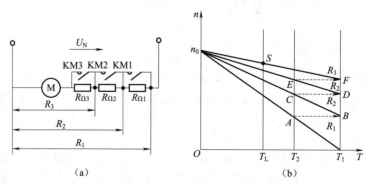

(a)　　　　　　　　　　　　(b)

图 8-3　逐级切除电阻启动原理图及特性曲线

（a）线路原理图；（b）机械特性

在启动的初始瞬间，为了限制启动电流，又要求系统有较高的加速度，应将所有电阻均串入连接，即 $R_1 = R_{\Omega1} + R_{\Omega2} + R_{\Omega3} + R_a$，最大启动转矩 T_1 或启动电流应选择为电动机的最大允许值，一般为额定电流的 $1.8 \sim 2.5$ 倍，如果从其他工艺条件出发，主要是加速度的要求，最大值 T_1 或 I_1，应按工艺要求来选。要求平滑启动时，最大值可选小一些，但最大电阻应满足：$I_1 = \dfrac{U_N}{R_1} = \dfrac{U_N}{(R_{\Omega1} + R_{\Omega2} + R_{\Omega3} + R_a)}$。

随着转速的升高，反电动势增加，电枢电流减小，电动机输出转矩减小，到了 A 点，电动机的动态加速度转矩已经很小，速度上升缓慢，为此可切除启动电阻 $R_{\Omega1}$，使电枢电流增加，加快启动过程的完成。以加快启动为前提，同时兼顾电动机最大允许电流，一般 $R_{\Omega1}$ 的大小应选为切除瞬间电枢电流或转矩仍为最大值。由于机械惯性，切除瞬间转速来不及变化，则有 $I_1 = \dfrac{(U_N - E_A)}{R_2}$，其中 $R_2 = R_{\Omega2} + R_{\Omega3} + R_a$。机械特性曲线将跳到由 R_2 这个参数所决定的人为特性上。

切换转矩或电流的大小将决定 A 点转速的高低，如果 T_2 过小，则动态电流小，启动过程缓慢；如果 T_2 过大，虽然动态平均电流增加，启动所需时间短，但启动电阻段数增加，启动设备将变得复杂。一般无特殊要求时，转矩切换值在快速值与经济值之间进行折中，通常 $T_2 = (1.1 \sim 1.3) T_L$。

每一级电阻都在最大值与切换值之间变化。切除全部电阻后，电动机可在固有特性上加速到稳定运行转速 n_s，整个启动过程完成。

8.1.2　他励直流电动机的调速特性

在现代工业生产中，有大量的生产机械，要求在不同的生产条件及工艺过程中用不同的工作速度，以确保产品的质量和提高生产效率。以直流电动机为原动机的电力拖动系统是当前实现生产机械调速运行要求的主要系统。通过人为地改变电动机的参数，使电力拖动系统运行于不同的机械特性上，从而在相同负载下，得到不同的运行速度，即称为调速；但是电气传动系统由于负载变化等其他因素引起的速度变化，不属于调速范畴。因此调速与速度变化是两个不同的概念。

他励直流电动机随着电气参数的变化有三种不同的人为特性，对应有下列三种基本的电气调速方法。

1. 电枢回路串接电阻的调速方法

保持电枢电压 $U = U_N$ 和 $\Phi = \Phi_N$ 不变。当改变电枢回路串联的电阻 R 时，电动机将运行于不同的转速。当负载转矩恒定为 T_L 时，改变 R 调速过程如图 8-4 所示。

当 $R = 0$（没串电阻 R）时，电动机稳定运行于固有机械特性与负载特性的交点 A，此时转速为 n_1；当串入连接 $R = R_1$ 后，因电动机惯性使转速不能跃变，仍为 n_1，但工作点却从 A 点移到人为机械特性的 B 点。此时，电枢电流 I_a 和电磁转矩 T 减小。当 $T < T_L$ 时，系统将减速，n 下降，E_a 下降，I_a 随之增加，T 又增加，直到 C 点，使 $T = T_L$ 稳定运行于 n_2。此时 $n_2 < n_1$。若串联电阻 R 改变为 $R_2 (R_2 > R_1)$，过程同上，只是工作点稳定于 D 点，对应转速为 n_3。

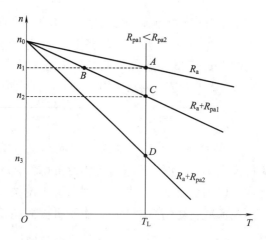

图 8-4 电枢串电阻调速的机械特性

由上述串电阻调速分析可知：

（1）$R = 0$ 时，电动机运行于固有机械特性的"基速"上，所谓"基速"是运行于固有机械特性上的转速。随着串入电阻 R 值增大，转速降低。但这种调速方法是从"基速"往下调。

（2）串电阻调速时，如果负载为恒转矩，电动机运行于不同的转速 n_1、n_2 和 n_3 时，电动机的电枢电流 I_a 是不变的。这是因为电磁转矩为 $T = K_T \Phi_N I_a$。稳定运行时，$T = T_L$，则电枢电流为 $I_a = \dfrac{T}{K_T \Phi_N} = \dfrac{T_L}{K_T \Phi_N}$。

因此，当 $T_L =$ 常数时，I_a 为常数。如果 $T = T_L$，$I_a = I_N$，I_a 与转速 n 无关。

（3）串电阻调速时，由于 R 上流过很大的电枢电流 I_a，R 上将有较大的损耗，转速 n 越低，损耗越大。

（4）串电阻调速，电动机工作于一组机械特性上，各条特性经过相同的理想空载点 n_0，而斜率不同。R 越大，斜率越大，特性越软，转速降 Δn 越大，电动机在低速运行时稳定性变差。串电阻调速多采用分级式，一般最大为六级。只适用于对调速性能要求不高的中、小电动机，大容量电动机不宜采用。

2. 降低电源电压调速

保持他励直流电动机励磁磁通为额定值不变，电枢回路不串电阻 R，降低电枢电压 U 为不同值，可得到一簇与固有特性平行的且低于固有机械特性的人为机械特性。降低电源电压调速特性如图 8-5 所示。如果负载为恒转矩 T_L，当电源电压为额定值 U_N 时，电动机运行于固有机械特性的 A 点，对应的转速为 n_1。当电压降到 U_1 后，工作点变到 A_1 点，转速为 n_2。电压降至 U_2，工作点为 A_2 点，转速为 n_3……随着电枢电压降低，转速也相应降低，调速方向也是从基速向下调的。

从图 8-5 可见，降低电源电压，电动机的机械特性斜率不变，即硬度不变。与串电阻调速比较，降低电源电压调速在低速范围运行时转速稳定性要好得多，调速范围相应地也大一些。降低电源电压调速时，对于恒转矩负载，电动机运行于不同转速时，电动机的电枢电流 I_a 仍是不变的。这是因为电磁转矩 $T = K_T \Phi_N I_a$，而稳定运行时 $T = T_L$，电枢电流 $I_a =$

$\dfrac{T_L}{K_N \Phi_N}$ ，I_a 同样与 n 无关。

另外，当电源电压连续变化时，转速也连续变化，是属于无级调速的情况，与电枢串电阻调速比较，调速的平滑性要好得多。因此，在直流电力拖动自动控制系统中，降低电源电压从基速下调的调速方法得到了广泛的应用。

3. 改变励磁磁通的弱磁调速

保持电源电压不变，电枢回路不串电阻，降低他励直流电动机的励磁磁通，可使电动机的转速升高。图 8-6 所示为弱磁调速过程。若负载转矩为 T_L，当 $\Phi = \Phi_N$ 时，电动机运行于固有机械特性（直线 l）与 T_L 的交点 A（$T = T_L$，$n = n_1$）。调节励磁回路串联电阻 R_f，使 I_f 突然减小，相应 Φ 减小，但转速 n 不能突变，电枢电动势 $E_a = K_E \Phi_n$ 随 Φ 减小而减小，电枢电流 I_a 增大。一般 I_a 的增大比 I_f 减小的数量级为大，所以电磁转矩增大。当 $T > T_L$ 时，电动机加速，转速从 n_1 开始上升，随着 n 的上升，E_a 跟着上升，I_a 和 T 由开始的上升，经某一最大值逐渐下降，直至 $T = T_L$，电动机转速升至 n_2。此时电动机运行于人为机械特性 2 与 T_L 的交点 B。

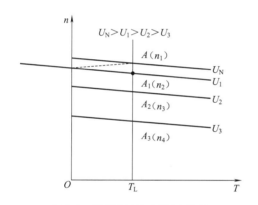

图 8-5　降低电源电压调速特性

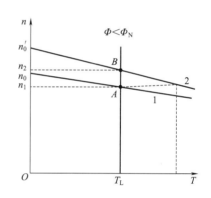

图 8-6　弱磁调速过程

弱磁调速有如下特点：

（1）他励（或并励）直流电动机在正常运行情况下，励磁电流 I_f 远小于电枢电流 I_a。因此，励磁回路所串的调节电阻的损耗要小得多，而且由于励磁电路电阻的容量很小，控制方便，可借助于连续调节 R_f 值，实现基速上调的无级调速。这种调速方法常与调压调速配合使用，以扩大系统的调速范围。

（2）弱磁升速的转速调节，由于电动机转速最大值受换向能力和机械强度的限制，转速不能过高。一般按 $(1.2 \sim 1.5) n_N$ 设计，特殊电动机设计可达 $(3 \sim 4) n_N$。

（3）弱磁调速，不论电动机在什么转速上运行，电动机的转速与转矩必须服从

$$n = \frac{U_N}{K_E \Phi} - \frac{R_a I_a}{K_E \Phi}$$

$$T = K_T \Phi I_a = 9.55 K_E \Phi I_a$$

因此，电动机的电磁功率为

$$P_e = T\Omega = 9.55 K_E \Phi I_a \cdot \frac{2\pi}{60}\left(\frac{U_N}{K_E \Phi} - \frac{R_a}{K_E \Phi} I_a\right) = U_N I_a - I_a^2 R_a \tag{8-1}$$

如果电动机拖动恒功率负载，即 $P_e = T_L\Omega =$ 常数，则 $I_a =$ 常数。

4. 他励直流电动机调速时的功率与转矩问题

电动机的输出功率决定电动机的发热程度，而电动机发热主要决定于电枢电流的大小。在电动机调速过程中，如果电枢电流 I_a 不超过额定电流 I_N，则电动机可长期稳定运行。如果在不同转速下都能保持电枢电流 $I_a = I_N$，则电动机在运行安全条件下得到充分利用。他励直流电动机电力拖动系统中广泛采用降低电源电压基速下调和减弱磁通的基速上调的双向调速方案。这样可得到很宽的调速范围，而且调速损耗小，运行效率高。

（1）电枢串电阻和降低电枢电压调速按允许输出转矩不变，称恒转矩调速方式。在降低电枢电压调速时，由于电动机的磁通量 $\Phi = \Phi_N$ 保持不变，因此电动机允许输出转矩为 $T_{a1} = K_T\Phi_N I_N = T_N =$ 常数，称恒转矩输出，可见，对于恒转矩调速其电动机的允许输出功率与转速 n 成正比。

（2）减弱磁通调速按允许输出功率不变，称恒功率调速方式。在弱磁调速时，$U = U_N$，$I_a = I_N$，则磁通 Φ 与转速 n 的关系为

$$\Phi = \frac{U_N - I_N R_a}{K_E n}$$

将该式代入 $T = K_T\Phi_N I_a$，则有

$$T = K_T\Phi I_a = K_T \frac{U_N - I_N R_a}{K_E n} I_a \tag{8-2}$$

将式（8-2）代入 $P = \dfrac{nT}{9.55}$，得 $P =$ 常数。

可见，在弱磁调速时，当恒功率负载时，调速前后电枢电流保持为额定值，则允许输出转矩 T_{a1} 与转速 n 成反比。

恒转矩调速和恒功率调速，是在保持电枢电流为额定值，对电动机的输出转矩和输出功率而言的。在稳定运行的情况下，电动机的电枢电流的大小是由负载所决定的。所以实现恒转矩调速或恒功率调速的条件是电动机带恒转矩负载或恒功率负载。不能理解为降低电枢电压调速必定是恒转矩输出，减弱磁通调速必是恒功率输出。只有使某种调速方式与负载之间合理地配合，才能使电动机得到充分的利用。理想的配合情况如图8-7所示。图中 T_{a1} 为使电动机得到充分利用的允许转矩，T_L 为负载转矩。T_{a1} 用虚线表示，T_L 用实线表示。

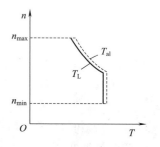

图8-7　理想的配合关系

为使电动机得到充分利用，恒转矩调速方式适合拖动转矩为额定值的恒转矩负载；恒功率调速方式适合拖动功率为额定值的负载。有些生产机械的负载特性在较低转速范围内具有恒转矩特性，而在较高转速范围内具有恒功率特性。这时，可以选择在转速为额定转速 n_N 以下，采用降低电枢电压（或电枢回路串电阻）调速方式；在转速 n_N 以上，采用弱磁调速方式。从而获得较好的调速方式与负载的配合关系。

8.1.3　其他的直流调速系统

随着计算机技术和电子技术的不断发展，涌现出许许多多的先进控制方法，考虑到机械

专业特点，下面仅仅介绍两种新的控制方法，对于其具体的工作原理可查阅有关文献。

1. 闭环控制直流调速系统

前面所述的他励直流电动机调速的原理和方法，仅局限于开环系统的概念上，如果生产机械对静差率要求不严的话，那么采用开环系统就可满足要求。然而在工业生产中，许多调速系统都要求有较小的静差率，如龙门刨床工作台的拖动要求的静差率通常不能满足此项要求，故必须采用闭环调速系统。

几种典型的闭环控制直流调速系统的原理如下：

（1）转速负反馈调速系统。

（2）电流截止负反馈调速系统。

（3）双闭环控制直流调速系统。

2. 直流脉宽调速系统

随着电子技术的不断发展，全控式电力电子器件组成的直流脉冲宽度调制（PWM）型的调速系统近年来已发展成熟，用途也越来越广。与前面的晶闸管相控整流直流调速系统相比，在电路复杂程度、低速稳定性、系统频宽等很多方面具有较大的优越性。

几种典型的闭环控制直流调速系统的原理如下：

（1）脉宽调制 PWM 变换器调速系统。

（2）H 型可逆 PWM 变换器调速系统。

（3）基极驱动功放电路调速系统。

8.2 交流电动机的启动与调速

8.2.1 三相异步电动机的启动

视频：三相异步电动机
启动、调试与运行

评价异步电动机启动性能时，主要是看它的启动转矩和启动电流，一般希望在启动电流比较小的情况下，能得到较大的启动转矩。但异步电动机直接接入电网启动的瞬时，由于转子处于静止状态，定子旋转磁场以最快的相对速度（即同步转速）切割转子导体，在转子绕组中感应出很大的转子电势。在刚启动时，$n = 0$，转差率 $S = 1$，若设异步电动机在额定转速 n_N 转动时的转差率 $S_N = 0.05$，由于 $E_{2N} = SE_{20}$，可知，刚启动时转子电势 E_{20} 是额定转速时转子电动势 E_{2N} 的 20 倍。但考虑到启动时转子漏抗 X_{20} 也较大，因此实际上启动时转子电流为额定转子电流 I_{1N} 的 5~8 倍，而启动时定子电流 I_{st} 为额定定子电流 I_{1N} 的 4~7 倍。但因启动时 $S = 1, f_2 = f_1$，转子漏抗 X_{20} 远大于转子电阻，转子功率因数 $\cos\Phi_2$ 很低，使其有功分量 $I_{2st}\cos\Phi_{2st}$ 并不大，故启动转矩 $I_{st} = K_T\Phi I_{2st}\cos\Phi_{2st}$ 也不大，一般 $T_{st} = (0.8 \sim 2.2)T_N$。异步电动机的固有启动特性如图 8-8 所示。显然异步电动机的这种启动性能和生产机械的要求是相互矛盾的。为了解决这些矛盾，必须根据具体情况，采取不同的启动方法限制启动电流，增大启动转矩，从而改善电动机启动性能。

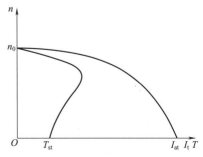

图 8-8　异步电动机的固有启动特性

1. 笼型异步电动机的启动方法

笼型异步电动机有直接和降压两种启动方法。

1）直接启动（全压启动）

直接启动就是利用闸刀开关或接触器将定子绕组直接接入额定电压的电源上启动。由于直接启动的启动电流很大，因此，在什么情况下才允许采用直接启动，有关供电、动力部门都有规定，主要取决于电动机的功率与供电变压器的容量之比值。一般在有独立变压器供电（即变压器供动力用电）的情况下，若电动机启动频繁，电动机功率小于变压器容量的20%，则允许直接启动；若电动机不经常启动，电动机功率小于变压器容量的30%，则允许直接启动。如果没有独立的变压器（即与照明共用电源），电动机启动又比较频繁，则常按经验公式来估算，满足下列关系则可直接启动。

$$\frac{I_{st}}{I_N} \leqslant \frac{3}{4} + \frac{电源总容量}{4 \times 电动机功率} \tag{8-3}$$

直接启动无须附加启动设备，操作和控制简单、可靠，所以在条件允许的情况下应尽量采用。考虑到目前在大中型厂矿企业中，变压器容量已足够大，因此，一般对于 20～30 kW 以下异步电动机都可以采用直接启动。

2）降压启动

不允许直接启动时，则采用降压启动，即在启动时利用某些设备降低加在电动机定子绕组上的电压，减小启动电流。笼型异步电动机降压启动常用下面几种方法：

（1）定子串电阻或电抗器降压启动。这种启动方法的优点是启动平稳，运行可靠，设备简单。但其缺点是：启动转矩随定子电压的平方关系下降，只适用于空载或轻载启动的场合；不经济，在启动过程中，电阻器上消耗能量大；不适用于经常启动的电动机。若采用电抗器代替电阻器，则所需设备费较贵，且体积大。

（2）星形—三角形降压启动。星形—三角形降压启动的方法只适用正常运行时定子绕组接成三角形的电动机。

设 U_1 为电源线电压，I_{st} 及 $I_{st\triangle}$ 为定子绕组分别接成星形及三角形的启动电流（线电流），Z 为电动机在启动时每相绕组的等效阻抗，则有

$$I_{stY} = \frac{U_1}{\sqrt{3}Z}, \quad I_{st\triangle} = \frac{\sqrt{3}U_1}{Z}$$

所以，$I_{st\triangle} = 3I_{stY}$，即定子接成星形时的启动电流等于接成三角形时启动电流的1/3，而接成星形时的启动转矩为 $I_{stY} \propto \left(\frac{U_1}{\sqrt{3}}\right)^2 = \frac{U_1^2}{3}$，接成三角形时的启动转矩为 $I_{st\triangle} \propto U_1^2$，所以，

$I_{stY} = \frac{I_{st\triangle}}{3}$，即星形联结降压启动时的启动转矩只有三角形联结直接启动时的1/3。

此种启动方法的优点是设备简单，经济，运行比较可靠，维修方便，启动电流小；缺点是启动转矩小，且启动电压不能按实际要求调节，故只适用于空载或轻载启动的场合。由于这种方法应用广泛，我国已专门生产有能采用星形、三角形换接启动的三相异步电动机，其定子额定电压为380 V，此即电源线电压，联结方法为三角形。

（3）自耦变压器降压启动。这种启动方法是利用一台降压的自耦变压器（又称启动补偿器），使施加在定子绕组上的电压降低，待启动完毕后，再把电动机直接接到电源。

图 8-9 所示为自耦变压器启动时的某一相电路，由变压器的工作原理可知，此时二次侧电压与一次侧电压之比 K 为

$$K = \frac{U_2}{U_1} = \frac{N_2}{N_1} < 1 \qquad (8-4)$$

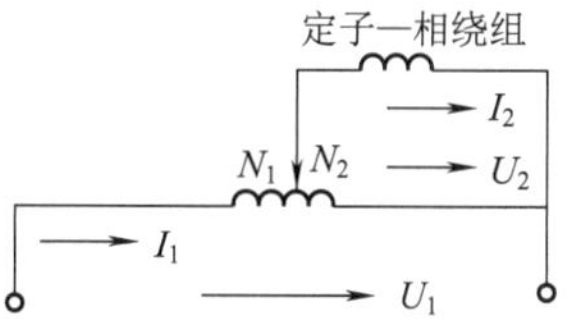

图 8-9　某一相等效电路

启动时，加在电动机定子每相绕组的电压 $U_2 = KU_1$，只有全电压启动时的 K 倍，因而电流 I_2 也只有全电压启动时的 K 倍，即 $I_2 = KI_{st}$（注意：I_2 是自耦变压器二次侧电流）。但变压器一次侧电流 $I_1 = KI_2 = K^2 I_{st}$，即此时从电网吸取的电流 I_1 只有直接启动时的 K^2 倍。这种启动方法的优点是：在降压比 K 一定、启动转矩一定的条件下，采用自耦变压器降压启动，比前述的各种降压启动的电流减小，即对电网的冲击电流减小，或者说在启动电流一定的情况下，启动转矩增大了，启动不受电动机定子绕组接法的限制，并且电压比 K 可以改变，即启动时电压可调。

其缺点是变压器的体积大，质量大，价格高，维修麻烦；况且启动用自耦变压器的设计是按短时工作考虑的，启动时自耦变压器处于过电流（超过额定电流）状态下运行，因此不适于启动频繁的电动机，每小时内允许连续启动的次数和每次启动的时间，在产品说明书上都有明确的规定，选配时应充分注意。它在启动不太频繁、要求启动转矩较大、容量较大的异步电动机上应用较为广泛。通常自耦变压器的输出端有固定抽头（一般有 $K = 80\%$、65% 和 50% 三种电压，可根据需要进行选择）。

为了便于根据实际要求选择合理的启动方法，现将上述几种常用启动方法的启动电压、启动电流和启动转矩的相对值列于表 8-1 中。表中 U_N、I_{st} 和 T_{st} 为电动机的额定电压、全压启动时的启动电流和启动转矩，其数值可从电动机的产品目录中查到；U_{st}、I_{st} 和 T_{st} 为按各种方法启动时实际加在电动机上的线电压、实际启动电流（对电网的冲击电流）和实际的启动转矩。

表 8-1　笼型异步电动机几种常用启动方法的比较

启动方法	启动电压相对值 $K_U = \dfrac{U_{st}}{U_N}$	启动电流相对值 $K_I = \dfrac{I'_{st}}{I_{st}}$	启动转矩相对值 $K_T = \dfrac{T'_{st}}{T_{st}}$
直接（全压）启动	1	1	1
定子电路串电阻或电抗器降压启动	0.8 0.65 0.5	0.8 0.65 0.5	0.64 0.42 0.25
降压启动	0.57	0.33	0.33
自耦变压器降压启动	0.8 0.65 0.5	0.64 0.42 0.25	0.64 0.42 0.25

例 8-1　有台拖动空气压缩机的笼型异步电动机 $P_N = 20$ kW，$n_N = 1\ 265$ r/min，启动电流 $I'_{st} = 5.5 I_N$，启动转矩 $T'_{st} = 1.6 T_N$，运行条件要求启动转矩必须为 $T'_{st} = 0.9 \sim 1.0 T_N$，电网允许电动机的启动电流不得超过 $3.5\ I_N$，试问应选用何种启动方法？

解： 按要求，启动转矩的相对值应保证为

$$K_T = \frac{T'_{st}}{T_{st}} \geqslant \frac{0.9T_N}{1.6T_N} = 0.56$$

启动电流的相对值应保证为

$$K_I = \frac{I'_{st}}{I_{st}} \leqslant \frac{3.5I_N}{5.5I_N} = 0.64$$

查表 8-1 可知，只有当自耦变压器降压比为 0.8 时，才可满足 $K_T > 0.56$ 和 $K_T \leqslant 0.64$ 的条件。故选用自耦变压器降压启动方法，变压器的降压比为 0.8。

2. 绕线转子异步电动机的启动方法

笼型异步电动机的启动转矩小，启动电流大，因此不能满足某些生产机械需要高启动转矩、低启动电流的要求。而绕线转子异步电动机由于能在转子电路中串入电阻，因此具有较大的启动转矩和较小的启动电流，即具有较好的启动特性。

在转子电路中串入电阻启动，常用的方法有两种：逐级切除启动电阻法和频敏变阻器启动法。

1）逐级切除启动电阻法

采用逐级切除启动电阻的方法，主要是为了使整个启动过程中电动机能保持较大的加速转矩，缩短启动时间。启动过程如图 8-10 所示。

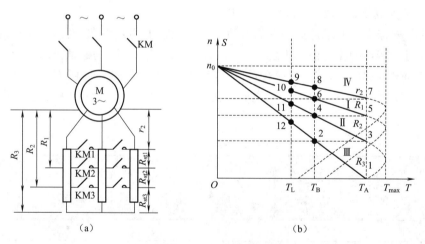

图 8-10　逐级切除启动电阻的启动过程
(a) 原理接线图；(b) 启动特性

启动开始时，触点 KM1、KM2、KM3 均断开，启动电阻全部接入，KM 闭合，将电动机接入电网。电动机的机械特性如图 8-10 (b) 中的曲线Ⅲ，初始启动转矩为 T_A，加速转矩 $T_{a1} = T_A - T_L$，这里 T_L 为负载转矩，在加速转矩作用下，转速沿曲线Ⅲ上升，轴上输出转矩相应下降。当转矩下降到 T_B 时，加速转矩下降到 $T_{a2} = T_B - T_L$，这时，为了保持系统较大的加速度，让 KM3 闭合，使各相电阻中的 R_{st3} 被短接（或切除），启动电阻由 R_3 减为 R_2，电动机的机械特性由曲线Ⅲ变化到曲线Ⅱ。由于机械惯性，电动机转速不能突变，在此瞬间，n 维持不变，即从点 2 切换到点 3，只要 R_2 的大小选择合适，并掌握好切除时间，就能保证在电阻刚被切除的瞬间，电动机轴上输出转矩重新回升到 T_A，即使电动机重新获

得最大的加速转矩。以后各级电阻的切除过程与上述相似，直到转子电阻全部被切除，电动机稳定运行在固有机械特性上，即图中曲线Ⅳ上相应于负载转矩 T_L 的点 9，启动过程结束。

小容量线绕转子异步电动机的启动电阻常用高电阻率的金属丝制成，大容量的电动机则用铸铁电阻片制成。

2）频敏变阻器启动法

采用逐级切除启动电阻的方法来启动绕线转子异步电动机时，由于转矩的突变会引起机械上的冲击。为了克服这一缺点，采用频敏变阻器作为启动电阻，其特点是：它的电阻值会随转速的上升而自动减小，即能做到自动变阻，使电动机平稳地完成启动，而且不需要控制电器。

频敏变阻器的结构如图 8-11（a）所示，实质上是一个铁心损耗很大的三相电抗器，铁心由一定厚度的几块铁板或钢板叠成，涡流损耗很大，做成三柱式，每柱上绕有一个线圈，三线连成星形，然后接到绕线转子异步电动机的转子电路中，如图 8-11（b）所示。

频敏变阻器为什么能取代电阻呢？因为在频敏变阻器的线圈中通过转子电流，它在铁心中产生交变磁通，在交变磁通的作用下，铁心中就会产生涡流，涡流使铁心发热，从电能损失的观点来看，和电流通过电阻发热而损失电能一样，所以可以把涡流的存在看成是一个电阻 R。另外铁心中交变的磁通又在线圈中产生感应电势，阻碍电流流通，因而有感抗 X（即电抗）存在。所以频敏变阻器相当于电阻 R 和电抗 X 的并联电路，如图 8-11（c）所示。启动过程中频敏变阻器内的实际电磁过程如下：启动开始时，$n = 0$，$S = 1$，转子电流的频率高，铁损大（铁损与 f_2^2 成正比），相当于 R 大，且 $X \propto f_2$，所以 X 也很大，迫使转子电流主要从电阻 R 中流过从而限制了启动电流，提高了转子电路的功率因数，增大了启动转矩。随着转速的逐步上升，转子频率逐渐下降，铁损逐渐减少，感应电势也减少，即由 R 和 X 组成的等效阻抗逐渐减小，这就相当于启动过程中自动逐渐切除电阻。当转速 $n = n_N$ 时，f_2 很小，R 和 X 近似为零，相当于转子被短路，启动完毕，进入正常运行。这种电阻和电抗对频率的"敏感"作用，就是"频敏"变阻器名称的由来。

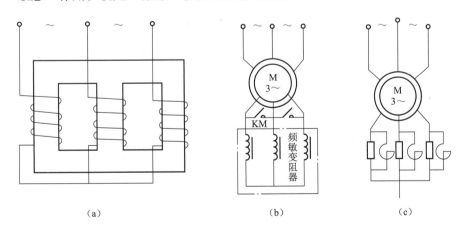

图 8-11　频敏变阻器
（a）结构示意图；（b）接线图；（c）等效电路图

和逐级切除启动电阻的启动方法相比，采用频敏变阻器的主要优点是，具有自动平滑调节启动电流和启动转矩的良好启动特性，且结构简单，运行可靠，无须经常维修。它的缺点是功率因数低（一般为 0.3～0.8），因而启动转矩的增大受到限制，且不能用作调速电阻。频敏变阻器用于对调速没有什么要求，启动转矩要求不大，经常正反向运转的绕线转子异步电动机的启动是比较合适的，它广泛应用于冶金、化工等传动设备上。

我国生产的频敏变阻器系列产品，有不经常启动和重复短时工作制启动两类，前者在启动完毕后要用接触器 KM 短接，如图 8-11（b）所示，后者则不需要。

频敏变阻器的铁心与铁轭间设有气隙，在绕组上留有几组抽头，改变气隙大小和绕组匝数，可调整电动机的启动电流和启动转矩。当匝数少，气隙大时，启动电流和启动转矩都大。

为了使单台频敏变阻器的体积、重量不过大，当电动机容量较大时，可以采用多台频敏变阻器串联使用。

例 8-2 Y225M-4 型三相异步电动机的额定数据见表 8-2。

表 8-2 **Y225M-4 型三相异步电动机的额定数据**

功率/kW	转速/（r·min^{-1}）	电压/V	电流/A	效率/%	$\cos\varphi_N$	I_{st}/I_N	T_{st}/T_M	T_{max}/T_N
45	1 480	380	84.2	92.3	0.88	7.0	1.9	2.2

（1）求额定转矩 T_N、启动转矩 T_{st} 和最大转矩 T_{max}。

（2）若负载转矩为 500 N·m，问在 $V = V_N$ 和 $0.9V_N$ 两种情况下电动机能否启动？

（3）若采用自耦降压启动，求 64% 的抽头时电动机的启动转矩。

解：（1）$T_N = \dfrac{9\,550P_N}{n_N} = \dfrac{9\,550 \times 45}{1\,480} = 290.4$（N·m）

$$T_{st} = \left(\dfrac{T_{st}}{T_N}\right)T_N = 1.9 \times 290.4 = 551.8 \ (\text{N·m})$$

$$T_{max} = \left(\dfrac{T_{max}}{T_N}\right)T_N = 2.2 \times 290.4 = 638.9 \ (\text{N·m})$$

（2）$V = V_N$ 时，$T_{st} = 551.8$ N·m > 500 N·m，所以能启动。

当 $V = 0.9V_N$ 时，$T_{st} = 0.9^2 \times 551.8 = 447$ N·m < 500 N·m，所以不能启动。

（3）直接启动时，$I_{st\triangle} = 7I_N = 589.4$（A）

设降压启动时电动机中（即变压器副边）的启动电流 I'_{st}，则 $\dfrac{I'_{st}}{I_{st\triangle}} = 0.64$

所以　　　　　　　　$I'_{st} = 0.64I_{st\triangle} = 0.64 \times 589.4 = 377.2$（A）

设降压启动时线路（即变压器原边）的启动电流为 I''_{st}。因为变压器原、副边中电流之比等于电压比的倒数，所以也等于 64%，即

$$\dfrac{I''_{st}}{I'_{st}} = 0.64^2$$

所以　　　　　　　　$I''_{st} = 0.64^2 \times 589.4 = 241.4$（A）

设降压启动时的启动转矩为 T'_{st}，则 $\dfrac{T'_{st}}{T_{st}} = 0.64^2$

所以　　　　　　　　$T'_{st} = 0.64^2 \times 551.8 = 226$（N·m）

8.2.2 三相异步电动机调速

在同一负载下，用人为的方法来改变电动机的速度，称为调速。从异步电动机的转速公式可见异步电动机的调速方法有三种，即改变电动机定子绕组的极对数 p、供电电源频率 f 及电动机的转差率 S。当恒转矩调速时，从电磁转矩关系式可知，改变转差率 S 又可通过改变定子绕组相电压 U 及转子电路串电阻等方法来实现。

1. 调压调速

改变异步电动机定子电压时的机械特性如图 8-12 所示。从图可见，n_0、S_m 不变，T_{max} 随

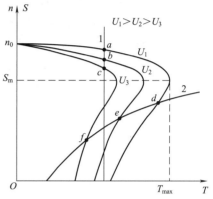

电压降低成平方比例下降，对于恒转矩性负载 T_L，由负载特性曲线 1 与不同电压下电动机的机械特性的交点，可以有点 a、b、c 所决定的速度，其调速范围很小；离心式通风机型负载曲线 2 与不同电压下机械特性的交点为 d、e、f，可以看出调速范围稍大，但要注意，电动机有可能出现过电流问题。

这种调速方法的优点是能够无级平滑调速，缺点是降低电压时，转矩也按电压的平方比例减小，机械特性变软，调速范围不大。

在定子电路中串电阻（或电抗）和用晶闸管调压调速都是属于这种调速方法。

图 8-12 调压调速时的机械特性

2. 转子电路串电阻调速

这种调速方法只适用于绕线转子异步电动机，原理接线图和机械特性如图 8-13 所示。其特点是：转子电路串不同的电阻时，其 n_0 和 T_{max} 不变，但 S_m 随外加电阻的增大而增大，机械特性变软。对于恒转矩负载 T_L，由负载特性曲线与不同外加电阻下电动机机械特性的交点为 9、10、11、12 等可知，随着外加电阻的增大，电动机的转速降低。

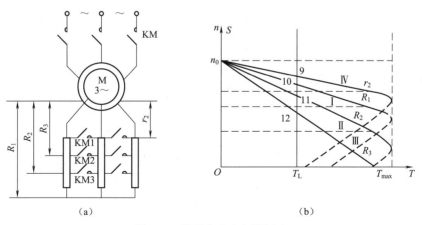

（a） （b）

图 8-13 转子电路串电阻调速

（a）原理接线图；（b）机械特性

绕线转子异步电动机的启动电阻可兼作调速电阻用，不过此时要考虑稳定运行时的发热，应适当增大电阻的容量。

这种调速方法的优点是简单可靠。缺点是有级调速，随转速降低，特性变软，转子电路

电阻损耗与转差率成正比，低速时损耗大。所以此种调速方法大多用在重复短期运转的生产机械中，在起重运输设备中应用非常广泛。

3. 改变极对数调速

改变极对数调速，通常用改变定子绕组接线的方式来实现。一般应用于笼型异步电动机，因其转子极对数能自动地与定子极对数对应。根据 $n_0 = \dfrac{60f}{p}$，同步转速与极对数 p 成反比，改变极对数 p 即可改变电动机的转速。以单绕组双速电动机为例，对变极调速的原理进行分析，如图 8-14 所示。为简便起见，将一个线圈组集中起来用一个线圈代表。单绕组双速电动机的定子每相绕组由两个相等圈数的"半绕组"组成。图 8-14（a）中两个"半绕组"串联，其电流方向相同；图 8-14（b）中两个"半绕组"并联，其电流方向相反。它们分别代表两种极对数，即 $2p = 4$ 与 $2p = 2$。可见，改变极对数的关键在于使每相定子绕组中一半绕组内的电流改变方向，可用改变定子绕组的接线方式来实现。若在定子上装两套独立绕组，各自具有所需的极对数，两套独立绕组中每套又可有不同的连接。这样就可以分别得到双速、三速或四速等电动机，通称为多速电动机。

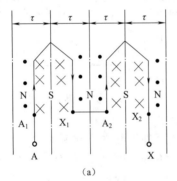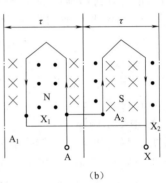

（a） （b）

图 8-14 改变极对数调速原理
(a) 串联 $2p = 4$；(b) 并联 $2p = 2$

应该注意的是，多速电动机的调速性质也与连接方式有关，如将定子绕组由 Y 改接成 YY，如图 8-15（a）所示，即每相绕组由串联改成并联，则极对数减少了一半，故 $n_{yy} = 2n_y$，可以证明此时转矩维持不变，而功率增加了 1 倍，即属于恒转矩调速性质；而当定子绕组由 $\triangle$ 改接成 YY，如图 8-15（b）所示，极对数也减少了一半，即 $n_{yy} = 2n_{\triangle}$，也可以证明，此时功率基本维持不变，而转矩约减小了一半，即属于恒功率调速性质。

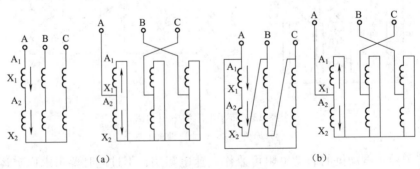

(a) (b)

图 8-15 单绕组双速电动机极对数变换
(a) Y-YY；(b) $\triangle$-YY

另外，极对数改变，不仅使转速发生了改变，而且三相定子绕组中电流的相序也改变了。为了改变极对数后仍维持原来的转向不变，就必须在改变极对数的同时，改变三相绕组接线的相序，如图 8-15 所示，将 B 相和 C 相换一下。这是设计变极调速电动机控制线路时应注意的一个问题。

多速电动机启动时宜先接成低速，然后再换接为高速，这样可获得较大的启动转矩。

变极调速的优点是操作简单方便，机械特性较硬（因为是一种改变同步转速，而不改变临界转差率的调速方法），效率较高，既适用于恒转矩调速，也适用于恒功率调速。其主要缺点是多速电动机体积稍大，价格稍高，调速是有级的，而且调速的级数不可能多，因此仅适用于不要求平滑调速的场合。各种中、小型机床上用得较多。而且在某些机床上，采用变极调速与齿轮箱机械调速相配合，就可以较好地满足生产机械对调速的要求。

4. 变频调速

异步电动机的变频调速是一种很好的调速方法。从转速 $n_0 = \dfrac{60f}{p}$

视频：变频原理

可见，异步电动机的转速正比于定子电源的频率 f，若连续地调节定子电源频率 f，即可实现连续地改变电动机的转速。因为异步电动机的外加电压近似与频率和磁通的乘积成正比，即 $U_1 \propto E_1 = Cf_1\Phi$，由于 C 为常数，则 $\Phi \propto \dfrac{U_1}{f_1}$。即在外加电压不变时，气隙磁通与供电电源频率 f_1 成反比，减小 f_1 以降低电动机运行速度时，将会导致 Φ 的增大；反之，增大 f_1 以提高运行速度时，会引起 Φ 的下降。Φ 增大会造成电动机磁路的过分饱和，定子电流中的激磁分量增大，导致电动机的功率因数下降和负载能力降低，铁心过热；Φ 减小会造成电动机的输出转矩减小，过载能力下降。这些对电动机的正常运行都是不利的，为了解决这一问题，变频调速系统在降频的同时最好能降压，即频率与电压能协调控制，U_1 必须与 f_1 成正比例地变化，即 $\dfrac{U_1}{f_1}$ = 常数。

8.2.3 单相异步电动机启动

单相异步电动机在分类上属于驱动微电动机，这类电动机输出功率比较小（1 kW 以下），主要用于电动工具、家用电器、医用器械、自动化仪表等设备中。

1. 单相异步电动机工作原理与特性

单相交流异步电动机使用单相交流电，这种电动机的定子只有一个单相绕组，转子通常是笼型结构，如图 8-16 所示。

单相电动机定子绕组通入单相交流电后产生的是一个脉动磁场，其大小及方向随时间沿定子绕组轴线方向变化。

单相电动机启动时，因电动机的转子处于静止状态，定子电流产生的脉动磁场在转子绕组内引起的感应电动势和电流如图 8-17 所示（图示为脉动磁场增加时转子绕组内感应电流的情况）。

由图 8-17 可以看出，由于磁场与转子电流相互作用在转子上产生的电磁转矩相互抵消，所以单相电动机启动时转子上作用的电磁转矩为零，单相异步电动机没有启动转矩，不能自动启动。

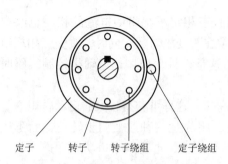 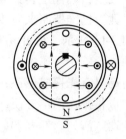

图 8-16 单相异步电动机结构图　　图 8-17 单相异步电动机启动时的转子电流及电磁力

为了启动单相异步电动机，可以在启动时用外力推动转子或让电动机内部产生一个旋转磁场来恢复脉动状态，这时单相异步电动机才能够继续沿着被推动的方向旋转，并可以带动机械负荷工作。

为什么单相电动机在启动后能够产生转矩。要说明这个问题还需从旋转磁场来分析。

（1）脉动磁场可分解为两个旋转磁场，单相异步电动机定子绕组通入单相正弦电流后产生的脉动磁场可以等效地看成是由两个大小相等、转动方向相反、转速相同的旋转磁场合成的。脉动磁场分解成为两个旋转磁场的示意图，如图 8-18 所示，每个旋转磁场的幅值是脉动磁场幅值的 1/2。

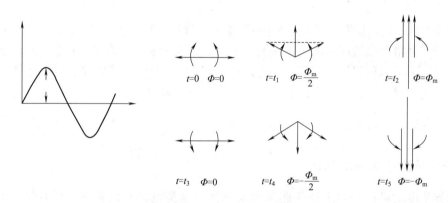

图 8-18 单相脉动磁场的分解

（2）单相异步电动机的机械特性：脉动磁场分解成两个旋转磁场，这两个旋转磁场转向相反，一个顺时针方向，一个逆时针方向。每个旋转磁场都会与转子绕组作用，在转子上产生电磁转矩。顺向的 $T' - s'$ 曲线和逆向的 $T'' - s''$ 曲线及合成曲线如图 8-19 所示。

由图 8-19 可以看出，如果单相异步电动机的转子是静止的，即工作在图 8-19 中 $s = 1$ 的那一点，这时两个旋转磁场在转子上产生的电磁转矩数值相等，作用方向相反，合成转矩为零，因此无法启动。为了使单相异步电动机启动，可以采取以下措施：让电动机在启动时使其内部出现一个旋转磁场，电动机转动起来后，（此时 $s \neq 1$），再将旋转磁场变回脉动磁场，这时作用在转子上的合成转矩不再为零，单相异步电动机能够继续保持着启动时所具有的旋转方向继续运转。所以单相异步电动

图 8-19 单相异步
电动机的 T-s 曲线

机使用时，首先要使转子上产生转矩，使转子能够转动起来，转动起来之后，不论转动方向如何转子上都有电磁转矩。

值得注意的是使用单相异步电动机必须解决启动转矩的问题。

2. 单相异步电动机的启动

为了使单相异步电动机在启动时能产生启动转矩，在单相机内采用一些辅助设施使电动机在启动时出现启动转矩。常用的方法有分相启动法和罩极法。

1）分相启动法

容量较大或要求启动转矩较高的异步电动机常采用这种方法启动，这种电动机又称为分相式异步电动机。分相启动的线路有以下两种。

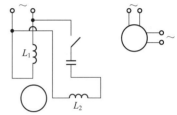

图 8-20　电容分相启动

L_1—工作绕组；L_2—启动绕组

（1）电容分相或电容运转的单相异步电动机。这种单相异步电动机在定子上除放置原有的绕组（称为工作绕组）外，还增加一个启动绕组，如图 8-20 所示，两个绕组的轴线在空间相差 90°。启动绕组串入一个电容器，启动绕组中的电流 i_C 领先电压 V 一个相角。若电容数值选配合适可以使启动绕组电流与工作绕组的电流有 90° 的相位差。这样的两个电流产生的合成磁场是一个旋转磁场，它可以通过画图来说明。

如果假设工作绕组电流为 $i_1 = I_\mathrm{m}\sin\omega t$，启动绕组电流为 $i_2 = I_\mathrm{m}\sin(\omega t + 90°)$。这两个电流通入图 8-20 所示单相异步电动机绕组内之后，产生的合成磁场如图 8-21 所示。在这个旋转磁场的作用下，转子上产生电磁转矩，单相异步电动机可以启动。

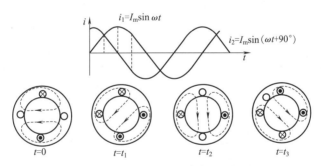

图 8-21　分相后的合成磁场

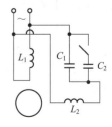

图 8-22　电容分相的
单相异步电动机

C_1—工作电容；C_2—启动电容；
L_1—工作绕组；L_2—启动绕组

电容启动单相异步电动机后，当转子的转速达到一定数值（一般达到 80% 同步转速），启动绕组的开关 S 自动将启动绕组与电源断开，只有工作绕组通电，这时电动机在脉动磁场的作用下继续运转。图 8-22 所示电容分相的单相异步电动机启动后，仅将与启动绕组串联的电容器断开一部分，启动绕组和串联的部分电容继续接在电路中，这种电动机运行时有较大的转矩而且功率因数较高。这种单相异步电动机称为电容运转单相异步电动机。

（2）电阻启动。仿照电容启动原理，但不用电容器，而是将工作绕组的电阻做得小些，但电感较大；启动绕组的电阻较大，但电感较小，启动绕组通过开关 S 与工作绕组并接在同一个单相电源上，如图 8-23 所示。

在图 8-23 所示的单相电动机内，工作绕组与启动绕组中的电流也具有一定的相位差，这种电动机在启动时也可以产生一个旋转磁场，使电动机启动。但是它的启动转矩要比电容分相单相电动机的启动转矩小些。

2）罩极法

罩极法是在单相电动机的定子磁极的极面上套装一个铜环，如图 8-24 所示。

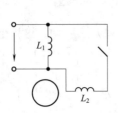

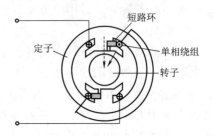

图 8-23　电阻分相启动

L_1—工作绕组；L_2—启动绕组

图 8-24　罩极电动机

单相交流异步电动机的磁极上放置铜环后可以产生启动转矩的原理与交流电磁铁的分磁环原理相似，感应生成的磁场与没有套环的部分磁极中的磁通存在相位差，这样便形成了移动磁场。

罩极式电动机磁场移动方向由铜环在罩极上的位置决定。在图 8-24 所示情况下，由于套铜环部分极面下的磁通滞后于未套铜环部分的磁通，因而电动机转子是顺时针方向旋转的。罩极式电动机铜环置定后，电动机的转动方向是不能改变的。

罩极式电动机构造简单、制造容易，但启动转矩比较小，并且铜环在电动机工作时有能量损失，因而这种单相异步机效率较低，制造的容量也比较小。

罩极式单相电动机具有结构简单、工作可靠、维护方便、价格低廉等优点，广泛应用于对启动转矩要求不高的设备中，如风扇、吹风机及电子仪器的通风设备中。

3. 三相异步电动机的单相运行

三相异步电动机的单相运行如图 8-25 所示，当三根电源线中有一根断开后，将由单相电源供电，三相电动机单相运行。

图 8-25 所示的三相电动机断开一根电源线后，三相异步电动机定子的 B-Y 相绕组与 C-Z 相绕组成为串联，连接在线电压 V_{BC} 上，这两个绕组通入的是同一个电流，电动机内旋转磁场变成了脉动磁场。在这种情况下，如果电动机负载不变，势必造成定子电流的剧增，长时间单相运行将烧毁绕组。

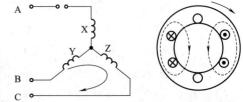

图 8-25　三相异步电动机的单相运行

8.3　步进电动机的启动运行特性

8.3.1　步进电动机启动频率特性

设步进电动机原来处于某一相的平衡位置，当一定频率的控制脉冲加入时，电动机开始启动。但其转速不是瞬间就能达到稳定数值，其间有一暂态过程，即为启动过程。电动机不失步启动时，所能加的最高控制脉冲频率，称为启动频率。实际启动时，启动频率比连续运行频率低得多。这是因为，电动机刚启动时的转速为零。在启动过程中，电磁转矩除了克服负载阻转矩外，还要克服转子和负载的惯性矩，所以启动时的负载要比连续运行时重。如果启动时施加脉冲频率过高，则转子转速跟不上磁场转速，以致第一步完成的位置落后于平衡位置较远，造成以后各步转子转速增加不多，而定子磁场转速仍正比于脉冲频率而旋转，使转子与平衡位置的偏差越来越大。最后，因转子位置落后到动稳定区以外而出现失步，使电动机不能启动。

当电动机带负载启动时，作用在电动机转子上的加速转矩为电磁转矩与负载转矩之差。因而负载转矩越大，加速转矩越小，电动机就越不容易启动。只有脉冲频率较低时，使电动机每一步有较长的加速时间，电动机才能启动。所以随着负载加重，启动频率降低。启动频率 f_{st} 与负载转矩 T 的变化关系曲线称为启动频率特性，如图 8-26 所示。

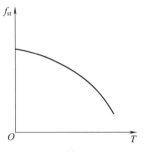

图 8-26　步进电动机的启动转矩—频率特性曲线

从上述分析可以看出，提高步进电动机启动频率的有三个方法：①增加电动机动态转矩；②减小电动机和负载的惯性；③增加运行拍数，使矩角特性，也就是定子旋转磁场速度减慢。

8.3.2　高频恒频运行特性

当对步进电动机施加高频且恒频脉冲时，步进电动机已不是一步一步地转动，而是连续匀速旋转，称这种运行状态为高频恒频运行状态。电动机在连续运行状态时产生的转矩称为动态转矩。实验表明，步进电动机最大动态转矩小于最大静态转矩，并随频率的升高而降低。因此在高频恒频运行状态下，步进电动机动态转矩与频率的关系曲线 $T = f(f)$，称为动态转矩—频率特性，如图 8-27 所示。

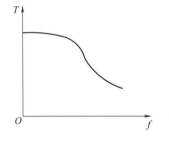

图 8-27　步进电动机动态转矩—频率特性曲线

动态转矩随频率增高而降低的原因，是因为步进电动机控制绕组存在电感，使控制绕组中的电流，在接通和断开过程中不能瞬间完成升或降，而是按指数规律上升或下降，致使当电脉冲频率很高时，电流的峰值随频率的增加而减小，励磁磁通亦随之减小，造成动态转矩减小，负载能力变差。

步进电动机脉冲频率越高，转速就越高。但由于上述原因，电动机正常连续不失步运行所施加的最高控制脉冲频率称为步进电动机的最高运行频率或最大跟踪频率，它是步进电动机的重要参数之一。因此，最大连续运行频率是限制步进电动机高速运行的极限条件，超过这个条件运行，电动机动态转矩就会下降，负载能力变差，电动机内部损耗增加，寿命降低；另外超过这个极限，转子受到转动惯量的影响，使转子位置超出稳定区而造成失步。为了提高步进电动机的转矩—频率特性，必须设法减小控制绕组的电气时间常数 $\left(T = \dfrac{L}{R} \right)$，为此要尽量减小它的电感，使控制绕组匝数减小，所以步进电动机控制绕组的电流一般都比较大。另外，可以采用双电源供电，即在控制绕组电流上升阶段由高压电源供电，以缩短达到预定稳定值的时间，然后再改为低压电源供电以维持其电流值。

8.3.3　伺服电动机的三种控制方式

伺服电动机的速度控制和转矩控制都是用模拟量来实现的，位置控制是通过发脉冲来控制的。具体采用什么控制方式要根据客户的要求以及满足何种运动功能来选择。伺服电动机的控制方式有如下几种：

1. 转矩控制

转矩控制方式是通过外部模拟量的输入或直接地址的赋值来设定电动机轴对外的输出转矩的大小，具体表现为如 10 V 对应 5 N·m 的话，当外部模拟量设定为 5 V 时电动机轴输出为 2.5 N·m；如果电动机轴负载低于 2.5 N·m 时电动机正转，外部负载等于 2.5 N·m 时电动机不转，大于 2.5 N·m 时电动机反转（通常在有重力负载情况下产生）。可以通过即时地改变模拟量来改变设定的力矩大小，也可通过通信方式改变对应地址的数值来实现。

转矩控制主要应用在对材质的受力有严格要求的缠绕和放卷的装置中，如绕线装置或拉光纤设备，转矩的设定要根据缠绕的半径的变化随时更改，以确保材质的受力不会随着缠绕半径的变化而改变。

2. 位置控制

位置控制模式一般是通过外部输入的脉冲的频率来确定转动速度的大小，通过脉冲的个数来确定转动的角度，也有些伺服可以通过通信方式直接对速度和位移进行赋值。由于位置模式可以对速度和位置都有很严格的控制，所以一般应用于定位装置。应用领域如数控机床、印刷机械等。

3. 速度模式

通过模拟量的输入或脉冲的频率都可以进行转动速度的控制，在有上位控制装置的外环PID控制时速度模式也可以进行定位，但必须把电动机的位置信号或直接负载的位置信号给上位反馈以做运算用。位置模式也支持直接负载外环检测位置信号，此时的电动机轴端的编码器只检测电动机转速，位置信号就由直接的最终负载端的检测装置来提供了，这样的优点在于可以减少中间传动过程中的误差，增加了整个系统的定位精度。

一般就伺服驱动器的响应速度来看，转矩模式运算量最小，驱动器对控制信号的响应最快；位置模式运算量最大，驱动器对控制信号的响应最慢。

如果对运动中的动态性能有比较高的要求时，需要实时对电动机进行调整。那么如果控制器本身的运算速度很慢（比如 PLC 或低端运动控制器），就用位置方式控制。如果控制器运算速度比较快，可以用速度方式，把位置环从驱动器移到控制器上，减少驱动器的工作量，提高效率（比如大部分中高端运动控制器）；如果有更好的上位控制器，还可以用转矩方式控制，把速度环也从驱动器上移开，由于采用高端专用控制器，这时完全不需要使用伺服电动机。

4. 三个环控制

伺服电动机的控制一般采用三个环来控制，即 PID 调节系统三个负反馈闭环。

第一环是电流环，位于最内的 PID 环，此环完全在伺服驱动器内部进行，通过霍尔装置检测驱动器给电动机的各相的输出电流，负反馈给电流的设定进行 PID 调节，从而达到输出电流尽量接近或等于设定电流，电流环就是控制电动机转矩的，所以在转矩模式下驱动器的运算最小，动态响应最快。

第二环是速度环，通过检测电动机编码器的信号来进行负反馈 PID 调节，它的环内 PID 输出直接就是电流环的设定，所以速度环控制时就包含了速度环和电流环，换句话说，任何模式都必须使用电流环，电流环是控制的根本，在速度和位置控制的同时，系统实际也在进行电流（转矩）的控制，以达到对速度和位置的相应控制。

第三环是位置环，它是最外环，可以在驱动器和电动机编码器间构建，也可以在外部控制器和电动机编码器或最终负载间构建，要根据实际情况来定。由于位置控制环内部输出就是速度环的设定，位置控制模式下系统进行了所有三个环的运算，此时的系统运算量最大，动态响应速度也最慢。

8.4 电动机软启动技术简介

异步电动机以其优良的性能及无须维护的特点，在各行各业中都得到广泛的应用。然而由于其启动时要产生较大冲击电流（一般为额定电流 I_e 的 4～7 倍），同时由于启动电应力较大，使负载设备的使用寿命降低。国家标准规定：当电动机频繁启动时，所造成的压降不宜低于 10%；不频繁启动时，压降不低于 20%；不频繁启动，且与照明或其他对电压波动敏感的负荷合用变压器时，电动机启动时的电网电压降不能超过 15%。解决办法有两个：一是增大配电容量，二是采用限制电动机启动电流的启动设备。

如果仅仅为启动电动机而增大配电容量，从经济角度上来说，显然不可取。为此，人们往往需要配备限制电动机启动电流的启动设备，过去多采用 Y/△ 降压、自耦变压器降压、磁控降压等方式来实现。这些方法虽然可以起到一定的限流作用，但没有从根本上解决问题。

8.4.1 软启动器概念

软启动器（又称电动机软启动器）是一种集电动机软启动、软停车、轻载节能和多种保护功能于一体的新颖电动机控制装置，国外称为 soft starter。它的主要构成是串接于电源与被控电动机之间的三相反并联闸管及其电子控制电路。运用不同的方法，控制三相反并联闸管的导通角，使被控电动机的输入电压按不同的要求而变化，就可实现不同的功能。

随着电力电子技术的快速发展，智能型软启动器也得到了广泛应用。智能型软启动器是一种集软启动、软停车、轻载节能和多功能保护于一体的新颖电动机控制装备。它在整个启动过程中不仅能实现无冲击而平滑地启动电动机，而且可根据电动机负载的特性来调节启动过程中的参数，如限流值、启动时间等。此外，它还具有多种对电动机保护的功能，这就从根本上解决了传统的降压启动设备的诸多弊端。

8.4.2 电动机软启动器工作原理

软启动器采用三相反并联晶闸管作为调压器，将其接入电源和电动机定子之间。这种电路如三相全控桥式整流电路，主电路图见图1。使用软启动器启动电动机时，晶闸管的输出电压逐渐增加，电动机逐渐加速，直到晶闸管全导通，电动机工作在额定电压的机械特性上，实现平滑启动，降低启动电流，避免启动过流跳闸。待电动机达到额定转数时，启动过程结束，软启动器自动用旁路接触器取代已完成任务的晶闸管，为电动机正常运转提供额定电压，以降低晶闸管的热损耗，延长软启动器的使用寿命，提高其工作效率，又使电网避免了谐波污染。软启动器同时还提供软停车功能，软停车与软启动过程相反，电压逐渐降低，转数逐渐下降到零，避免自由停车引起的转矩冲击。

8.4.3 软启动器节能原理

电动机属感性负载，电流滞后电压，大多数用电器都属此类。为了提高功率因数须用容性负载来补偿，并电容或用同步电动机补偿。降低电动机的激磁电流也可提高功率因数（HPS2 节能功能，在轻载时降低电压，使激磁电流降低，功率因数提高）。节能运行模式：轻载时降低电压减少了激磁电流，电动机电流分为有功分量和无功分量（激磁分量）提高功率因数。

节能运行模式：当电动机负载轻时，软启动器在选择节能功能的状态下，PF 开关热拨至 Y 位，在电流反馈的作用下，软启动器自动降低电动机电压。减少了电动机电流的励磁分量，从而提高了电动机的功率因数。（国产软启动器多无此功能）在接触器旁路状态下无法实现此功能。TPF 开关提供了节能功能的两种反应时间：正常、慢速。节能运行模式：自动节能运行。（正常、慢速两种反应速度）空载节能 40%，负载节能 5%。

8.4.4 软启动的几种启动方式

运用串接于电源与被控电动机之间的软启动器，控制其内部晶闸管的导通角，使电动机输入电压从零以预设函数关系逐渐上升，直至启动结束，赋予电动机全电压，即为软启动，在软启动过程中，电动机启动转矩逐渐增加，转速也逐渐增加。软启动一般有下面几种方式。

（1）斜坡升压软启动。这种启动方式最简单，不具备电流闭环控制，仅调整晶闸管导通角，使之与时间成一定函数关系增加。其缺点是，由于不限流，在电动机启动过程中，有时要产生较大的冲击电流使晶闸管损坏，对电网影响较大，实际很少应用。

（2）斜坡恒流软启动。这种启动方式是在电动机启动的初始阶段启动电流逐渐增加，当电流达到预先所设定的值后保持恒定（$t_1 \sim t_2$ 阶段），直至启动完毕。启动过程中，电流上升变化的速率是可以根据电动机负载调整设定的。电流上升速率大，则启动转矩大，启动时间短。

该启动方式是应用最多的启动方式，尤其适用于风机、泵类负载的启动。

（3）阶跃启动。开机，即以最短时间，使启动电流迅速达到设定值，即为阶跃启动。通过调节启动电流设定值，可以达到快速启动效果。

（4）脉冲冲击启动。在启动开始阶段，让晶闸管在极短时间内，以较大的电流导通一段时间后回落，再按原设定值线性上升，进入恒流启动。

该启动方法在一般负载中较少应用，适用于重载并需克服较大静摩擦的启动场合。

那么，软启动与传统减压启动方式的不同之处在哪里呢？笼型电动机传统的减压启动方式有 Y-△启动、自耦减压启动、电抗器启动等。这些启动方式都属于有级减压启动，存在明显缺点，即启动过程中会出现二次冲击电流。

8.4.5　软启动器保护功能

软启动器的保护功能主要有以下几点：

（1）过载保护功能：软启动器引进了电流控制环，因而随时跟踪检测电动机电流的变化状况。通过增加过载电流的设定和反时限控制模式，实现了过载保护功能，使电动机过载时，关断晶闸管并发出报警信号。

（2）缺相保护功能：工作时，软启动器随时检测三相线电流的变化，一旦发生断流，即可作出缺相保护反应。

（3）过热保护功能：通过软启动器内部热继电器检测晶闸管散热器的温度，一旦散热器温度超过允许值后自动关断晶闸管，并发出报警信号。

（4）其他功能：通过电子电路的组合，还可在系统中实现其他种种联锁保护。

另外与传统减压启动方式相比，优势还体现在以下几个方面：

（1）无冲击电流。软启动器在启动电动机时，通过逐渐增大晶闸管导通角，使电动机启动电流从零线性上升至设定值。

（2）恒流启动。软启动器可以引入电流闭环控制，使电动机在启动过程中保持恒流，确保电动机平稳启动。

（3）根据负载情况及电网继电保护特性选择，可自由地无级调整至最佳的启动电流。

8.5　电动机的软停车

某些工程场合电动机的停机也有严格要求，电动机停机传统的控制方式都是通过瞬间停电完成的。但有许多应用场合，不允许电动机瞬间关机。例如：高层建筑、大楼的水泵系统，如果瞬间停机，会产生巨大的"水锤"效应，使管道，甚至水泵遭到损坏。为减少和防止"水锤"效应，需要电动机逐渐减速停机，即软停车，采用软启动器能满足这一要求。在泵站中，应用软停车技术可避免泵站的"拍门"损坏，减少维修费用和维修工作量。软启动器中的软停车功能是，晶闸管在得到停机指令后，从全导通逐渐地减小导通角，经过一定时间过渡到全关闭的过程。停车的时间根据实际需要可在 0～120 s 调整。

那软启动器是如何实现轻载节能的呢？笼型异步电动机是感性负载，在运行中，定子线圈绕组中的电流滞后于电压。如电动机工作电压不变，处于轻载时，功率因数低，处于重载时，功率因数高。软启动器能实现在轻载时，通过降低电动机端电压，提高功率因数，减少电动机的铜耗、铁耗，达到轻载节能的目的；在实际工程中当负载较重时，则提高电动机端电压，确保电动机正常运行。

【小结与拓展】

1. 调速是电动机应用中的重要问题，直流电动机性能优异，反映调速性能的技术指标有调速范围 D、静差率 δ、平滑性 ϕ 和容许输出，其中静差率 δ 和调速范围 D 是互相联系又相互制约的指标，实际应用中，应根据生产机械的要求，进行技术经济比较后确定调速方案。

2. 电动机的调速，实际上都是在负载不变的情况下改变电动机的机械特性而人为地改变电动机的转速，即三种（改变 U、Φ、R_a）人为机械特性的应用。因此，调速运行的分析计算的关键就是要掌握电动机机械特性和负载机械特性及其配合情况，掌握不同调速和制动方法的基本条件（如能耗制动时 $U = 0$、电枢反接制动时电压为负等），正确分析各量的正负号，再直接代入机械特性的通用方程式或转速特性方程式进行计算。

3. 他励直流电动机的启动、制动和调速等控制，要求直流电动机在电流不超过允许值的条件下，获得足够大的启动转矩以加快升速的过程。他励直流电动机直接启动时，由于启动起始时 $n = 0$，$E_a = 0$，启动电流很大，所以一般不能直接启动，而应采用电枢回路串电阻分级启动或降压启动的方法。

4. 直流电动机的制动同样要求在电流不超过允许值的条件下，加快降速的过程，或使位能性负载匀速下放。电动运行的特点是电磁转矩 T 与转速 n 方向相同；而制动运行的特点是电磁转矩 T 与转速 n 方向相反，电动机将轴上输入的机械能转换为电能消耗掉或大部分回馈电网。

5. 对于三相异步电动机的启动方法有：①直接启动：只有在电网或供电变压器容量允许的前提下才能采用。一般用于容量小于 7.5 kW 的鼠笼式异步电动机的直接启动。②鼠笼式异步电动机的降压启动：如定子回路串接电抗或电阻、自耦变压器、延边三角形等。③绕线式异步电动机的启动：如转子回路串接电阻或频敏变阻器。

6. 三相异步电动机过改变转差率调速：①改变定子电压调速；②转子回路串电阻调速；③电磁转差离合器调速；④串级调速。这些调速方法除串级调速外，设备简单，启动性能好，随着转差率的增加，机械性能变软，功率被消耗在转子回路或电磁转差离合器的电枢上，但是效率降低。

7. 三相异步电动机可通过变极调速：变极调速是通过外部的开关切换改变电动机绕组的串并联关系来实现的。变极调速一般是以两个速度为主，辅以阀门和挡板调节，比单纯使用阀门和挡板要好一些，但是仍然有节能潜力可挖。另外，由于结构复杂，变极电动机的效率比常规的通用电动机要稍低一些。

8. 三相异步电动机可通过变频调速：变频调速也是一种改变同步转速的调速方法。变频调速能对异步电动机转速进行宽范围的连续调节，该方法控制功率小，调节方便，易于实现闭环控制，它是目前广泛采用的一种调速方式。

【思考与习题】

8-1 将三相异步电动机接三相电源的三根引线中的两根换接，此电动机是否会反转？为什么？

8-2 当三相异步电动机的负载增加时，为什么定子电流会随转子电流的增加而增加？

8-3　为什么绕线异步电动机采用转子串接附加电阻启动时，所串接的电阻越大，启动转矩是否也越大？

8-4　为什么绕线异步电动机在转子串接附加电阻启动时，启动电流减小而启动转矩反而增大？

8-5　试分析交流电动机与直流电动机在调速方法上的异同点。

8-6　三相异步电动机带动一定的负载运行时，若电源电压降低了，此时电动机的转矩、电流及转速有无变化？为什么？

8-7　三相异步电动机正在运行时，转子突然被卡住，这时电动机的电流会如何变化？对电动机有何影响？

8-8　三相异步电动机在断了一根电源线后，为什么不能启动？而在运行时断了一根电源线，为什么仍能继续转动？这两种情况对电动机将产生什么影响？

8-9　三相异步电动机在相同电源电压下，满载和空载启动时，启动电流是否相同？启动转矩是否相同？

8-10　三相异步电动机为什么不运行在 T_{max} 或接近 T_{max} 的情况下？

8-11　有一台三相异步电动，其技术数据如下表所示。

型号	P_N/kW	U_N/V	满载时				I_{st}/IN	T_{st}/IN	T_{max}/TN
			n_N/ (r·min^{-1})	I_N/A	$\zeta_N \times 100$	$\cos\Phi_N$			
Y132S-6	3	220/380	960	12.8/7.2	83	0.75	6.5	2.0	2.0

试求：（1）线电压为 380 V 时，三相定子绕组应如何接法？

（2）n_0、p、S_N、T_N、T_{st}、T_{max} 和 I_{st}。

（3）额定负载时电动机的输入功率是多少？

8-12　有一台三相异步电动机，其铭牌数据如下：

P_N/kW	n_N/ (r·min^{-1})	U_N/V	$\eta_N \times 100$	$\cos\varphi_N$	I_{st}/IN	T_{st}/TN	T_{max}/TN	接法
40	1 470	380	90	0.9	6.5	1.2	2.0	△

（1）当负载转矩为 250 N·m 时，试问在 $U = U_N$ 和 $U' = 0.8U_N$ 两种情况下电动机能否启动？

（2）欲采用 Y-△ 接法启动，当负载转矩为 $0.45T_N$ 和 $0.35T_N$ 两种情况下，电动机能否启动？

（3）若采用自耦变压器降压启动，设降压比为 0.54，求电源线路中通过的启动电流和电动机的启动转矩。

8-13　已知 Y225M-2 型三相异步电动机的有关技术数据如下：

$P_N = 45$ kW，$f = 50$ Hz，$n_N = 2\,970$ r/min，$\eta_N = 91.5\%$，启动能力为 2.0，过载系数 $\lambda = 2.2$，试求：该电动机的额定转差率、额定转矩、启动转矩、最大转矩和额定输入电功率。

8-14　Y100L2-4 型三相异步电动机，查得其技术数据如下：$P_N = 3.0$ kW，$V_N = 380$ V，$n_N = 1\,420$ r/min，$\eta_N = 82.5\%$，$\cos\varphi_N = 0.81$，$f_1 = 50$ Hz，$\dfrac{I_{st}}{I_N} = 7.0$，$\dfrac{T_{st}}{T_N} = 2.2$，$\dfrac{T_{max}}{T_N} = 2.2$，

试求：（1）磁极对数 p 和额定转差率 S_N 是多少？

（2）当电源线电压为 380 V 时，该电动机作 Y 接法，这时的额定电流为多少？

（3）当电源线电压为 220 V 时，该电动机应作何接法？这时的额定电流为多少？

（4）该电动机的额定转矩、启动转矩和最大转矩。

8-15　一台直流电动机，额定转速为 3 000 r/min。如果电枢电压和励磁电压均为额定值，试问：该电动机是否允许在转速 $n = 2\,500$ r/min 下长期运转？为什么？

8-16　用一对完全相同的直流机组成电动机—发电机组，它们的励磁电压均为 110 V，电枢电阻 $R_a = 75\ \Omega$。已知当发电机不接负载，电动机电枢电压加 110 V 时，电动机的电枢电流为 0.12 A，绕组的转速为 4 500 r/min。试问：

（1）发电机空载时的电枢电压为多少伏？

（2）电动机的电枢电压仍为 110 V，而发电机接上 0.5 kΩ 的负载时，机组的转速 n 是多大（设空载阻转矩为恒值）？

第9章 机电传动系统PLC变频控制基础

【目标与解惑】

(1) 熟悉理解 PLC 与变频器的结构原理；

(2) 熟悉理解 PLC 与变频器的各种参数；

(3) 熟悉变频器基本原理与控制工作方式；

(4) 交—直—交间接型和交—交直接型区别；

(5) 了解 PLC 与变频器操各种类型及其工作原理；

(6) 了解 PLC 与变频器在使用过程中所需注意事项。

why???

随着计算机及其电子技术的发展，出现了新型的电动机控制方式，比如PLC和变频控制技术，还有单片机控制等。考虑到专业很想学习一下PLC和变频控制方面的基础知识，这些控制方法与基本的控制方法有何异同？真想知道呢。

9.1 可编程序控制器简介

可编程序控制器，英文称 programmable controller，简称 PC 或 PLC。但由于 PC 容易和个人计算机（personal computer）混淆，故人们习惯地用 PLC 作为可编程序控制器的缩写。PLC 是一个以微处理器为核心的数字运算操作的电子系统装置，专为在工业现场应用而设计，它采用可编程序的存储器，用以在其内部存储执行逻辑运算、顺序控制、定时/计数和算术运算等操作指令，并通过数字式或模拟式的输入、输出接口，控制各种类型的机械或生产过程。PLC 是微机技术与传统的继电接触控制技术相结合的产物，它克服了继电接触控制系统中的机械触点的接线复杂、可靠性低、功耗高、通用性和灵活性差的缺点，充分利用了微处理器的优点，又照顾到现场电气操作维修人员的技能与习惯，特别是 PLC 的程序编制，不需要专门的计算机编程语言知识，而是采用了一套以继电器梯形图为基础的简单指令形式，使用户程序编制形象、直观、方便易学，调试与查错也都很方便。用户在购到所需的PLC后，只需按说明书的提示，做少量的接线和简易的用户程序编制工作，就可灵活方便地将PLC应用于生产实践。

9.1.1 PLC的结构及各部分的作用

PLC的类型繁多，功能和指令系统也不尽相同，但结构与工作原理则大同小异，通常由主机、输入/输出接口、电源部分、编程与调试、输入/输出扩展单元和外部设备接口等几个主要部分组成。PLC的硬件系统结构如图9-1所示。

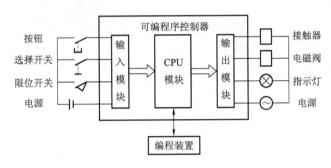

图9-1　PLC的硬件系统结构

1. 主机部分

主机部分包括中央处理器（CPU）、系统程序存储器和用户程序及数据存储器。CPU是PLC的核心，它用以运行用户程序、监控输入/输出接口状态、作出逻辑判断和进行数据处理，即读取输入变量、完成用户指令规定的各种操作，将结果送到输出端，并响应外部设备（如计算机、打印机等）的请求以及进行各种内部判断等。PLC的内部存储器有两类，一类是系统程序存储器，主要存放系统管理和监控程序及对用户程序作编译处理的程序，系统程序已由厂家固定，用户不能更改；另一类是用户程序及数据存储器，主要存放用户编制的应用程序及各种暂存数据和中间结果。

2. 输入/输出接口

I/O接口是PLC与输入/输出设备连接的部件。输入接口接受输入设备（如按钮、传感器、触点、行程开关等）的控制信号。输出接口是将主机经处理后的结果通过功放电路去驱动输出设备（如接触器、电磁阀、指示灯等）。I/O接口一般采用光电耦合电路，以减少电磁干扰，从而提高了可靠性。I/O点数即输入/输出端子数是PLC的一项主要技术指标，通常小型机有几十个点，中型机有几百个点，大型机将超过千个点。

3. 电源部分

电源是指为CPU、存储器、I/O接口等内部电子电路工作所配置的直流开关稳压电源，通常也为输入设备提供直流电源。

4. 编程与调试

编程是PLC利用外部设备，用户用来输入、检查、修改、调试程序或监视PLC的工作情况。通过专用的PC/PPI电缆线将PLC与计算机连接，并利用专用的软件进行电脑编程和监控。

5. 输入/输出扩展单元

I/O 扩展接口用于将扩充外部输入/输出端子数的扩展单元与基本单元（即主机）连接在一起。

6. 外部设备接口

此接口可将打印机、条码扫描仪、变频器等外部设备与主机相连，以完成相应的操作。

实验装置提供的主机型号有西门子 S7-200 系列的 CPU224（AC/DC/RELAY）。输入点数为 14，输出点数为 10；CPU226（AC/DC/RELAY），输入点数为 26，输出点数为 14。

9.1.2　PLC 的工作原理

PLC 是采用"顺序扫描，不断循环"的方式进行工作的。即在 PLC 运行时，CPU 根据用户按控制要求编制好并存于用户存储器中的程序，按指令步序号（或地址号）作周期性循环扫描，如无跳转指令，则从第一条指令开始逐条顺序执行用户程序，直至程序结束。然后重新返回第一条指令，开始下一轮新的扫描。在每次扫描过程中，还要完成对输入信号的采样和对输出状态的刷新等工作。

PLC 的一个扫描周期必经输入采样、程序执行和输出刷新三个阶段。

PLC 在输入采样阶段：首先以扫描方式按顺序将所有暂存在输入锁存器中的输入端子的通断状态或输入数据读入，并将其写入各对应的输入状态寄存器中，即刷新输入。随即关闭输入端口，进入程序执行阶段。

PLC 在程序执行阶段：按用户程序指令存放的先后顺序扫描执行每条指令，经相应的运算和处理后，其结果再写入输出状态寄存器中，输出状态寄存器中所有的内容随着程序的执行而改变。

输出刷新阶段：当所有指令执行完毕后，输出状态寄存器的通断状态，在输出刷新阶段送至输出锁存器中，并通过一定的方式（继电器、晶体管或晶闸管）输出，驱动相应输出设备工作。

9.1.3　PLC 的程序编制

1. 编程元件

PLC 是采用软件编制程序来实现控制要求的。编程时要使用到各种编程元件，它们可提供无数个动合和动断触点。编程元件是指输入寄存器、输出寄存器、位存储器、定时器、计数器、通用寄存器、数据寄存器及特殊功能存储器等。

PLC 内部这些存储器的作用和继电接触控制系统中使用的继电器十分相似，也有"线圈"与"触点"，但它们不是"硬"继电器，而是 PLC 存储器的存储单元。当写入该单元的逻辑状态为"1"时，则表示相应继电器线圈得电，其动合触点闭合，动断触点断开。所以，内部这些继电器称之为"软"继电器。

S7-200 系列 CPU224、CPU226 部分编程元件的编号范围与功能说明见表 9-1。

表 9-1　编程元件的编号范围与功能

元件名称	符号	编号范围	功　能　说　明
输入寄存器	I	I0.0 ~ I1.5 共 14 点	接受外部输入设备的信号

（续）

元件名称	符号	编号范围	功 能 说 明
输出寄存器	Q	Q0.0～Q1.1 共 10 点	输出程序执行结果并驱动外部设备
位存储器	M	M0.0～M31.7	在程序内部使用，不能提供外部输出
定时器	256 （T0～T255）	T0，T64	保持型通电延时 1 ms
		T1～T4，T65～T68	保持型通电延时 10 ms
		T5～T31，T69～T95	保持型通电延时 100 ms
		T32，T96	ON/OFF 延时，1 ms
		T33～T36，T97～T100	ON/OFF 延时，10 ms
		T37～T63，T101～T255	ON/OFF 延时，100 ms
计数器	C	C0～C255	加法计数器，触点在程序内部使用
高速计数器	HC	HC0～HC5	用来累计比 CPU 扫描速率更快的事件
顺控继电器	S	S0.0～S31.7	提供控制程序的逻辑分段
变量存储器	V	VB0.0～VB5119.7	数据处理用的数值存储元件
局部存储器	L	LB0.0～LB63.7	使用临时的寄存器，作为暂时存储器
特殊存储器	SM	SM0.0～SM549.7	CPU 与用户之间交换信息
特殊存储器	SM（只读）	SM0.0～SM29.7	接受外部信号
累加寄存器	AC	AC0～AC3	用来存放计算的中间值

2. 编程语言

所谓程序编制，就是用户根据控制对象的要求，利用 PLC 厂家提供的程序编制语言，将一个控制要求描述出来的过程。PLC 最常用的编程语言是梯形图语言和指令语句表语言，且两者常常联合使用。

1）梯形图（语言）

梯形图是一种从继电接触控制电路图演变而来的图形语言。它是借助类似于继电器的动合、动断触点、线圈以及串、并联等术语和符号，根据控制要求连接而成的表示 PLC 输入和输出之间逻辑关系的图形，直观易懂。

梯形图中常用⊢⊢ ⊣⊢图形符号分别表示 PLC 编程元件的动合和动断触点；用（ ）表示它们的线圈。梯形图中编程元件的种类用图形符号及标注的字母或数字加以区别。触点和线圈等组成的独立电路称为网络，用编程软件生成的梯形图和语句表程序中有网络编号，允许以网络为单位给梯形图加注释。

梯形图的设计应注意以下三点：

（1）梯形图按从左到右、自上而下的顺序排列。每一逻辑行（或称梯级）起始于左母线，然后是触点的串、并连接，最后是线圈。

（2）梯形图中每个梯级流过的不是物理电流，而是"概念电流"，从左流向右，其两端没有电源。这个"概念电流"只是用来形象地描述用户程序执行中应满足线圈接通的条件。

（3）输入寄存器用于接收外部输入信号，而不能由 PLC 内部其他继电器的触点来驱动。因此，梯形图中只出现输入寄存器的触点，而不出现其线圈。输出寄存器则输出程序执行结果给外部输出设备，当梯形图中的输出寄存器线圈得电时，就有信号输出，但不是直接驱动输出设备，而要通过输出接口的继电器、晶体管或晶闸管才能实现。输出寄存器的触点也可供内部编程使用。

2）指令语句表

指令语句表是一种用指令助记符来编制 PLC 程序的语言，它类似于计算机的汇编语言，但比汇编语言易懂易学，若干条指令组成的程序就是指令语句表。一条指令语句是由步序、指令语和作用器件编号三部分组成。

步序	指令语	作用器件编号
0	LD	I0.0
1	O	Q0.0
2	AN	I0.1
3	=	Q0.0
4	END	

下例为 PLC 实现三相鼠笼电动机起/停控制的两种编程语言的表示方法（图 9-2）：

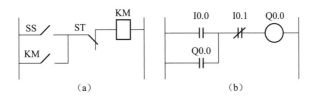

图 9-2　两种编程语言的表示方法

（a）继电接触控制线路图；（b）PLC 梯形图

9.2 可编程序控制器的工作原理

9.2.1　PLC 的工作过程框图

当 PLC 投入运行后，其工作过程一般分为三个阶段，即输入采样、用户程序执行和输出刷新三个阶段。完成上述三个阶段称作一个扫描周期。在整个运行期间，PLC 的 CPU 以一定的扫描速度重复执行上述三个阶段。

1. 输入采样阶段

在输入采样阶段，PLC 以扫描方式依次读入所有输入状态和数据，并将它们存入 I/O 映象区中的相应的单元内。输入采样结束后，转入用户程序执行和输出刷新阶段。在这两个阶段中，即使输入状态和数据发生变化，I/O 映象区中的相应单元的状态和数据也不会改变。因

文档：PLC 工作周期及过程

此，如果输入是脉冲信号，则该脉冲信号的宽度必须大于一个扫描周期，才能保证在任何情况下，该输入均能被读入。

2. 用户程序执行阶段

在用户程序执行阶段，PLC 总是按由上而下的顺序依次地扫描用户程序（梯形图）。在扫描每一条梯形图时，又总是先扫描梯形图左边的由各触点构成的控制线路，并按先左后

右、先上后下的顺序对由触点构成的控制线路进行逻辑运算，然后根据逻辑运算的结果，刷新该逻辑线圈在系统 RAM 存储区中对应位的状态；或者刷新该输出线圈在 I/O 映象区中对应位的状态；或者确定是否要执行该梯形图所规定的特殊功能指令。

即在用户程序执行过程中，只有输入点在 I/O 映象区内的状态和数据不会发生变化，而其他输出点和软设备在 I/O 映象区或系统 RAM 存储区内的状态和数据都有可能发生变化，而且排在上面的梯形图，其程序执行结果会对排在下面的凡是用到这些线圈或数据的梯形图起作用；相反，排在下面的梯形图，其被刷新的逻辑线圈的状态或数据只能到下一个扫描周期才能对排在其上面的程序起作用。

在程序执行的过程中如果使用立即 I/O 指令则可以直接存取 I/O 点。即使用 I/O 指令的话，输入过程影像寄存器的值不会被更新，程序直接从 I/O 模块中取值，输出过程影像寄存器会被立即更新，这跟立即输入有些区别。

3. 输出刷新阶段

当扫描用户程序结束后，PLC 就进入输出刷新阶段。在此期间，CPU 按照 I/O 映象区内对应的状态和数据刷新所有的输出锁存电路，再经输出电路驱动相应的外部设备。这时，才是 PLC 的真正输出。

每台 PLC 至少有一个 CPU。在一些按功能分散处理的或根据容错技术而设计的 PLC 中，可以包括多个 CPU，分别承担各自的控制功能。PLC 中采用的 CPU 主要有通用微处理器、单片机和双极型位片式系列芯片。可参阅二维码链接。

PLC 配备有两种存储系统：系统程序存储器——存放系统程序和数据，不能由用户直接存取。它具有可靠性高、实时性好、功耗低、温升小、可用电池供电等特点，同时数据存储不消失，停电后能长期保存数据，以适应 PLC 恶劣的工作环境和所要求的工作速度。

9.2.2　PLC 基础 S7-200 简介

S7-200 系列在集散自动化系统中充分发挥其强大功能。使用范围可覆盖从替代继电器的简单控制到更复杂的自动化控制。应用领域极为广泛，覆盖所有与自动检测、自动化控制有关的工业及民用领域，包括各种机床、机械、电力设施、民用设施、环境保护设备等。例如：冲压机床、磨床、印刷机械、橡胶化工机械、中央空调、电梯控制、运动系统。

S7-200 系列 PLC 可提供 4 个不同的基本型号的 8 种 CPU 使用，下面介绍其中的几种。

1. CPU 221

本机集成 6 输入/4 输出共 10 个数字量 I/O 点。无 I/O 扩展能力。6K 字节程序和数据存储空间。4 个独立的 30 kHz 高速计数器，2 路独立的 20 kHz 高速脉冲输出。1 个 RS485 通讯/编程口，具有 PPI 通讯协议、MPI 通讯协议和自由方式通讯能力。非常适合于小点数控制的微型控制器。

2. CPU 222

本机集成 8 输入/6 输出共 14 个数字量 I/O 点。可连接 2 个扩展模块。6K 字节程序和数据存储空间。4 个独立的 30 kHz 高速计数器，2 路独立的 20 kHz 高速脉冲输出。1 个 RS485 通讯/编程口，具有 PPI 通讯协议、MPI 通讯协议和自由方式通讯能力。非常适合于小点数控制的微型控制器。

3. CPU 224

本机集成 14 输入/10 输出共 24 个数字量 I/O 点。可连接 7 个扩展模块,最大扩展至 168 路数字量 I/O 点或 35 路模拟量 I/O 点。13K 字节程序和数据存储空间。6 个独立的 30 kHz 高速计数器,2 路独立的 20 kHz 高速脉冲输出,具有 PID 控制器。1 个 RS485 通讯/编程口,具有 PPI 通讯协议、MPI 通讯协议和自由方式通讯能力。I/O 端子排可很容易地整体拆卸,是具有较强控制能力的控制器。

4. CPU 224XP

本机集成 14 输入/10 输出共 24 个数字量 I/O 点,2 输入/1 输出共 3 个模拟量 I/O 点,可连接 7 个扩展模块,最大扩展值至 168 路数字量 I/O 点或 38 路模拟量 I/O 点。20 K 字节程序和数据存储空间,6 个独立的高速计数器 (100 kHz),2 个 100 kHz 的高速脉冲输出,2 个 RS485 通讯/编程口,具有 PPI 通讯协议、MPI 通讯协议和自由方式通讯能力。本机还新增多种功能,如内置模拟量 I/O、自整定 PID 功能、线性斜坡脉冲指令、诊断 LED、数据记录及配方功能等,是具有模拟量 I/O 和强大控制能力的新型 CPU。

5. CPU 226

本机集成 24 输入/16 输出共 40 个数字量 I/O 点。可连接 7 个扩展模块,最大扩展至 248 路数字量 I/O 点或 35 路模拟量 I/O 点。13K 字节程序和数据存储空间。6 个独立的 30 kHz 高速计数器,2 路独立的 20 kHz 高速脉冲输出,具有 PID 控制器。2 个 RS485 通讯/编程口,具有 PPI 通讯协议、MPI 通讯协议和自由方式通讯能力。I/O 端子排可很容易地整体拆卸。用于较高要求的控制系统,具有更多的输入/输出点,更强的模块扩展能力,更快的运行速度和功能更强的内部集成特殊功能。可完全适应于一些复杂的中小型控制系统。

9.2.3　PLC 基本指令简介

PLC 基本指令是表述基础元件的串联、并联及输出的逻辑控制关系,是用英文助记符描述梯形图中各部件的连接关系和编程指令。

S7-200 的 SIMATIC 基本指令简表见表9-2。

表 9-2　S7-200 的 SIMATIC 基本指令简表

助记符	节点命令	功　能　说　明
LD	N	装载(开始的常开触点)
LDN	N	取反后装载(开始的常闭触点)
A	N	与(串联的常开触点)
AN	N	取反后与(串联的常闭触点)
O	N	或(并联的常开触点)
ON	N	取反后或(并联的常闭触点)
EU		上升沿检测
ED		下降沿检测
=	N	赋值

（续）

助记符	节点命令	功能说明
S	S_BIT, N	置位一个区域
R	S_BIT, N	复位一个区域
SHRB	DATA, S_BIT, N	移位寄存器
SRB	OUT, N	字节右移 N 位
SLB	OUT, N	字节左移 N 位
RRB	OUT, N	字节循环右移 N 位
RLB	OUT, N	字节循环左移 N 位
TON	Txxx, TP	通电延时定时器
TOF	Txxx, TP	断电延时定时器
CTU	Cxxx, PV	加计数器
CTD	Cxxx, PV	减计数器
END		程序的条件结束
STOP		切换到 STOP 模式
JMP	N	跳到指定的标号
ALD		电路块串联
OLD		电路块并联

1. 标准触点指令

LD 动合触点指令，表示一个与输入母线相连的动合触点指令，即动合触点逻辑运算起始。

LDN 动断触点指令，表示一个与输入母线相连的动断触点指令，即动断触点逻辑运算起始。

A 与动合触点指令，用于单个动合触点的串联。

AX 与非动断触点指令，用于单个动断触点的串联。

O 或动合触点指令，用于单个动合触点的并联。

ON 或非动断触点指令，用于单个动断触点的并联。

LD、LDN、A、AN、O、ON 触点指令中变量的数据类型为布尔（BOOC）型。LD、LDN 两条指令用于将接点接到母线上，A、AN、O、ON 指令均可多次重复使用，但当需要对两个以上接点串联连接电路块的并联连接时，要用后述的 OLD 指令。

例 9-1 某控制装置梯形图与指令表如图 9-3 和表 9-3 所示。

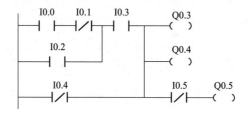

图 9-3 例 9-1 梯形图

表 9-3　例 9-1 指令表

步序	指　令	器　件　号	步序	指　令	器　件　号
0	LD	I0.0	5	=	Q0.3
1	AN	I0.1	6	=	Q0.4
2	O	I0.2	7	AN	I0.5
3	A	I0.3	8	=	Q0.5
4	ON	I0.4			

2. 串联的并联连接指令 OLD

两个或两个以上的接点串联连接的电路叫串联电路块。串联电路块并联连接时，分支开始用 LD、LDN 指令，分支结束用 OLD 指令。OLD 指令与后述的 ALD 指令均为无目标元件指令，而两条无目标元件指令的步长都为一个程序步。OLD 有时也简称或块指令。

3. 并联的串联连接指令 ALD

两个或两个以上接点并联电路称为并联电路块，分支电路并联电路块与前面电路串联连接时，使用 ALD 指令。分支的起点用 LD、LDN 指令，并联电路结束后，使用 ALD 指令与前面电路串联。ALD 指令也简称与块指令，ALD 也是无操作目标元件，是一个程序步指令。

4. 输出指令 " = "

" = "输出指令是将继电器、定时器、计数器等的线圈与梯形图右边的母线直接连接，线圈的右边不允许有触点，在编程中，触点可以重复使用，且类型和数量不受限制。

5. 置位与复位指令 S 与 R

S 为置位指令，使动作保持；R 为复位指令，使操作保持复位。从指定的位置开始的 N 个点的寄存器都被置位或复位，$N = 1 \sim 255$，如果被指定复位的是定时器位或计数器位，将清除定时器或计数器的当前值。

6. 跳变触点 EU 与 ED

正跳变触点检测到一次正跳变（触点的入信号由 0 到 1）时，或负跳变触点检测到一次负跳变（触点的入信号由 1 到 0）时，触点接通到一个扫描周期。正/负跳变的符号为 EU 和 ED，它们没有操作数，触点符号中间的"P"和"N"分别表示正跳变和负跳变。

7. 空操作指令 NOP

NOP 指令是一条无动作、无目标元件的一个序步指令。空操作指令使该步序为空操作。用 NOP 指令可替代已写入指令，可以改变电路。在程序中加入 NOP 指令，在改动或追加程序时可以减少步序号的改变。

8. 程序结束指令 END

END 是一条无目标元件的一序步指令。PLC 反复进行输入处理、程序运算、输出处理，在程序的最后写入 END 指令，表示程序结束，直接进行输出处理。在程序调试过程中，可以按段插入 END 指令，可以按顺序扩大对各程序段动作的检查。采用 END 指令将程序划分为若干段，在确认处于前面电路块的动作正确无误之后，依次删去 END 指令。要注意的是在执行 END 指令时，也刷新监视时钟。

9.3 可编程序控制器控制设计规则

9.3.1 PLC 编程语言

PLC 常用的编程语言主要有三种：功能图、语句表、梯形图。

1. 功能图（FBD）

功能图是一种较新的编程方法，是各种 PLC 编程语言规范化的方向（function chart programming）。

2. 语句表（STL）

语句表类似于汇编语言，由语句系列构成。

3. 梯形图（LAD）

梯形图类似于继电—接触器控制线路（ladder programming）。

梯形图编程目前依然是应用最广泛的编程语言，因为它与继电—接触器控制线路非常相像，容易学习，使用方便。

9.3.2 PLC 编程的几个步骤

1. 决定系统所需动作顺序

当使用可编程序控制器时，最重要的一环是决定系统所需的输入及输出。输入及输出要求有以下两点：

（1）设定系统输入及输出数目。

（2）决定控制先后、各器件相应关系以及作出何种反应。

2. 对输入及输出器件进行编号

每一输入和输出，包括定时器、计数器、内置寄存器等都有一个唯一的对应编号，不能混用。

3. 画出梯形图

根据控制系统的动作要求，画出梯形图。梯形图设计规则如下：

（1）触点应画在水平线上，并且根据自左至右、自上而下的原则和对输出线圈的控制路径来画。

（2）不包含触点的分支应放在垂直方向，以便于识别触点的组合和对输出线圈的控制路径。

（3）在有几个串联回路相并联时，应将触头多的那个串联回路放在梯形图的最上面。在有几个并联回路相串联时，应将触点最多的并联回路放在梯形图的最左面。这种安排，所编制的程序简洁明了，语句较少。

（4）不能将触点画在线圈的右边。

4. 将梯形图转化为程序

把继电器梯形图转变为可编程序控制器的编码，当完成梯形图以后，下一步是把它的编码编译成可编程序控制器能识别的程序。

这种程序语言是由序号（即地址）、指令（控制语句）、器件号（即数据）组成。地址是控制语句及数据所存储或摆放的位置，指令告诉可编程序控制器怎样利用器件作出相应的动作。

5. 梯形图设计一般规则

（1）梯形图的每一逻辑行必须从左母线出发，一般以触点开始，以线圈结束。右边母线可以省略。

（2）触点应画在水平线上，垂直分支线上不画触点。

（3）对同一个输出线圈，串联多的支路尽量放在上部，并联多的支路尽量靠近左母线。

因为，PLC 的扫描顺序是从上到下，从左到右，这样可使 PLC 尽量早地获取尽可能多的信息。

例 9-2 梯形图设计一般规则示意图如图 9-4 所示。

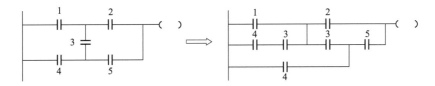

图 9-4 梯形图设计一般规则示意图

9.3.3 PLC 控制电动机正反转实例

1. 控制 I/O 端口分配表

三相异步电动机正反转 PLC 控制 I/O 端口分配表见表 9-4。

表 9-4 三相异步电动机正反转 PLC 控制 I/O 端口分配表

输 入 电 器	输入点	输 出 电 器	输出点
停止按钮 SB1	X1	24 V 正转接触器 KA1	Y1
正转按钮 SB2	X2	24 V 反转接触器 KA2	Y2
反转按钮 SB3	X3	380 V 正转接触器 KM1	
热继电器触点 FR1	X0	380 V 反转接触器 KM2	
热继电器触点 FR2	X4		

2. 控制 I/O 端口接线图

I/O 端口接线图如图 9-5 所示。

3. PLC 控制的梯形图

PLC 控制梯形图如图 9-6 所示。

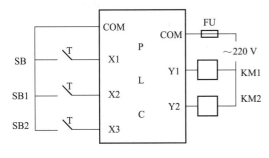

图 9-5 I/O 端口接线图

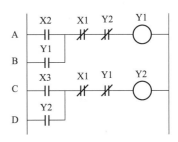

图 9-6 PLC 控制梯形图

4. PLC 控制指令语句

PLC 控制指令语句如下：

步序	指令语	器件号
0	LD	X2
1	OR	Y1
2	ANI	X1
3	ANI	Y2
4	OUT	Y1
5	LD	X3
6	OR	Y2
7	ANI	X1
8	ANI	Y1
9	OUT	Y2
10	END	

5. 控制正反转工作原理

在图 9-5 中，SB 为停机按钮，SB1 为正转启动按钮，SB2 为反转启动按钮，KM1 为正转控制接触器，KM2 为反转控制接触器。继电控制电路的工作分析不再赘述，PLC 控制的工作过程，参照其 I/O 接线图和梯形图，分析如下：

1）正转启动过程

点动 SB1→X2 吸合→A 区 X2 闭合→Y1 吸合→Y1 输出触点闭合→KM1 吸合→电动机正转→B 区 Y1 闭合→自锁 Y1→C 区 Y1 分断→互锁 Y2。

2）停机过程

点动 SB→X1 吸合→A 区 X1 分断→Y1 释放→各器件复位→电动机停止。

反转启动与停机过程，请读者自行分析。

9.4 变频器概述

变频器的英文译名是 VFD（variable-frequency drive），这可能是现代科技由中文反向译为英文为数不多的实例之一。它具有调压、调频、稳压、调速等基本功能，应用了现代的科学技术，价格昂贵但性能良好，内部结构复杂但使用简单，所以不只是用于启动电动机，而是广泛地应用到各个领域，各种各样的功率、各种各样的外形、各种各样的体积、各种各样的用途等都有。随着技术的发展，成本的降低，变频器一定还会得到更广泛的应用。

变频器实质是由计算机控制大功率开关器件将工频交流电变为频率和电压可调的三相交流电的电器设备。由主电路和控制电路两大部分组成，主电路包括整流及滤波电路、逆变电路、制动电阻和制动单元，控制电路包括计算机控制系统、键盘与显示、内部接口及信号检测与传递、供电电源和外接控制端子等。

9.4.1 变频器的分类

变频器的分类方法有以下几种：

（1）按变换环节分为：交—直—交间接型和交—交直接型两种。

（2）按电压与频率的关系分为：变压变频 VVVF 和恒压恒频 CVCF 两种。

VVVF 即 variable voltage and variable frequency，CVCF 即 constant voltage and constant frequency。

（3）按改变变频器输出电压的方法分为：PAM 调制和 PWM 调制（即脉冲幅度调制和脉冲宽度调制）两种。

（4）按电压等级分为：低压型（220～460 V）和高压型（3 kV、6 kV 和 10 kV）两类。

（5）按滤波方式分为：电压型和电流型两种。

（6）按用途分为：专用型和通用型两种。

9.4.2 交—直—交变频器基本原理

变频器是利用半导体器件的通断作用来实现的，其功能就是将频率、电压都固定的交流电源变成频率、电压都连续可调的三相交流电源。按照变换环节有无直流环节可以分为交—交变频器和交—直—交变频器。

交—直—交变频器的主电路如图 9-7 所示。可以分为以下几部分：

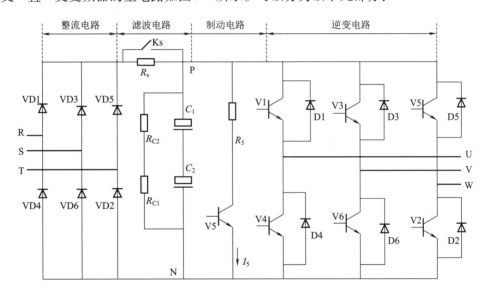

图 9-7　交—直—交变频器的主电路

1. 整流电路—交—直部分

由 VD1～VD6 组成三相不可控整流桥，220 V 系列采用单相全波整流桥电路；380 V 系列采用桥式全波整流电路。根据输入电源的不同，分为单相桥式整流电路和三相桥式整流电路。我国常用的小功率的变频器多数为单相 220 V 输入，较大功率的变频器多数为三相 380 V（线电压）输入。

2. 中间环节—滤波电路

根据储能元件不同，可分为电容滤波和电感滤波两种。由于电容两端的电压不能突变，流过电感的电流不能突变，所以用电容滤波就构成电压源型变频器，用电感滤波就构成电流源型变频器。整流后的电压为脉动电压，必须加以滤波；滤波电容 C_F 除滤波作用外，还在整流与逆变之间起去耦作用、消除干扰、提高功率因素，由于该大电容储存能量，在断电的短时间内电容两端存在高压电，因而要在电容充分放电后才可进行操作。

3. 中间环节—限流电路

由于储能电容较大，接入电源时电容两端电压为零，因而在上电瞬间滤波电容 C_F 的充电电流很大，过大的电流会损坏整流桥二极管，为保护整流桥上电瞬间将充电电阻 R_L 串入直流母线中以限制充电电流，当 C_F 充电到一定程度时由开关 SL 将 R_L 短路。

4. 逆变电路—直—交部分

逆变电路是交—直—交变频器的核心部分，其中 6 个三极管按其导通顺序分别用 V1 ~ V6 表示，与三极管反向并联的二极管起续流作用。逆变管 V1 ~ V6 组成逆变桥将直流电逆变成频率、幅值都可调的交流电，是变频器的核心部分。常用逆变模块有：GTR、BJT、GTO、IGBT、IGCT 等，一般都采用模块化结构有 2 单元、4 单元、6 单元。

按每个三极管的导通电角度又分为 120°导通型和 180°导通型两种类型。

逆变电路的输出电压为阶梯波，虽然不是正弦波，却是彼此相差 120°的交流电压，即实现了从直流电到交流电的逆变。输出电压的频率取决于逆变器开关器件的切换频率，达到了变频的目的。

实际逆变电路除了基本元件三极管和续流二极管外，还有保护半导体元件的缓冲电路，三极管也可以用门极开关断晶闸管代替。

5. 续流二极管 D1 ~ D6

其主要作用为以下几点：

（1）电动机绕组为感性具有无功分量，VD1 ~ VD7 为无功电流返回到直流电源提供通道。

（2）当电动机处于制动状态时，再生电流通过 VD1 ~ VD7 返回直流电路。

（3）V1 ~ V6 进行逆变过程是同一桥臂两个逆变管不停地交替导通和截止，在换相过程中也需要 D1 ~ D6 提供通路。

6. 缓冲电路

由于逆变管 V1 ~ V6 每次由导通切换到截止状态的瞬间，C 极和 E 极间的电压将由近乎 0 V 上升到直流电压值 U_D，这过高的电压增长率可能会损坏逆变管，吸收电容的作用便是降低 V1 ~ V6 关断时的电压增长率。

7. 制动单元

电动机在减速时转子的转速将可能超过此时的同步转速（$n = 60f/P$）而处于再生制动（发电）状态，拖动系统的动能将反馈到直流电路中使直流母线（滤波电容两端）电压 U_D 不断上升（即所说的泵升电压），这样变频器将会产生过压保护，甚至可能损坏变频器，因而需将反馈能量消耗掉，制动电阻就是用来消耗这部分能量的。制动单元由开关管与驱动电路构成，其功能是用来控制流经 R_B 的放电电流 I_B。

9.4.3 交—交变频器的工作原理

交—交变频器是指无直流中间环节，直接将电网固定频率的恒压恒频（CVCF）交流电源变换成变压变频（VVVF）交流电源的变频器，因此称之为"直接"变压变频器或交—交变频器，亦称周波变换器。

1. 交—交变频器的基本原理

在有源逆变电路中，若采用两组反向并联的可控整流电路，适当控制各组可控硅的关断与导通，就可以在负载上得到电压极性和大小都改变的直流电压。若再适当控制正反两组可控硅的切换频率，在负载两端就能得到交变的输出电压，从而实现交—交直接变频。交—交变频器单相电路及波形如图 9-8 所示，它实质上是一套三相桥式无环流反并联的可逆装置。正、反向两组晶闸管按一定周期相互切换。正向组工作时，反向组关断，在负载上得到正向电压；反向组工作时，正向组关断，在负载上得到反向电压。工作晶闸管的关断通过交流电源的自然换相来实现。这样，在负载上就获得了交变的输出电压 U_o。

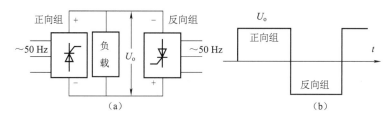

图 9-8　交—交变频器单相电路及波形

（a）电路示意图；（b）方波型输出电压输出波形

2. 运行方式

交—交变频器的运行方式分为无环流运行方式、自然环流运行方式和局部环流运行方式。

1）无环流运行方式

采用无环流运行方式的优点是系统简单，成本较低。但缺点也很明显，决不允许两组整流器同时获得触发脉冲而形成环流，因为环流的出现将造成电源短路。由于这一原因，必须等到一组整流器的电流完全消失后，另一组整流器才允许导通。切换延时是必不可少的，而且延时较长。一般情况下这种结构能提供的输出电压的最高频率只是电网频率的 1/3 或更低。

输出的交流电流是由正向桥和反向桥轮换提供的，在进行换桥时，由于普通晶闸管在触发脉冲消失且正向电流完全停止后，还需要 $10 \sim 50\mu s$ 的时间才能够恢复正向阻断能力，所以在测得电流真正为零后，还需延时 $500 \sim 1\,500\ \mu s$ 才允许另一组晶闸管导通。因此这种变频器提供的交流电流在过零时必然存在着一小段死区。延时时间越长，产生环流的可能性越小，系统越可靠，这种死区也越长。在死区期间电流等于零，这段时间是无效时间。

无环流控制的重要条件是准确而且迅速地检测出电流过零信号。不管主回路的工作电流是大是小，零电流检测环节都必须能对主回路的电流作出正确的响应。过去的零电流检测在输入侧使用交流电流互感器，在输出侧使用直流电流互感器，它们都既能保证电流检测的准确性，又能使主回路和控制回路之间得到可靠的隔离。

近几年，由于光电隔离器件的发展和广泛应用，已研制成由光电隔离器组成的零电流检测器，性能更加可靠。

2）自然环流运行方式

如果同时对两组整流器施加触发脉冲，正向组的触发角 α_P 与反向组的触发角 α_N 之间保持 $\alpha_P + \alpha_N = \pi$，这种控制方式称为自然环流运行方式。为限制环流，在正、反向组间接有抑制环流的电抗器。这种运行方式的交—交变频器，除有因纹波电压瞬时值不同而引起的环流外，还存在着环流电抗器在交流输出电流作用下引起的"自感应环流"，其原理图如图9-9所示。

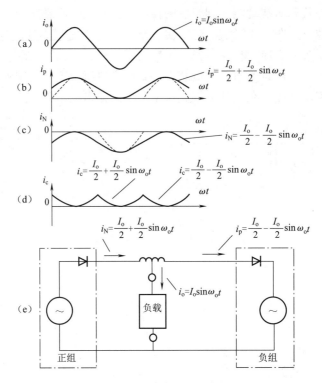

图9-9　自感应环流原理图

图中忽略了因纹波电压引起的环流。产生自感应环流的根本原因是因为交—交变频器的输出电流是交流，其上升和下降在环流电抗器上引起自感应电压，使两组的自感应电压产生不平衡，从而构成两倍电流输出频率的低次谐波脉动电流。

根据分析可知，自感应环流的平均值可达总电流平均值的57%，这显然加重了整流器的负担。因此，完全不加控制的自然环流运行方式只能用于特定的场合。由图9-9所示可见，自感应环流在交流输出电流靠近零点时出现最大值，这对保持电流连续是有利的。另外在有环流运行方式中，负载电压为环流电抗器的中点电压。由于两组输出电压瞬时值中一些谐波分量抵消了，故输出电压的波形较好。

3）局部环流运行方式

把无环流运行方式和有环流运行方式相结合，即在负载电流有可能不连续时以有环流方式工作，而在负载电流连续时以无环流方式工作。这样的运行方式既可以使控制简化，运行稳定，改善输出电压波形的畸变，又不至于使电流过大，这就是局部环流运行方式的优点。

9.4.4　交—直—交间接型和交—交直接型

变频装置为调速系统提供可变频率和可变电压的电源，它分为两类，即交—交变频和交—直—交变频。

　　交—交变频器是将 50 Hz 的交流电源直接变成可变频率和可变电压的电源，一次称为直接变频器或周期变频器，它仅用一次变换来改变电能的形式，采用电源电压来换流。

　　交—直—交变频器是将 50 Hz 的交流电先变成直流，再通过逆变形式变成可变频率的交流，它是通过两次变换来改变电能形式，一般要采用强迫方式换流。不论是交—交变频器还是交—直—交变频器，又均可分为电压型和电流型两大类。所谓电压型又称为电压源，电流型又称为电流源。

　　对交—直—交变频来说，其确切的含义是指变频器的直流中间回路是属于电压强制（滤波）还是属于电流强制（滤波）方式。电压型采用较大容量的电容器进行滤波，输出是低阻抗。电流型则采用较大电感的电抗器进行滤波，输出呈高阻抗。逆变器中电子开关的通断作用实质上是将直流电流以一定的方向和次序分配给负载电动机的各个绕组，形成矩形波（或阶梯波）交流电流，负载电压的波形则由负载的性质所决定。

　　由于变频器的负载是异步电动机，它是呈感性的，不论它处于电动运行或是发电运行状态，其功率因数都不可能等于 1，故在中间直流回路与负载电动机之间存着无功能量的来回流动。由于逆变器中的电子开关没有储能元件，故此无功能量只能由直流回路中的储能元件（对于电压型的为电容器，电流型的为电抗器）来缓冲。

　　电压型变频器和电流型变频器的主要区别在于无功能量的处理方式不同，因而也就形成两种逆变器各自的技术特点。对于交—交变频器，也可区分为电压型与电流型，所不同的是它没有明显的直流中间回路。交—交电流型也采用电抗器将其输出电流强制成矩形波（或阶梯波），并缓冲负载电动机的无功能量。交—交电压型供电电源本身具有的低阻抗，使它具有电压源的性质。

　　因此，负载电动机的无功能量直接由供电电源来缓冲。对于异步电动机变传动来讲，交—交电流型用得较少，故交—交变频一般都是指交—直—交电压型。而分析电压型和电流型主要特点，则一般是指交—直—交变频而说的。两种分类的主要特点见表 9-5、表 9-6。

表 9-5　交—交变频与交—直—交变频主要特点

	交—交变频	交—直—交变频
换能形式	一次换能，效率较高	两次换能，效率较低
换流形式	电源电压换流	强迫换流或负载换流
装置元件数量	元件较多，利用率较低（小功率）	元件较少，利用率较高
调频范围	最高频率为电压频率的 1/3～1/2，适用于低速大功率传动	频率调节范围宽
电网侧功率因数	较低	用移相桥调压则低频低压时功率因数较低，如用斩波器或 PWM 调压则功率因数高

表 9-6　电流型变频与电压型变频主要特点

	电流型	电压型
直流回路滤波环节（无功功率缓冲环节）	电抗器	电容器

（续）

	电 流 型	电 压 型
输出电压波形＊	决定于负载，当负载为异步电动机时，近似正弦形	矩形
输出电流波形＊	矩形	决定于逆变器电压与负载电动机的电动势及阻抗，有较大的谐波分量
输出动态阻抗	大	小
再生制动	方便，不需附加设备	需在电源侧附加反并联逆变器
过流及短路保护	容易	困难
动态特征	快	较慢，如用 PWM 则快
对晶闸管要求	耐压高，对关断时间无严格要求	耐压一般较低，关断时间要求短
线路结构	较简单	较复杂
适用范围	单机、多机	多机、变频或稳频电源

9.5 常用的控制方式

9.5.1 非智能控制方式

在交流变频器中使用的非智能控制方式有 V/f 控制、转差频率控制、矢量控制、直接转矩控制、最优控制和其他非智能控制方式等。

1. V/f 控制

V/f 控制是为了得到理想的转矩—速度特性，基于在改变电源频率进行调速的同时，又要保证电动机的磁通不变的思想而提出的，通用型变频器基本上都采用这种控制方式。V/f 控制变频器结构非常简单，但是这种变频器采用开环控制方式，不能达到较高的控制性能，而且在低频时，必须进行转矩补偿，以改变低频转矩特性。

2. 转差频率控制

转差频率控制是一种直接控制转矩的控制方式，它是在 V/f 控制的基础上，按照知道异步电动机的实际转速对应的电源频率，并根据希望得到的转矩来调节变频器的输出频率，就可以使电动机具有对应的输出转矩。这种控制方式，在控制系统中需要安装速度传感器，有时还加有电流反馈，对频率和电流进行控制，因此，这是一种闭环控制方式，可以使变频器具有良好的稳定性，并对急速的加减速和负载变动有良好的响应特性。

3. 矢量控制

矢量控制是通过矢量坐标电路控制电动机定子电流的大小和相位，以达到对电动机的励磁电流和转矩电流分别进行控制，进而达到控制电动机转矩的目的。通过控制各矢量的作用顺序和时间以及零矢量的作用时间，又可以形成各种 PWM 波，以达到各种不同的控制目的。例如，形成开关次数最少的 PWM 波以减少开关损耗。

目前在变频器中实际应用的矢量控制方式主要有基于转差频率控制的矢量控制方式和无

速度传感器的矢量控制方式两种。

4. 直接转矩控制

直接转矩控制是利用空间矢量坐标的概念，在定子坐标系下分析交流电动机的数学模型，控制电动机的磁链和转矩，通过检测定子电阻来达到观测定子磁链的目的，因此省去了矢量控制等复杂的变换计算，系统直观、简洁，计算速度和精度都比矢量控制方式有所提高。即使在开环的状态下，也能输出100％的额定转矩，对于多拖动具有负荷平衡功能。

5. 最优控制

最优控制在实际中的应用根据要求的不同而有所不同，可以根据最优控制的理论对某一个控制要求进行个别参数的最优化。例如，在高压变频器的控制应用中，就成功地采用了时间分段控制和相位平移控制两种策略，以实现一定条件下的电压最优波形。

6. 其他非智能控制方式

在实际应用中，还有一些非智能控制方式在变频器的控制中得以实现，如自适应控制、滑模变结构控制、差频控制、环流控制、频率控制等。

9.5.2　智能控制方式

智能控制方式主要有神经网络控制、模糊控制、专家系统、学习控制等。在变频器的控制中采用智能控制方式在具体应用中有一些成功的范例。

1. 神经网络控制

神经网络控制方式应用在变频器的控制中，一般是进行比较复杂的系统控制，这时对于系统的模型了解甚少，因此神经网络既要完成系统辨识的功能，又要进行控制。而且神经网络控制方式可以同时控制多个变频器，因此在多个变频器级联时进行控制比较适合。但是神经网络的层数太多或者算法过于复杂都会在具体应用中带来不少实际困难。

2. 模糊控制

模糊控制算法用于控制变频器的电压和频率，使电动机的升速时间得到控制，以避免升速过快对电动机使用寿命的影响以及升速过慢影响工作效率。模糊控制的关键在于论域、隶属度以及模糊级别的划分，这种控制方式尤其适用于多输入单输出的控制系统。

3. 专家系统

专家系统是利用所谓"专家"的经验进行控制的一种控制方式，因此，专家系统中一般要建立一个专家库，存放一定的专家信息，另外还要有推理机制，以便于根据已知信息寻求理想的控制结果。专家库与推理机制的设计是尤为重要的，关系着专家系统控制的优劣。应用专家系统既可以控制变频器的电压，又可以控制其电流。

4. 学习控制

学习控制主要是用于重复性的输入，而规则的 PWM 信号（如中心调制 PWM）恰好满足这个条件，因此学习控制也可用于变频器的控制中。学习控制不需要了解太多的系统信息，因此快速性相对较差，而且学习控制的算法中有时需要实现超前环节，这用模拟器件是无法实现的，同时，学习控制还涉及一个稳定性的问题，在应用时要特别注意。

以上控制中值得注意的是，基于转差频率的矢量控制方式与转差频率控制方式两者的定常特性一致，但是基于转差频率的矢量控制还要经过坐标变换对电动机定子电流的相位进行控制，使之满足一定的条件，以消除转矩电流过渡过程中的波动。因此，基于转差频率的矢量控制方式比转差频率控制方式在输出特性方面能得到很大的改善。但是，这种控制方式属于闭环控制方式，需要在电动机上安装速度传感器，因此，应用范围受到限制。

无速度传感器矢量控制是通过坐标变换处理分别对励磁电流和转矩电流进行控制的，然后通过控制电动机定子绕组上的电压、电流辨识转速以达到控制励磁电流和转矩电流的目的。这种控制方式调速范围宽，启动转矩大，工作可靠，操作方便，但计算比较复杂，一般需要专门的处理器来进行计算，因此，实时性不是太理想，控制精度受到计算精度的影响。

9.6 变频器控制接线图

如变频器三菱 FR-E700 系列变频器中的 FR-E740-0.75K-CHT
型变频器，该变频器额定电压等级为三相 400 V，适用电动机容量 0.75 kW 及以下的电动机。FR-E700 系列变频器的外观如图 9-10 所示。

图 9-10　FR-E700 系列
变频器的外观

9.6.1　主电路的通用接线

FR-E700 系列变频器主电路的通用接线如图 9-11 所示。

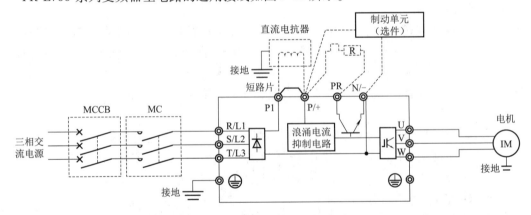

图 9-11　FR-E700 系列变频器主电路的通用接线

图中有关说明如下：

（1）端子 P1、P/＋之间用以连接直流电抗器，不须连接时，两端子间短路。

（2）P/＋与 PR 之间用以连接制动电阻器，P/＋与 N/－之间用以连接制动单元选件。YL-158-G 设备均未使用，故用虚线画出。

（3）交流接触器 MC 用作变频器安全保护的目的，注意不要通过此交流接触器来启动或停止变频器，否则可能降低变频器寿命。

（4）进行主电路接线时，应确保输入、输出端不能接错，即电源线必须连接至 R/L1、S/L2、T/L3，绝对不能接 U、V、W，否则会损坏变频器。

9.6.2　控制电路的接线

FR-E700 系列变频器控制电路接线图如图 9-12 所示。

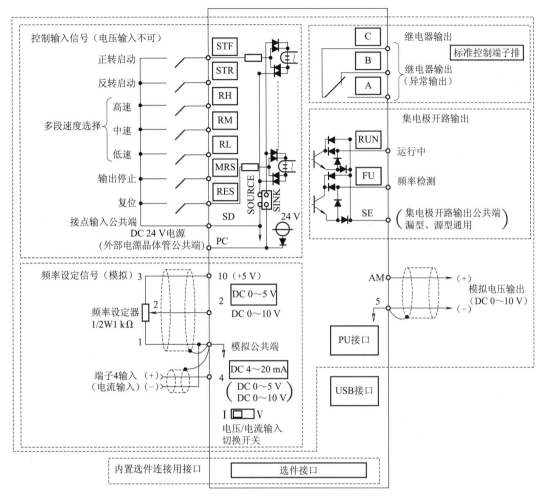

图 9-12　FR-E700 变频器控制电路接线图

　　图中，控制电路端子分为控制输入、频率设定（模拟量输入）、继电器输出（异常输出）、集电极开路输出（状态检测）和模拟电压输出五部分区域，各端子的功能可通过调整相关参数的值进行变更，在出厂初始值的情况下，各控制电路端子的功能说明见表9-7～表9-9。

表 9-7　控制电路输入端子的功能说明

种类	端子编号	端子名称	端子功能说明	
接点输入	STF	正转启动	STF 信号 ON 时为正转、OFF 时为停	STF、STR 信号同时 ON 时变成停止指令
	STR	反转启动	STR 信号 ON 时为反转、OFF 时为停止指令	
	RH RM RL	多段速度选择	用 RH、RM 和 RL 信号的组合可以选择多段速度	

189

（续）

种类	端子编号	端子名称	端子功能说明
接点输入	MRS	输出停止	MRS 信号 ON（20 ms 或以上）时，变频器输出停止。用电磁制动器停止电动机时用于断开变频器的输出
	RES	复位	用于解除保护电路动作时的报警输出。请使 RES 信号处于 ON 状态 0.1 s 或以上，然后断开。初始设定为始终可进行复位。但进行了 Pr. 75 的设定后，仅在变频器报警发生时可进行复位。复位时间约为 1 s
	SD	接点输入公共端（漏型）（初始设定）	接点输入端子（漏型逻辑）的公共端子
		外部晶体管公共端（源型）	源型逻辑时当连接晶体管输出（即集电极开路输出），如可编程序控制器（PLC）时，将晶体管输出用的外部电源公共端接到端子时，可以防止因漏电引起的误动作
		DC 24 V 电源公共端	DC 24 V 0.1 A 电源（端子 PC）的公共输出端子。与端子 5 及端子 SE 绝缘
	PC	外部晶体管公共端（漏型）（初始设定）	漏型逻辑时当连接晶体管输出（即集电极开路输出），如可编程序控制器（PLC）时，将晶体管输出用的外部电源公共端接到该端子时，可以防止因漏电引起的误动作
		接点输入公共端（源型）	接点输入端子（源型逻辑）的公共端子
		DC 24 V 电源	可作为 DC 24 V、0.1 A 的电源使用
频率设定	10	频率设定用电源	作为外接频率设定（速度设定）用电位器时的电源使用（按照 Pr. 73 模拟量输入选择）
	2	频率设定（电压）	如果输入 DC 0~5 V（或 0~10 V），在 5 V（10 V）时为最大输出频率，输入输出成正比。通过 Pr. 73 进行 DC 0~5 V（初始设定）和 DC 0~10 V 输入的切换操作
	4	频率设定（电流）	若输入 DC 4~20 mA（或 0~5 V，0~10 V），在 20 mA 时为最大输出频率，输入输出成正比。只有 AU 信号为 ON 时端子 4 的输入信号才会有效（端子 2 的输入将无效）。通过 Pr. 267 进行 4~20 mA（初始设定）和 DC 0~5 V、DC 0~10 V 输入的切换操作。电压输入（0~5 V/0~10 V）时，请将电压/电流输入切换开关切换至"V"
	5	频率设定公共端	频率设定信号（端子 2 或 4）及端子 AM 的公共端子。请勿接大地

表 9-8 控制电路接点输出端子的功能说明

种类	端子记号	端子名称	端子功能说明
继电器	A、B、C	继电器输出（异常输出）	指示变频器因保护功能动作时输出停止的接点输出。异常时：B-C 间不导通（A-C 间导通），正常时：B-C 间导通（A-C 间不导通）

（续）

种类	端子记号	端子名称	端子功能说明	
集电极开路	RUN	变频器正在运行	变频器输出频率大于或等于启动频率（初始值 0.5 Hz）时为低电平，已停止或正在直流制动时为高电平	
	FU	频率检测	输出频率大于或等于任意设定的检测频率时为低电平，未达到时为高电平	
	SE	集电极开路输出公共端	端子 RUN、FU 的公共端子	
模拟	AM	模拟电压输出	可以从多种监示项目中选一种作为输出。变频器复位中不被输出。输出信号与监示项目的大小成比例	输出项目：输出频率（初始设定）

表 9-9　控制电路网络接口的功能说明

种类	端子记号	端子名称	端子功能说明
RS-485	—	PU 接口	通过 PU 接口，可进行 RS-485 通迅。 ● 标准规格：EIA-485（RS-485）； ● 传输方式：多站点通讯； ● 通讯速率：4 800 ~ 38 400 b/s； ● 总长距离：500 m
USB	—	USB 接口	与个人电脑通过 USB 连接后，可以实现 FR Configurator 的操作。 ● 接口：USB1.1 标准； ● 传输速度：12 Mb/s； ● 连接器：USB 迷你-B 连接器（插座：迷你-B 型）

9.6.3　使用注意事项

变频器虽然是高可靠性产品，但周边电路的连接方法错误以及运行、使用方法不当也会导致产品寿命缩短或损坏。

运行前请务必重新确认下列注意事项。

（1）电源及电动机接线的压接端子推荐使用带绝缘套管的端子。

（2）电源一定不能接到变频器输出端子（U、V、W）上，否则将损坏变频器。

（3）接线时请勿在变频器内留下电线切屑。

（4）为使电压降在 2% 以内，请用适当规格的电线进行接线。

（5）不要使用变频器输入侧的电磁接触器启动/停止变频器。变频器的启动与停止请务必使用启动信号进行。

值得注意的是，FR-E700 系列变频器的参数设置，通常利用固定在其上的操作面板（不能拆下）实现。在使用变频器之前，首先要熟悉它的面板显示和键盘操作单元（或称控制单元），并且按使用现场的要求合理设置参数。使用操作面板可以进行运行方式、频率的设定，运行指令监视，参数设定、错误表示，等等。

9.7 PLC 变频控制电动机正反转实例

9.7.1 控制电路设计

实例选用的是西门子系列的 S7-200PLC 和 MM420 变频器来说明其控制方式，PLC 并非直接控制电动机而是通过变频器来控制电动机正反转的，PLC 与变频器的参数设置参考对应产品型号说明书进行，PLC 变频控制电动机正反转的外部接线图如图 9-13 所示。

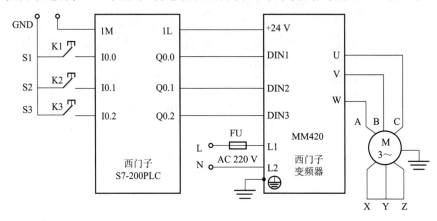

图 9-13　PLC 变频控制电动机正反转的外部接线图

三个按钮开关作为 PLC 的输入 I0.0、I0.1、I0.2，输出点 Q0.0、Q0.1、Q0.2 给到变频器的 DIN1、DIN2、DIN3，这样就可以 PLC 通过变频器来控制电动机的正反转。

9.7.2 控制程序设计

控制电路的 I/O 地址分配表见表 9-10。
PLC 控制电动机梯形图如图 9-14 所示。

表 9-10　控制电路的 I/O 地址分配表

输入口分配		输出口分配	
K1	I0.0	DIN1	Q0.0
K2	I0.1	DIN2	Q0.1
K3	I0.2	DIN3	Q0.2

开关 K1 控制电动机的正转，开关 K2 控制电动机的反转，开关 K3 控制电动机的停止。操作步骤如下：

（1）检查实训设备中器材是否齐全。

（2）按照变频器外部接线图完成变频器的接线，认真检查，确保正确无误。

（3）打开电源开关，按照参数功能表正确设置变频器参数。

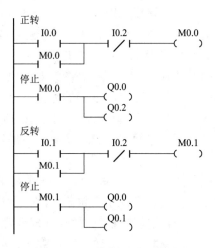

图 9-14　PLC 控制电动机梯形图

（4）打开示例程序或用户自己编写的控制程序，进行编译，有错误时根据提示信息进行修改，直至无误。

（5）按下按钮"S1"，观察并记录电动机的运转情况。

（6）按下操作面板按钮进行操作，增加变频器输出频率。

（7）按下按钮"S3"，等电动机停止运转后，按下按钮"S2"，电动机反转。

【小结与拓展】

PLC 具有通用性强、使用方便、适应面广、可靠性高、抗干扰能力强、编程简单等特点。可以预测在工业控制领域中，PLC 控制技术的应用必将形成世界潮流。目前各国生产的 PLC 与变频器系列品种繁多，性能规模各异。考虑到可编程序控制器原理大多有专门课程讲授，本章仅仅介绍其基本结构和工作原理、编程器件和编程方法。

1. 可编程序控制器（PLC）是微机技术与继电器常规控制技术相结合的产物，它以其可靠性高、逻辑功能强、体积小、可在线修改控制程序、具有远程通信联网功能、易于与计算机接口、能对模拟量进行控制、具备高速计数与位控等高性能模块等优异性能，日益取代由大量继电器、时间继电器、计数继电器等组成的传统继电器—接触器控制系统，在机械、化工、电力、轻工等工业控制领域得到广泛应用。

2. PLC 采用可编程序的存储器，用来在其内部存储执行逻辑运算、顺序控制、定时、计数和算术运算等操作的指令，并通过数字的、模拟的输入和输出，控制各种类型的机械或生产过程。可编程序控制器及其有关设备，都应按易于与工业控制系统形成一个整体，易于扩充其功能的原则设计。

3. 变频器是一种改变电源频率的电气设备，变频器比电力电子更为具体化，它就是利用半导体器件的通断作用来实现电能频率变化的电子控制装置。把 50 Hz 或 60 Hz 的交流电源利用半导体器件的通断作用变为任意频率的交流电源，或变为频率为零的直流电源，后者称之为整流，再将直流利用半导体器的通断作用逆变为任意频率、任意电压的交流。

4. 变频器的分类方法有多种，按照主电路工作方式分类，可以分为电压型变频器和电流型变频器；按照开关方式分类，可以分为 PAM 控制变频器、PWM 控制变频器和高载频 PWM 控制变频器；按照工作原理分类，可以分为 V/f 控制变频器、转差频率控制变频器和矢量控制变频器等；在变频器修理中，按照用途分类，可以分为通用变频器、高性能专用变频器、高频变频器、单相变频器和三相变频器等。

5. 采用变频器运转，随着电动机的加速相应提高频率和电压，启动电流被限制在 150% 额定电流以下（根据机种不同，为 125%～200%）。用工频电源直接启动时，启动电流为额定电流的 6～7 倍，因此，将产生机械电气上的冲击。采用变频器传动可以平滑地启动（启动时间变长）。启动电流为额定电流的 1.2～1.5 倍，启动转矩为额定转矩的 70%～120%；对于带有转矩自动增强功能的变频器，启动转矩为 100% 以上，可以带全负载启动。

【思考与习题】

9-1　PLC 的含义是什么？控制的特点是什么？

9-2 PLC 的编程方法有哪几种？梯形图的绘制规则是什么？

9-3 简述 PLC 控制系统设计的一般步骤以及程序调试的一般方法。

9-4 变频器的工作特点及其控制方法是什么？

9-5 交—直—交间接型与交—交直接型区别是什么？

9-6 能否用 PLC 实现三相绕线感应电动机串电阻继电器—接触器控制电路。试列出 I/O 分配表、编写梯形图，如有条件可上机运行调试。

9-7 题 9.7 图是变频器对电动机的正反旋转控制接线图，试问与本书的 9.7 节有何异同？谈谈你对两种控制方式的理解。

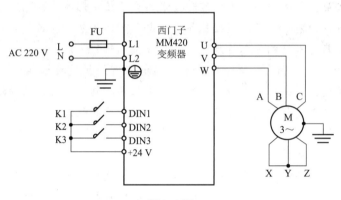

题 9.7 图

9-8 某送料小车工作示意图如题 9.8 图所示。小车由电动机拖动，电动机正转时小车前进，反转时小车后退。对送料小车自动循环控制的要求如下：

第一次按动送料按钮，预先装满料的小车前进送料，到达卸料处 B（前限位开关 SQ2）自动停下来卸料，经过 30 s 延时后，小车自动返回到装料处 A（后限位开关 SQ1），装料 45 s 后，小车再次前进送料，如此自动循环。试设计小车运动 PLC 控制程序，写出 I/O 分配表，画出 I/O 连接图（要求有各种必须的保护及正常停车和急停功能，正常停车时，无论在什么时候按下停止按钮，小车都需停在 SQ1 处）。

试采用 PLC 变频控制方式进行控制设计。

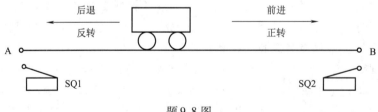

题 9.8 图

【目标与解惑】

(1) 熟悉控制电路识图基础知识；

(2) 熟悉绘制电气控制线路图原则；

(3) 能读懂典型设备的电气控制图；

(4) 熟悉电动机常用的基本控制方法；

(5) 能读懂机床的 PLC 电气控制实例。

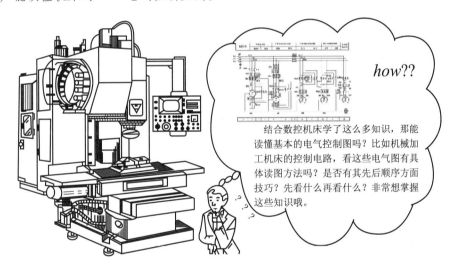

how??

结合数控机床学了这么多知识，那能读懂基本的电气控制图吗？比如机械加工机床的控制电路，看这些电气图有具体读图方法吗？是否有其先后顺序方面技巧？先看什么再看什么？非常想掌握这些知识哦。

10.1 控制电路识图基础

图形符号是电路图的最基本组成部分。电路图上的图形符号应符合国家标准 GB 4728 和 GB 7159 的规定。国家标准中常用的电器、电动机的图形符号可参考标准。

10.1.1 电气控制电路分析的内容

1. 设备说明书

机电设备系统一般由机械、液压、电气部分组成，通过阅读设备说明书，达到以下目的：

(1) 了解机床的主要技术性能及机械传动、液压和气动工作原理。

（2）弄清各电动机的安装部位、作用、规格和型号。

（3）掌握各种电器的安装部位、作用以及各操纵手柄、开关、控制按钮的功能和操纵方法。

（4）了解与机床的机械、液压发生直接联系的各种电器的安装部位及作用。例如：行程开关、撞块、压力继电器、电磁离合器、电磁铁等。

2. 电气控制电路图

一般来讲，机床的电气电路可分为三部分：主电路、控制电路及信号电路。也可分为主电路、控制电路、辅助电路、保护及联锁环节以及特殊控制电路等。

分析电气控制系统时，要结合说明书或有关的技术资料对整个电气线路划分成几个部分逐一进行分析。例如：各电动机的启动、停止、变速、控制、保护及相互间的连锁等。通过选用电器元件的技术参数分析出控制电路的主要参数和技术指标等。

10.1.2 电路图阅读分析方法与步骤

1. 看图基本原则

化整为零、按逻辑顺藤摸瓜、先主后辅、集零为整、安全保护、全面检查。

采用化整为零的原则是以某一电动机或电器元件（如接触器或继电器线圈）为对象，从电源开始，自上而下，自左而右，逐一分析其接通、断开关系。

2. 分析方法与步骤

1）分析主电路

无论线路设计还是线路分析都是先从主电路入手。主电路的作用是保证机床拖动要求的实现。从主电路的构成可分析出电动机或执行电器的类型、工作方式、启动、转向、调速、制动等控制要求与保护要求等内容。

2）分析控制电路

主电路各控制要求是由控制电路来实现的，运用"化整为零""顺藤摸瓜"的原则，将控制电路按功能划分为若干个局部控制线路，从电源和主令信号开始，经过逻辑判断，写出控制流程，以简便明了的方式表达出电路的自动工作过程。

3）分析辅助电路

辅助电路包括执行元件的工作状态显示、电源显示、参数测定、照明和故障报警等。这部分电路具有相对独立性，起辅助作用但又不影响主要功能。辅助电路中很多部分是受控制电路中的元件来控制的。

4）分析联锁与保护环节

生产机械对于安全性、可靠性有很高的要求，实现这些要求，除了合理地选择拖动、控制方案外，在控制线路中还设置了一系列电气保护和必要的电气联锁。在电气控制原理图的分析过程中，电气联锁与电气保护环节是一个重要内容，不能遗漏。

5）总体检查

经过"化整为零"，逐步分析了每一局部电路的工作原理以及各部分之间的控制关系之后，还必须用"集零为整"的方法检查整个控制线路，看是否有遗漏。特别要从整体角度去进一步检查和理解各控制环节之间的联系，以达到正确理解原理图中每一个电气元器件的作用。

　　此法为目前广泛采用的一种读图分析方法，其应遵循的主要规则是：先主电路后控制电路。

　　在图 10-1 所示的电路图中，左边的属于主电路，也就是驱动电动机的电路部分，右边的则属于控制电路部分，这样的分区布局十分明了，所以无论在设计电气控制线路图还是在阅读电气控制图中都应遵循这个主要规则。

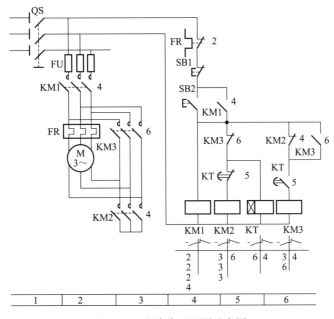

图 10-1　电路分区识图示意图

10.2　绘制电气控制线路图原则

1. 电气原理图的绘制

　　（1）电气原理图一般分主电路、控制电路和指示电路三部分来进行绘制。电路分区绘制示意图如图 10-2 所示。

　　①电源电路：画成水平线。

　　②主电路：是指受电的动力装置及控制、保护电器的支持等。主电路通过的电流是电动机工作电流、电流较大。主电路图要画在电路图的左侧并垂直电源电路。

　　③辅助电路：一般包括控制主电路工作状态的控制线路、显示主电路工作状态的指示电路、提供机床设备局部照明的照明电路等。画辅助电路图时，辅助电路要跨接在两相电源线之间，一般按照控制线路、指示电路和照明电路的顺序依次垂直画在主电路图的右侧，且电路中与下边电源线相连的耗能元件（如接触器和继电器的线圈、指示灯和照明灯等）要画在电路图的下方，而电器的触点要画在耗能元件与上边电源线之间。为读图方便，一般应按照自左至右、自下而上的排列来表示操作顺序。

　　（2）电气原理图中，各电器的触点位置都按电路未通电或电器未受外力作用时的常态位置画出。

（3）电气原理图中，电器元件采用国家统一规定的电器图形符号画出，同一电器各器件不按它们的实际位置画在一起，而是按其在线路中所起的作用分画在不同电路中，但它们的动作确是相互关联的，因此，必须标注相同的文字符号。

（4）画电气原理图时，应尽可能减少线条和避免交叉。对有直接电联系的交叉导线连接点，要用小黑圆点表示；无直接电联系的交叉导线则不画小黑圆点。

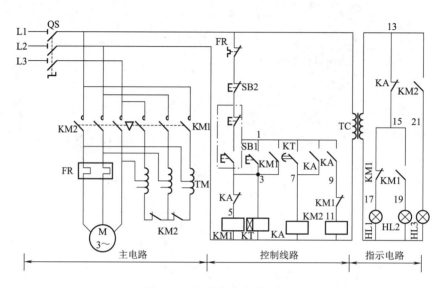

图 10-2　电路分区绘制示意图

（5）电路图中的电路编号法，采用电路中的各个接点用字母或数字编号。

①主电路在电源开关的出线端按相序依次编号为 U11、V11 和 W11。然后按从上至下、从左至右的顺序，每经过一个电器元件后，编号要递增。

②控制电路以及指示电路等编号原则是按"等电位"原则从上至下、从左至右的顺序用数字依次编号，每经过一个电器元件后，编号要依次递增。

2. 电气接线图的绘制实例

电气接线图的绘制示意图如图 10-3 所示。

10.3　典型设备电气控制图

10.3.1　车床 CA6140 型电气控制线路

CA6140 型车床属于中小型车床，它对于电气控制方面的要求不高。主轴的调速由主轴变速箱来完成，主轴拖动电动机为三相笼型异步电动机，在电气上没有调速的要求。进给运动是刀架带动刀具的直线运动。由于加工时刀具温度升得很高，需要冷却液冷却，为此采用了一台冷却泵电动机供给冷却液。

CA6140 型车床控制电路如图 10-4 所示。

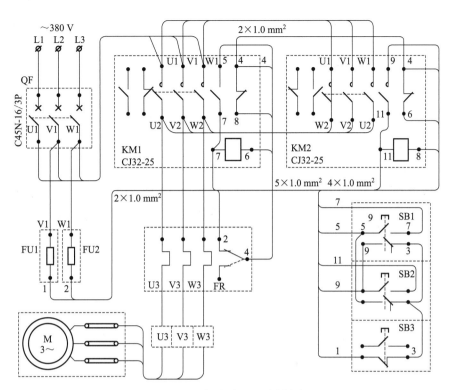

图 10-3　电气接线图的绘制实例

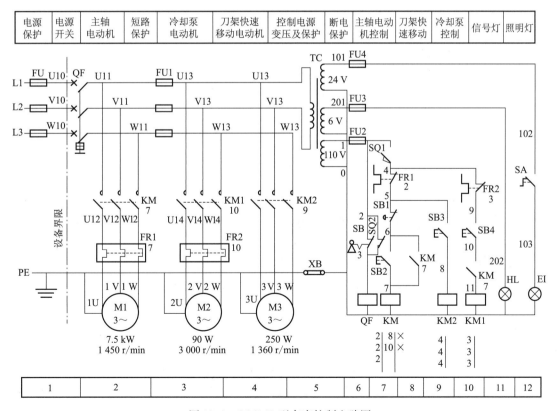

电源保护	电源开关	主轴电动机	短路保护	冷却泵电动机	刀架快速移动电动机	控制电源变压及保护	断电保护	主轴电动机控制	刀架快速移动	冷却泵控制	信号灯	照明灯
1	2		3		4	5	6	7	8	9	10	11	12

图 10-4　CA6140 型车床控制电路图

199

CA6140 型车床电气线路分析如下：

1. 主电路

（1）电源供给：QS1、FU1、FU2。

（2）主轴电动机 M1 控制部分 主轴转动：KM1；过载保护：FR1。

（3）冷却泵电动机 M2 控制部分 运转控制：KM2；过载保护：FR2。

（4）刀架快速移动电动机控制部分。

（5）运转控制：KM3。

2. 控制线路

电源供给及保护：TC（380 V/127 V）、FU3、FR1、FR2；KM1 回路：主轴电动机控制；KM3 回路：刀架快速移动控制；KM2 回路：冷却泵控制；HL 回路：通电指示。

3. 照明、指示电路

电源供给及保护：TC（380 V/136 V）、FU 照明部分：SA、EL。

4. 显示电路部分

KM1、KM2、KM3、HL。

线路的工作原理：合上 QS1，通电指示 HL 灯亮。

（1）照明控制：合上 SA→EL 灯亮；断开 SA→EL 灯灭。

（2）主轴电动机及冷却泵电动机控制：

①启动控制：

按下 SB2→KM 线圈得电→KM 常开闭合自锁→KM 常开闭合→M1 电动机转动。

合上 SB4→KM1 线圈得电→冷却→HL1 指示灯亮。

②停止控制：

按下 SB1→KM 线圈失电→KM 常开断开自锁→KM1 线圈失电→KM1 主触头断开→KM1 常开断开→M1 电动机停止转动。

（3）刀架快速移动控制：

按住 SB3→KM2 线圈得电→KM2 常开闭合→M3 电动机转动→刀架快速移动。

放开 SB3→KM2 线圈失电→KM2 常开断开→M3 电动机停止→刀架快速停止。

10.3.2　万能铣床 X6132 型电气控制线路

铣床的种类很多，根据构造特点及用途分，主要类型有升降台式铣床、工具铣床、工作台不能升降铣床、龙门铣床、仿形铣床。此外，还有仪表铣床、专门化铣床（包括键槽铣床、曲轴铣床、凸轮铣床）等。

主控制电路主要是对主轴电动机的控制（包括启动、制动、主轴换刀和主轴变速运动）和进给电动机的控制。进给运动必须在主轴电动机启动后，才能进行控制。主要实现上、下、左、右、前、后六个方向的运动。

万能铣床 X6132 型电气控制电路图如图 10-5 所示。

主电路工作原理：

主电路共有三台电动机，分别是主轴电动机 M1、冷却泵电动机 M2、进给电动机 M3。在铣削加工时，要求主轴能够正转和反转，完成顺铣和逆铣工艺，但这两种铣削方法变换不频繁，所以采用组合开关 SA3 手动控制。主轴变速由机械机构完成，不需要电气调速，停车时采用电磁离合器制动。进给电动机 M3 拖动工作台在纵向、横向和垂直三个方向运动，所以要求 M3 能够正、反转，其转向由机械手柄控制。冷却泵电动机 M2 只要求单一转向，供给铣削用的冷却液。

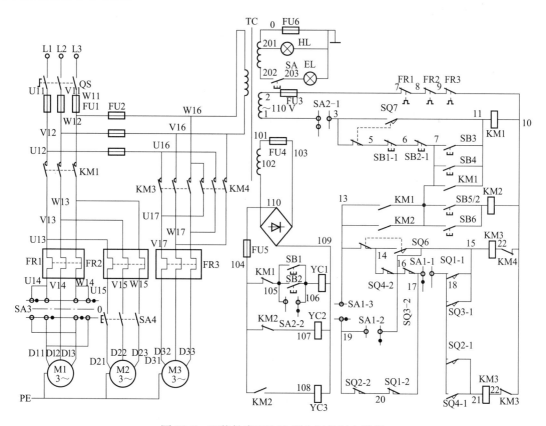

图 10-5　万能铣床 X6132 型电气控制电路图

控制电路工作原理如下：

1. 主轴电动机 M1 的控制

（1）启动。

（2）停车与制动。

（3）换铣刀控制。

（4）变速冲动。

2. 进给电动机 M3 的控制

（1）工作台纵向（左右）进给。

（2）工作台横向（前后）和垂直（上下）进给。

（3）终端保护。

（4）互锁。

（5）快速移动。

（6）变速冲动。

（7）圆工作台进给运动。

10.3.3 摇臂钻床 Z37 电气控制线路

钻床一般用于加工尺寸较小、精度要求不太高的孔，如各种零件上的连接螺钉孔。它主要是用钻头在实心材料上钻孔，此外还可以进行扩孔、铰孔、攻螺纹等工作。

钻床进行加工时，工件一般固定不动，刀具一边做旋转运动，一边沿其轴线移动，完成进给动作。

1. 主要类型

钻床主要类型有：立式钻床，用于加工中小型工件；台式钻床，用于加工小尺寸工件；摇臂钻床，用于加工大中型工件；专用钻床，用于加工特殊要求的工件。例如，加工深孔的深孔钻床，加工钻轴类零件中心孔的中心孔钻床等。

2. 电气控制线路

Z37 摇臂钻床电气控制线路图如图 10-6 所示。

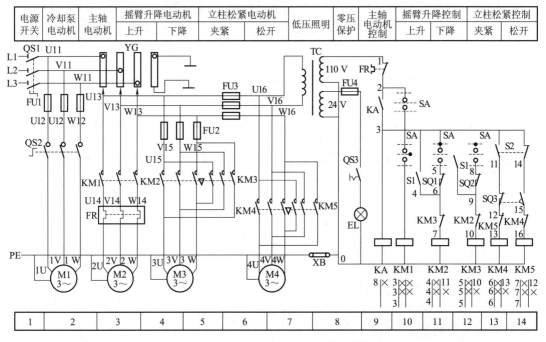

图 10-6　Z37 摇臂钻床电气控制线路图

3. 主电路工作原理

1）主电路分析

Z37 摇臂钻床共有四台三相异步电动机，其中主轴电动机 M2 由接触器 KM1 控制，热继电器 KH 作过载保护，主轴的正、反向控制是由双向片式摩擦离合器来实现的。摇臂升降电动机 M3 由接触器 KM2、KM3 控制，FU2 作短路保护。立柱松紧电动机 M4 由接触器 KM4 和 KM5 控制，FU3 作短路保护。冷却泵电动机 M1 是由组合开关 QS2 控制的，FU1 作短路保护。摇臂上的电气设备电源，是通过转换开关 QS1 及汇流环 YG 引入。

2）控制电路分析

合上电源开关 QS1，控制电路的电源由控制变压器 TC 提供 110 V 电压。Z37 摇臂钻床控制电路采用十字开关 SA 操作，它有集中控制和操作方便等优点。十字开关由十字手柄和四个微动开关组成。根据工作需要，可将操作手柄分别扳在孔槽内五个不同位置上，即左、右、上、下和中间位置。手柄处在各个工作位置时的工作情况见表10-1。为防止突然停电又恢复供电而造成的危险，电路设有零压保护环节。零压保护是由中间继电器 KA 和十字开关 SA 来实现的。

表 10-1　手柄处在各个工作位置时的工作情况

手柄位置	接通微动开关的触头	工作情况
中	均不通	控制电路断电不工作
左	SA（2-3）	KA 得电自锁，零压保护
右	SA（3-4）	KM1 获电，主轴旋转
上	SA（3-5）	KM2 获电，摇臂上升
下	SA（3-8）	KM3 获电，摇臂下降

3）照明电路分析

照明电路的电源也是由变压器 TC 将 380 V 的交流电压降为 24 V 安全电压来提供的。照明灯 EL 由开关 QS3 控制，由熔断器 FU4 作短路保护。

10.3.4　平面磨床 M7475B 型电气控制线路

1. 磨床组成

M7475B 型平面磨床是立轴圆台面平面磨床。它主要由床身、圆工作台、砂轮架、立柱等部分组成，其外形结构如图 10-7 所示。

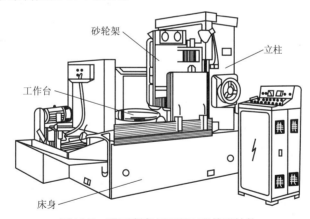

图 10-7　平面磨床 M7475B 型外形结构

2. 线路分析

平面磨床 M7475B 型的电路图如图 10-8 所示。线路由主电路、控制电路、电磁吸盘控制电路和照明与指示电路四部分组成。其中控制电路主要包括零压保护、砂轮电动机的控制、工作台转动电动机的控制、磨头升降电动机的控制、冷却泵电动机的控制。而电磁吸盘的控制主要包括电磁吸盘励磁的控制和电磁吸盘退磁的控制。

1）主电路

M7475 型立轴圆台平面磨床共有 5 台电动机，即砂轮电动机 M1，带动砂轮转动来完成磨削加工工件；工作台转动电动机 M2，实现了工作台高速和低速转动；工作台移动电动机

M3，实现了工作台点动进入和退出；砂轮磨头升降电动机 M4，带动砂轮磨头升降来完成磨削加工工件；冷却泵电动机 M5，驱动冷却泵工作。

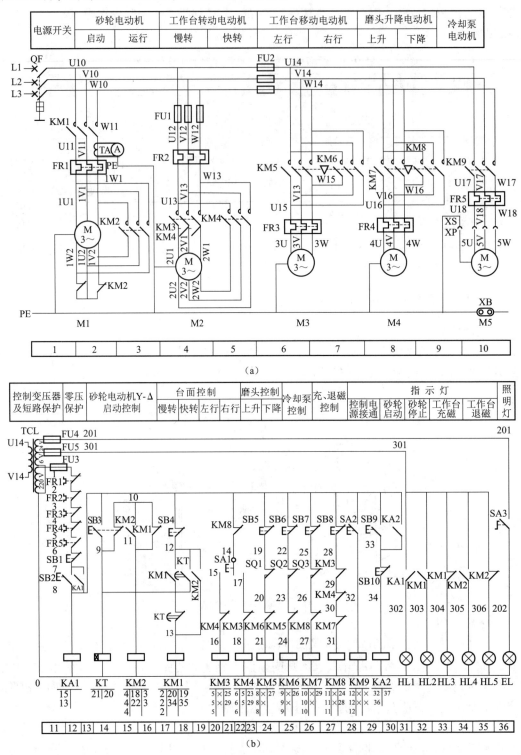

图 10-8　平面磨床 M7475B 型的电路图

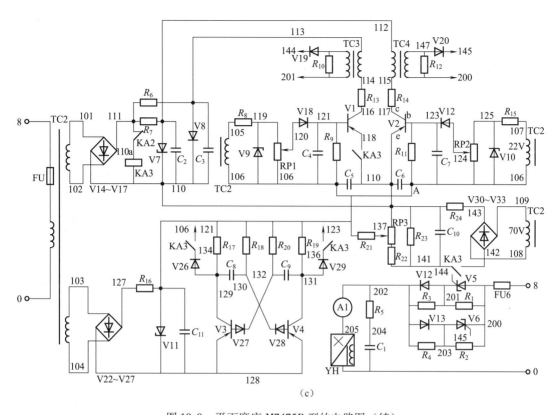

图 10-8 平面磨床 M7475B 型的电路图（续）

（a）主电路；（b）控制、指示与照明电路；（c）电磁吸盘控制电路

为防止电动机在工作中因过热而烧毁，每个电动机都装有过热保护装置。整个线路有一组总熔断器做短路保护，由于工作台转动电动机本身具有两个速度，故有熔断器 FU1 做短路保护；变压器 TC 由熔断器 FU2 作短路保护，机床控制线路，指示电路，照明电路分别由 FU3，FU4，FU5 做短路保护，电磁工作台控制电路由熔断器 FU6 做短路保护。

2）控制电路

（1）零压保护：SB2 为机床的总启动按钮；SB1 为总停止按钮；SB3 为砂轮电动机 M1 的启动按钮；SB4 为砂轮电动机 M1 的停止按钮；SB6、SB5 为工作台移动电动机 M3 的退出和进入的点动按钮；SB8、SB7 为砂轮电动机 M4 的上升、下降按钮；SB9、SB10 为自动进给停止和启动按钮；手动开关 SA1 为工作台转动电动机 M2 的高、低速转换开关；SA2 为冷却泵电动机 M5 的控制开关；SA3 为照明灯控制开关。

合上总开关 QS 后（图中未标识），整流变压器一个副边输出 135 V 交流电压，按下按钮 SB2，电压继电器 KA1 通电闭合并自锁，其常开触头闭合，为启动各电动机作好准备。如果 KA1 不能正常可靠工作，各电动机均无法运行。只有电磁吸盘的吸力将磨床工作台上的工件吸牢后，即只有在电磁吸盘不欠电流的情况下，才允许启动砂轮转动和工作台转动系统，以保证安全。

（2）砂轮电动机 M1 的控制：按下砂轮电动机 M1 的启动按钮 SB3，接触器 KM2、KM1 先后闭合，砂轮电动机作 Y - △降压启动运行，砂轮指示灯 HL2 亮。按下 SB4 砂轮停止运转。

（3）工作台转动电动机 M2 的控制：将手动开关 SA1 扳至"高速"挡，工作台电动机

M2 高速启动运转；将手动开关 SA1 扳至"低速"挡，工作台转动电动机低速启动运转。

（4）工作台移动电动机 M3 的控制：按下按钮 SB4，接触器 KM6 通电闭合，工作台移动电动机 M3 带动工作台退出；按下按钮 SB5，接触器 KM7 通电闭合，工作台移动电动机 M3 带动工作台进入。

（5）磨头升降电动机 M4 的控制：砂轮升降电动机 M4 的控制分为自动和手动。将转换开关 SA2 扳至"手动"位置时，按下上升或下降按钮 SB6 或 SB7，接触器 KM8 或 KM9 得电，砂轮升降电动机 M4 正转或反转，带动砂轮上升或下降。将转换开关 SA2 扳至"自动"挡位置，按下按钮 SB10，接触器 KM11 和电磁铁 YA 通电，自动进给电动机 M6 启动运转，带动砂轮电动机自动向下工进，对工件进行磨削加工。加工完毕，压合行程开关 SQ4，时间继电器 KT2 通电并自锁，YA 断电，工作台停止进给，并经过一定间，接触器 KM1、KT2 失电，砂轮电动机 M1 停止转动。

（6）冷却泵电动机 M5 的控制：冷却泵电动机 M5 由手动开关 SA3 控制。

（7）电磁吸盘励磁控制：SA4 为电磁吸盘充、退磁转换开关，通过扳动 SA4 至不同位置，可获得可调与不可调的充磁控制。

（8）电磁吸盘退磁控制：SA4 扳至关闭状态电磁吸盘自动退磁。

10.3.5　卧式镗床 T68 控制线路

1. 电气控制线路

T68 卧式镗床主轴电动机 M1 采用双速电动机，由接触器 KM3、KM4 和 KM5 作三角一双星形变换，得到主轴电动机 M1 的低速和高速。接触器 KM1、KM2 主触点控制主轴电动机 M1 的正、反转。电磁铁 YA 用于主轴电动机 M1 的断电抱闸制动。快速移动电动机 M2 的正、反转，由接触器 KM6、KM7 控制，由于 M2 是短时工作，所以不设置过载保护。

T68 卧式镗床电气控制线路图如图 10-9 所示。

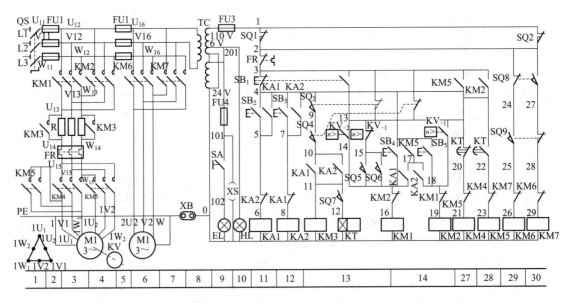

图 10-9　T68 卧式镗床电气控制线路图

2. 控制电路原理

1）主电路分析

T68 镗床由两台三相异步电动机驱动。FU1 作电路总的短路保护，FU2 作移动电动机和控制电路的短路保护。M1 没有热继电器作过载保护，用 KM1 和 KM2 作正反转控制，KM3、KM4 和 KM5 作三角形—双星形变速切换；M2 用 KM6 和 KM7 作正反转控制。

2）控制电路分析

（1）主轴电动机 M1 的控制。

（2）主轴电动机的正反转控制。首先压合 SQ3 和 SQ4，按下 SB2，KA1 线圈获电吸合，KA1 常开触头（16 区）闭合，KM3 线圈得电，KM3 主触头闭合，短接制动电阻 R，KM3 辅助常开触头（4-17）（23 区）闭合，KM1 线圈获电吸合，KM 主触头闭合，接通电源。KM1 的常开触头（3-13）（27 区）闭合，KM4 线圈获电吸合，KM4 主触头闭合，电动机 M1 接成△接正向启动。转速 1 460 r/min，低速运行。反转时只需按下 SB3，动作原理同上，所不同的是 KA2 和 KM3 获电吸合。

（3）主轴电动机 M1 的点动控制。按下正向点动按钮 SB4，接触器 KM1 线圈获电吸合，KM1 常开触头（2-13）闭合，接触器 KM4 吸合。这样，KM1 和 KM4 的主触头闭合，使电动机 M1 △接，并串电阻点动。同理，按下反向点动按钮，接触器 KM2 和 KM4 线圈吸合，M1 反向运转。

（4）主轴电动机的停车制动控制。主轴电动机的停车制动控制只能在电动机运转过程中实施。

假设电动机 M1 运转，当速度达到 120 r/min 以上时，速度继电器 KS2 常开触头（13-18）闭合，为停车制动作好准备。

若要 M1 停车，就接 SB1，则中间继电器 KA1 和接触器 KM3 断电释放，KM3 常开触头（4-17）（23 区）断开，KM1 线圈断电释放，KM1 常开触头（3-13）断开，KM4 线圈也断电释放，由于 KM1 和 KM4 主触头断开，电动机 M1 断电作惯性运转。紧接着 KM2 和 KM4 线圈吸合，KM2 和 KM4 主触头闭合电动机 M1 串电阻欠反接制动。当转速将至120 r/min 以上时，速度继电器 KS2 常开触头（13-18）断开，接触器 KM2 和 KM4 断电释放，停车反转制动结束。

如果电动机 M1 反转，当速度达到 120 r/min 以上时，速度继电器 KS1 常开触头闭合（13-14），为停车制动作好准备。

以上动作过程中，可布置相关思考作业（与正转制动相似）。

（5）主轴电动机 M1 的高、低速控制。若要使电动机 M1 作好低速运行，首先使变速行程开关 SQ7（11-12）处于断开位置（实际车床用变速手柄控制），电动机 M1 只能由 KM4 接成△接，低速运行。

如果需要电动机 M1 在高速段运行，首先应变速行程开关 SQ7（11-12）处于接通状态，然后反按正转启动按钮 SB2（或反转启动按钮 SB3），KA1 线圈（反转为 KA2 线圈）吸合，时间继电器 KT 和接触器 KM3 同时获电吸合。由于 KT 触头延时动作，KM4 线圈先获电吸合，电动机 M1 接成△接低速启动，经整定时间后，KT（13-20）断开，KM4 线圈断电释放，KT（13-22）闭合，KM5 线圈得电吸合，电动机接成 YY 接，以高速运行（空载转运为 2 880 r/min）。

（6）主轴变速及进给变速控制。在主轴工作过程中，欲要变速，可不必按停止按钮，可直接进行变速。设 M1 运行在正转状态，速度继电器 KS2（13-18）已经闭合，机床变速器操作时，主轴变速操纵盘的操作手柄拉出，与变速手柄有机械联系的行程开关 SQ3 断开（4-9），KM3、KM4 线圈先后断电释放，电动机 M1 断电，由于行程开关 SQ3 常闭触头（3-13）后恢复闭合，KM2 和 KM4 线圈获电吸合，电动机 M1 串接电阻欠反接制动。等速度继电器 KM2（13-18）断开，M1 停车，便可进行变速。变速后，将变速手柄推回原位，SQ3 重新压合，接触器 KM3、KM1 和 KM4 线圈获电吸合，电动机 M1 启动，主轴以选定的速度运转。

反转变速原理同上，只是速度继电器需将 KS1、KS2 换为 KM1 即可。进给变速的操作，控制与主轴相同，只是在进给变速时，拉出的操作手柄是进给变速操作手柄，与之相关的行程开关为 SQ4 进给变速冲动的行程开关是 SQ5。

（7）快速移动电动机 M2 的控制。快速移动的正、反向运动主要是通过 SQ8、SQ9 实现的。

（8）连锁保护。为了使工作台及镗床架的自动进给与主轴及花盘刀架的自动进给不能同时进行，用行程开关 SQ1 和 SQ2 进行连锁，保护机床安全。

10.4 机床 C650 的 PLC 电气控制实例

本章节内容是考虑读者在学习过 PLC 课程的前提下而设置的，PLC 电气设计过程中所牵涉到的设计软件如 STEP7-Micro/WIN 编程软件及其触摸屏 ProTool 软件等，这里不再介绍。

10.4.1 C650 卧式车床简述

卧式车床是一种应用极为广泛的金属切削加工机床，主要用来加工各种回转表面、螺纹和端面，并可通过尾架进行钻孔、铰孔和攻螺纹等切削加工。

卧式车床通常由一台电动机拖动，经由机械传动链，实现切削主运动和刀具进给运动的输出，其运动速度由变速齿轮箱通过手柄操作进行切换。刀具的快速移动、冷却泵和液压泵等通常采用单独的电动机驱动。不同型号的卧式车床，其主电动机的工作要求不同，因而其具有不同的控制线路。

C650 卧式车床属于中型加工类型的车床，可加工的最大工件回转直径为 1 020 mm，最大工件长度为 3 000 mm。

C650 卧式车床主要由床身、主轴、刀架、溜板箱和尾架等部分组成。该机床有两种主要运动；一种是安装在床身主轴箱中的主轴转动，称为主运动；另一种是溜板箱中的溜板带动刀架的直线运动，称为进给运动。刀具安装在刀架上，与滑板一起随溜板箱沿主轴轴线方向实现进给运动，主轴的转动与溜板箱的移动均由主电动机驱动。由于加工的工件比较大，加工时其转动惯量也比较大，需要停车时不易立即停止转动，因此必须有停车制动的功能，较好的停车制动是采用电气制动的方法。为了加工螺纹等工件，主轴需要正、反转，主轴的转速应随工件的材料、尺寸、工艺要求及刀具的种类不同而变化，所以要求在相当宽的范围内可进行速度调节。在加工过程中，还需提供切削液，并且为减轻工人的劳动强度和节省辅助的工作时间，而要求带动刀架移动的溜板能够快速移动。

10.4.2　C650 卧式车床的控制要求

C650 卧式车床的控制要求有以下几点：

（1）主要控制电器为三台电动机：主电动机、冷却泵电动机、快速移动电动机。三台电动机都要有短路保护措施。

（2）主电动机 M1 完成主轴运动和溜板箱进给运动的驱动，电动机采用降压启动的方式启动，可以正反两个方向旋转，并进行正反两个方向的反接制动。为加工调整方便，还应具备点动功能。

（3）电动机 M2 拖动冷却泵，在加工时提供冷却液，采用直接启动停止方式，并且为连续工作方式。

（4）主回路负载的电流大小能够监控，但要防止启动电流对电流表产生冲击。

（5）主电动机和冷却泵电动机采用热继电器进行过载保护。

（6）机床要有照明设施。

10.4.3　电气控制线路分析

卧式车床 C650 的继电接触器控制线路如图 10-10 所示。

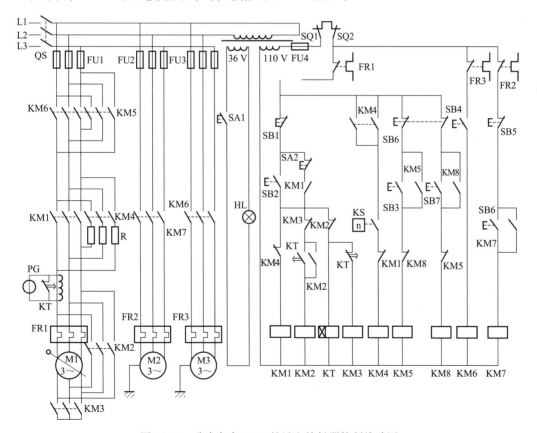

图 10-10　卧式车床 C650 的继电接触器控制线路图

10.4.4　主电路分析

刀开关将 380 V 的三相电源引入。电动机 M1 的电路接线分为以下五部分：

（1）由 KM8、KM5 两组主触点控制的正、反转。

（2）由 KM4 主触点实现反接制动，为防止反接时电路电流过大在其后串入一组电阻 $R \times 3$。

（3）由 KM1、KM2、KM3 三组主触点实现的星形—三角形降压启动。

（4）由电流表 PG 经电流互感器 BE 接在主电动机 M1 的主回路上，以监视电动机绕组变化时的电流变化。为防止启动时的电流对电流表冲击，采用时间继电器的延时动断触头在启动时将其短接。

（5）由速度继电器 KS 的速度检测部分与电动机的主轴同轴相连，在停车制动过程中，当主电动机转速低于 KS 的动作值时，其常开触点可将控制电路中的反接制动的相应电路切断，完成制动停车。

冷却泵电动机 M2 由接触器 KM7 控制其主电路的接通与断开，快速移动电动机 M3 由接触器 KM6 控制。为保证主电路的正常运行，主电路中还设置了熔断器的短路保护和热继电器的过载保护环节。

10.4.5　控制电路的分析

1. 主电动机 M1 降压启动

当按下启动按钮 SB2 时，接触器 KM1 得电自锁，接触器 KM3、时间继电器 KT 得电，KM3 常开触点闭合、常闭触点断开，此时电动机星形接入，延时继电器 KT 的常闭触点 KT 将电流表短接。延时继电器 KT 延时到设定值，常闭触点 KT 断开使 KM3 失电，KM3 各触点恢复初始状态，常开触点 KT 闭合使 KM2 得电自锁，此时电动机 M1 三角形接入，电流表 PG 接通，显示主电路电流变化。

2. 主电动机 M1 点动

按下转换开关 SA2，按启动按钮 SB2，继电器 KM1 不能自锁，即可实现点动。

3. 主电动机 M1 正、反转

按下按钮 SB3，继电器 KM5 得电并自锁，主电路中 KM5 常开触点闭合，两条主线调换，此时按下 SB1 就可实现主电动机 M1 反转。按下按钮 SB7，继电器 KM8 得电并自锁，主电路中 KM8 常开触点断开，两条主线调换，此时按下 SB1 就可实现主电动机 M1 正转。

4. 主电动机 M1 反接制动

按下按钮 SB1，接触器 KM1、KM2 失电，接触器 KM4 得电，常开触点 KM4 闭合，使主电动机 M1 定子串电阻反接，实现快速制动，当转速低于设定值 n 时，速度继电器常开触点恢复原状态断开，避免因停车引起反转。

5. 刀架的快速移动和冷却泵电动机的控制

按下按钮 SB4，接通接触器 KM6，常开触点 KM6 闭合，电动机 M3 得电，实现刀架快速移动，松开按钮 SB4 结束快速移动。按下启动按钮 SB6，接触器 KM7 得电自锁，常开触点 KM7 闭合，冷却泵工作，按下停止按钮 SB5，接触器 KM7 失电，冷却泵停止工作。

6. 照明灯控制

转换开关 SA1 控制照明灯 HL，且 HL 为 36 V 的安全照明电压。

7. 电气控制线路特点

（1）主轴与进给电动机 M1 有正、反转控制、点动控制和反接快速制动的控制功能，并设有监视电动机绕组工作电流变化的电流表和电流互感器。

（2）主电动机 M1 采用了星形—三角形降压启动的方法，能够进行刀架的快速移动。

10.5　普通车床 C650 的 PLC 设计

PLC 应用系统软件设计的主要内容就是编写 PLC 用户程序。设计步骤包括分析控制要求，确定控制方案、PLC 外部接线图、I/O 地址分配表、程序设计、系统调试等。

10.5.1　控制要求

控制要求有以下几点：

（1）主要控制电器为三台电动机：主电动机、冷却泵电动机、快速移动电动机。三台电动机都要有短路保护措施。

（2）主电动机 M1 完成主轴运动和溜板箱进给运动的驱动，电动机采用降压启动的方式启动，可以正反两个方向旋转，并进行正反两个方向的反接制动。为加工调整方便，还应具备点动功能。

（3）电动机 M2 拖动冷却泵，在加工时提供冷却液，采用直接启动停止方式，并且为连续工作方式。

（4）主回路负载的电流大小能够监控，但要防止启动电流对电流表产生冲击。

（5）主电动机和冷却泵电动机采用热继电器进行过载保护。

（6）机床要有照明设施。

10.5.2　方案说明

方案说明如下：

（1）主电动机 M1 采用星形—三角形降压启动，利用接触器和时间继电器完成，正反转选择、点动选择以及反接制动均采用接触器完成。冷却泵以及快速移动电动机的启动与停止均采用接触器完成。

（2）三个电动机主电路均为避免过载和短路而安装有热继电器和熔断器。

（3）为避免超行程引起事故，机床上安装保护装置行程开关。

（4）根据输入输出点数选择 PLC 类型。

（5）PLC 采用继电器输出型。

（6）PLC 自身配有 24 V 直流电源，外接负载时考虑其供电容量。

10.5.3　确定 I/O 数量

对于开关量控制的应用系统，当对控制要求不高时，选用小型 PLC（如西门子公司 S7-200系列 PLC 或 OMON 公司系列 CPM1A/CPM2A 型 PLC）就能满足要求，如对小型泵的顺序控制、单台机械的自动控制等。

对于以开关量控制为主，带有部分模拟量控制的应用系统，如对工业生产中常遇到的温度、压力、流量、液位等连续量的控制，应选用带有 A/D 转换的模拟量输入模块和带有 D/A 转换的模拟量输出模块，配接相应的传感器、变送器和驱动装置，并且选择运算功能较强的中小型 PLC，如西门子公司的 S7-300 系列 PLC 或 OMRON 公司的 COM/CQM1H 型 PLC。对于比较复杂的中大型控制系统，如闭环控制、PID 调节、通信联信网 4 等，可选用中大型 PLC（如西门子公司的 S7-400 系列 PLC 或 OMRON 公司的 C200HE/C200HG/C200HX、CV/CVM1 等PLC）。当系统的各个控制对象分布在不同的地域时，应根据各部分的具体要求来选择 PLC，以组成一个分布式的控制系统。

根据系统分析得输入点有 12 个，分别为 I0.0-I1.3；输出点有 8 个，分别为 Q0.0-Q0.7。I/O 点共 18 个，故选择 S7-200 系列（CPU-224）PLC。

10.5.4　控制系统 I/O 地址分配表

普通车床 C650 的 PLC 控制系统 I/O 地址分配见表 10-2。

表 10-2　普通车床 C650 的 PLC 控制系统 I/O 地址分配

控制信号	信号名称	元件名称	元件符号	地址编码
输入信号	电动机 M1 停止信号	常开按钮	SB1	I0.0
	电动机 M1 启动信号	常开按钮	SB2	I0.1
	电动机 M1 点动选择信号	常开按钮	SB7	I0.2
	电动机 M1 点动取消信号	常开按钮	SB8	I0.3
	停止信号	行程开关	SQ1	I0.4
	停止信号	行程开关	SQ2	I0.5
	电动机 M1 反转选择信号	常开按钮	SB3	I0.6
	快速移动信号	常开按钮	SB4	I0.7
	冷却泵开启信号	常开按钮	SB6	I1.0
	冷却泵关闭信号	常开按钮	SB5	I1.1
	电动机 M1 反转选择信号	常开按钮	SB9	I1.2
	电动机 M1 正反转选择取消信号	常开按钮	SB10	I1.3
输出信号	电动机 M1 星形驱动信号	接触器	KM1	Q0.0
	电动机 M1 三角形驱动信号	接触器	KM2	Q0.1
	电动机 M1 星形驱动信号	接触器	KM3	Q0.2
	电动机 M1 反接制动信号	接触器	KM4	Q0.3
	电动机 M1 正转驱动信号	接触器	KM8	Q0.7
	电动机 M1 反转驱动信号	接触器	KM5	Q0.4
	快速移动信号	接触器	KM6	Q0.5
	冷却泵驱动信号	接触器	KM7	Q0.6

10.5.5　控制电路设计

普通车床 C650 的 PLC 控制系统线路图如图 10-11 所示。

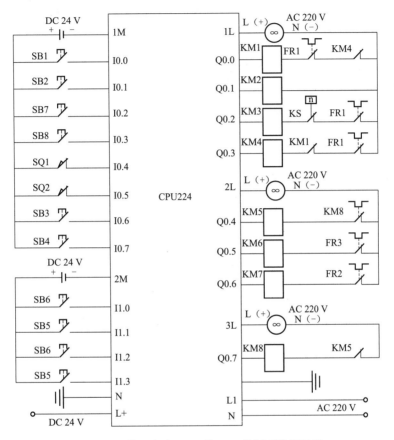

图 10-11　普通车床 C650 的 PLC 控制系统线路图

10.5.6　PLC 控制设计要素

　　PLC 控制设计中，首先除对 I/O 地址分配外，还要进行逻辑控制程序设计，在可编程控制程序中一般有多种语言，它们是梯形图语言、布尔助记符语言、功能表图语言、功能模块图语言及结构化语句描述语言等。梯形图语言和布尔助记符语言是基本程序设计语言，它通常由一系列指令组成，用这些指令可以完成大多数简单的控制功能。例如，代替继电器、计数器、计时器完成顺序控制和逻辑控制等，通过扩展或增强指令集，它们也能执行其他基本操作。梯形图程序设计语言是最常用的一种程序设计语言，其来源于继电器逻辑控制系统的描述。在工业过程控制领域，电气技术人员对继电器逻辑控制技术较为熟悉，因此，由这种逻辑控制技术发展而来的梯形图受到了欢迎，并得到了广泛的应用。梯形图由触点、线圈和应用指令等组成。触点代表逻辑输入条件。CPU 运行扫描到触点符号时，便转到触点位指定的存储器位访问（即 CPU 对存储器的读操作）。在用户程序中常开触点和常闭触点可以使用无数多次。线圈通常代表逻辑输出结果和输出标志位，当线圈左侧接点组成的逻辑运算结果为"1"时，"能流"可以到达线圈，使得线圈得电动作，则 CPU 将线圈的位地址指定的存储器的位置为"1"，逻辑运算结果为"0"时，线圈断电，存储器的位置为"0"。

1. 梯形图

STEP7-Micro/WIN32 软件是西门子 S7-200PLC 的开发工具，主要用于开发程序，也可用于实时监控用户程序的执行状态。用 STEP7-Micro/WIN32 软件编制的该控制系统的程序梯形图如图 10-12 所示。

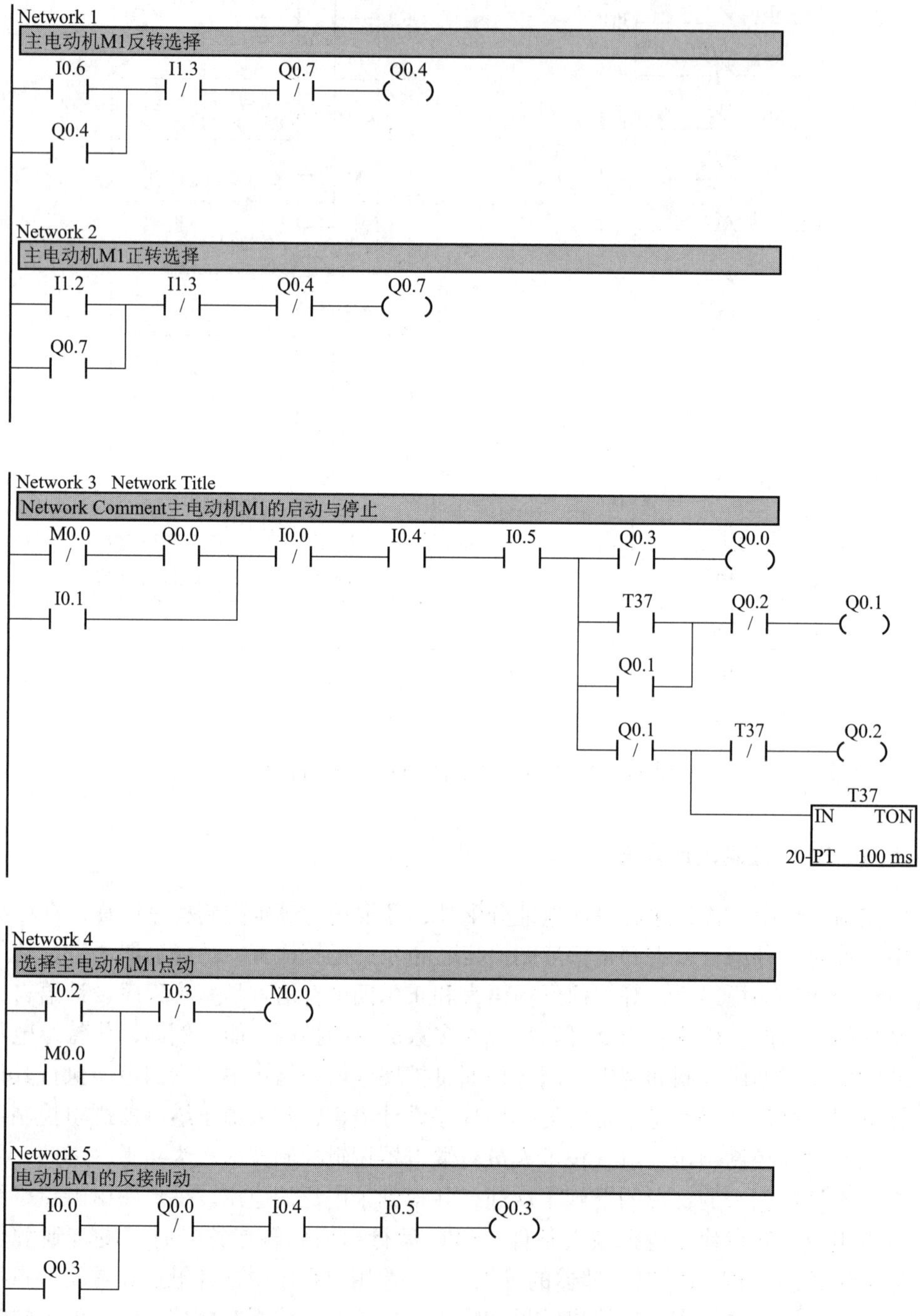

图 10-12　普通车床 C650 的 PLC 控制程序梯形图

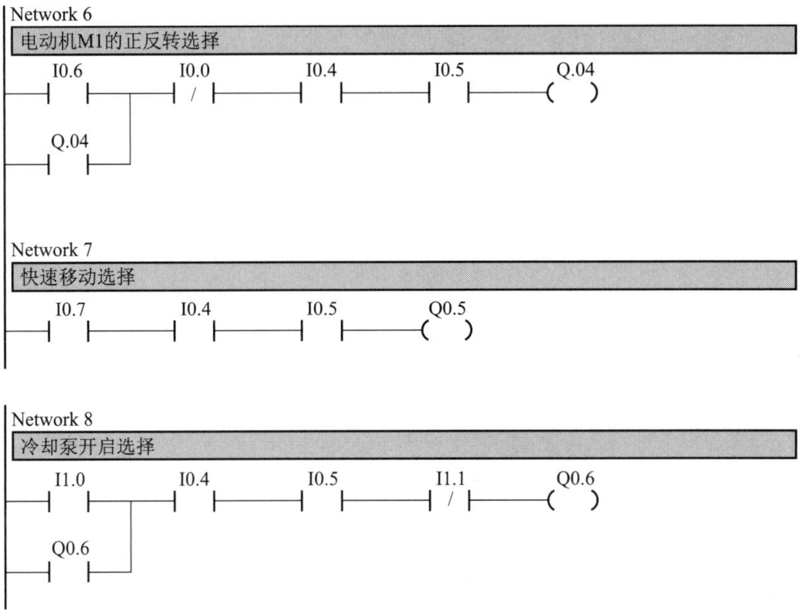

Network 6

电动机M1的正反转选择

```
  I0.6      I0.0      I0.4      I0.5      Q.04
──┤ ├──┬───┤/├──────┤ ├──────┤ ├──────( )──
  Q.04  │
──┤ ├───┘
```

Network 7

快速移动选择

```
  I0.7      I0.4      I0.5      Q0.5
──┤ ├──────┤ ├──────┤ ├──────( )──
```

Network 8

冷却泵开启选择

```
  I1.0      I0.4      I0.5      I1.1      Q0.6
──┤ ├──┬───┤ ├──────┤ ├──────┤/├──────( )──
  Q0.6 │
──┤ ├──┘
```

图 10-12　普通车床 C650 的 PLC 控制程序梯形图（续）

2. 控制程序语句表

指令表编程语言类似于计算机中的助记符汇编语言，它是可编程序控制器最基础的编程语言。所谓指令表编程，是用一个或几个容易记忆的字符来代表可编程序控制器的某种操作功能。语句表通常和梯形图配合使用，互为补充，将该控制系统的梯形图转化为语句表：

Network 1

// 主电动机 M1 反转选择

```
LD    I0.6
O     Q0.4
AN    I1.3
AN    Q0.7
=     Q0.4
```

Network 2

// 主电动机 M1 正转选择

```
LD    I1.2
O     Q0.7
AN    I1.3
AN    Q0.4
=     Q0.7
```

Network 3 // Network Title

// Network Comment 主电动机 M1 的启动与停止

```
LDN   M0.0
A     Q0.0
O     I0.1
AN    I0.0
```

```
A      I0.4
A      I0.5
LPS
AN     Q0.3
=      Q0.0
LRD
LD     T37
O      Q0.1
ALD
AN     Q0.2
=      Q0.1
LPP
AN     Q0.1
LPS
AN     T37
=      Q0.2
LPP
TON    T37, 20
Network 4
//选择主电动机 M1 点动
LD     I0.2
O      M0.0
AN     I0.3
=      M0.0
Network 5
//电动机 M1 的反接制动
LD     I0.0
O      Q0.3
AN     Q0.0
A      I0.4
A      I0.5
=      Q0.3
Network 6
//电动机 M1 的正反转选择
LD     I0.6
O      Q0.4
AN     I0.0
A      I0.4
A      I0.5
=      Q0.4
Network 7
//快速移动选择
LD     I0.7
```

```
A       I0. 4
A       I0. 5
=       Q0. 5
Network 8
//冷却泵开启选择
LD      I1. 0
O       Q0. 6
A       I0. 4
A       I0. 5
AN      I1. 1
=       Q0. 6
```

3. 硬件系统设计选择

在调试前我们需要对线路进行检查，按照接线图检查电源线和接地线是否可靠，主线路和控制线路连接是否正确，绝缘是否良好，各开关是否处于"0"位，插头和各插接件是否全部插紧；检查工作台等部件的位置是否合适，防止通电时发生失误。在检查完各部分正确无误后，便可接上设备的工作电源，开始通电调试了。

（1）设计选材

①控制回路所使用的电线应选用专用控制线，不要用民用照明线代替。

②电控箱应选用有国家有关认证（如 3C 认证，9000 认证等）。

③像 PLC、接触器、热继电器等这类元件要选合格的优质产品。

（2）元件固定

制作中的第一步就是开孔、固定元件，这一步看似简单，但会影响到后面的布线等工作。不会出错的方法是按规范做。

①基本要求：本案例中的所有非操作元件（PLC、电源、空气开关及小保险等）均要固定在电控箱内的安装板上，操作元件则固定在操作面板上。

②元件摆放位置：有电气基础的初学者可参照案例中的布置图摆设，也可根据相关的电气规范及实际情况自行摆放制作。

（3）电气接线

电气接线中的控制系统接线往往让一些初学者感到头疼，这是有技巧的。

首先，看图接线最简单、最快。其次，把控制系统的功能问题交与设计绘图及软件编辑，不要在接线过程中考虑，这样既便于查找错误（在图纸上或软件中就能发现错误）又提高了工作效率。

现在的电气原理图多半是采用一个回路一个线号的办法，只要将同一线号的线都接通并引到相关的元件接线柱上就行了。当然，实际制作时还要考虑线的走向，规范、美观等。

对于复杂的电气系统，最好绘制接线图，这样会更方便电气系统的接线制作。以下简述接线过程中应注意的事项：

①所有标识要齐全，便于查线、调试及维护等工作。

②线号标示要统一。使用同一种线码，读的方向指向同一个方向（一般是指向线耳方向）。

③控制线最好是不同电源及电压等级的，使用不同的颜色（规范中有相关规定），以便区别。

4. 硬件检查

合上实验台上供电的电源开关，用万用表测量系统总电源开关进线端的电压，看一看电压是否正常，有无断相或三相电压特别是不平衡的现象。如果一切正常，便可合上总电源开关 SB1，并用万用表测量电源能提供到的各支路终端的电压是否正常，有无断相。

用万用表测量各硬件的接线情况，看是否有短接、断接和虚连的情况，并与电路控制原理图一一对照，看是否有无接错的地方。各部分都正确无误的情况下进行软硬件联调。

5. 设计系统综合调试

（1）对电气硬件部分进行检查和调试

①通过目测、万用表测量等方式确定电气接线准确无误。

②局部通电：按照被驱动元件设备（如电磁阀、打孔电动机）的工作电源类型及电压等级，在保证不影响其他元件设备的前提下，用短接线的方法将相应的电源及电压（与被驱动元件相同的电源及电压）引到被驱动元件前，并用带电的短接线点击被驱动元件的接线柱，检查被驱动元件的动作情况是否正常。

（2）机械部分调试

机械部分调试一般由工艺人员或机械工程师等进行。确定所有被控部件（气阀、气缸、机械传动件等）动作均正常，无卡住等异常现象。

（3）软件程序调试

先单独对 PLC 的用户程序进行调试。在 PLC 未接入控制系统的情况下按其电源要求、输入端的电压要求进行通电，用短接线的方法模拟规程人员的操作，检查软件（用户程序）是否正确、是否完全能按照工艺及工序的要求进行工作，同时还应进行可能的误操作调试。这一步做得好会使整机调试变得简单。

（4）整机测试调机

在上述电气、机械及软件调试完成后，将所有的设备接线等恢复到正常的工作位（不再使用不当短接线等，操作就用操作元件——按钮、选择开关等），再次确定接线及制作安装准确无误后，开始对整机通电，按整机的工艺及工序要求进行调试。

为了保证安全只好先在实验台上分步模拟，观察各步的动作都正确无误后，按照 PLC 控制系统接线图在实验台上整体模拟，输出部分（接触器、电动机、快速移动刀架）用实验台上的指示灯代替，观察输出端点指示灯在一个工作循环里的状态变化，并与工艺过程对照。在对照前由于忘记对 PLC 进行复位，虽然程序正确但没达到控制效果，所以在调试前应先进行复位操作。

在实验台上整体模拟无误后，将检查完毕的硬件连接电路（各电动机连接的电路）与 PLC 连接在一起，分别观察各电动机的工作状态，分步运行无误后，将所有的电动机按照 PLC 接线图连接在一起，分别观察各个电动机的运行状态，并与工艺过程比较，看是否能发现什么问题。

初学者如不能动手调试，不仿看看具体的 PLC 的离线调试方法步骤。

【小结与拓展】

1. 机电传动控制电路系统一般分成两大部分。一部分是主电路，由电动机和接通、断开、控制电动机的接触器主触点等电器元件组成，一般主电路的电流较大；另一部分是控制电路，由接触器线圈—继电器等电器元件组成，它的任务是根据给定的指令，依照自动控制系统的规律和具体的工艺要求对主电路系统进行控制，控制电路的电流较小。不同的设备具有不同的控制回路，而且高压电气设备与低压电气设备的控制方式也不相同。主电路和控制电路对电器元件的要求不同。

2. 常用控制线路的基本回路由以下几部分组成。

（1）电源供电回路：供电回路的供电电源有交流 380 V、220 V 和直流 24 V 等多种。

（2）保护回路：保护（辅助）回路的工作电源有单相交流与直流等多种，对电气设备和线路进行短路、过载和失压等各种保护。

（3）信号回路：能及时反映或显示设备和线路正常与非正常工作状态信息的回路，如不同颜色的信号灯、不同声响的音响设备等。

（4）自动与手动回路：电气设备为了提高工作效率，一般都设有自动环节，但在安装、调试及紧急事故的处理中，控制线路中还需要设置手动环节，用于调试。

（5）制动停车回路：切断电路的供电电源，并采取某些制动措施，使电动机迅速停车的控制环节，如能耗制动、电源反接制动、倒拉反接制动和再生发电制动等。

（6）自锁及闭锁回路：启动按钮松开后，线路保持通电，电气设备能继续工作的电气环节叫自锁环节，如接触器的动合触点串联在线圈电路中。

（7）闭锁环节线路：是指两台或两台以上的电气装置和组件，为了保证设备运行的安全与可靠，只能一台通电启动，另一台不能通电启动的保护线路环节。

3. 在 PLC 出现以前，大多数电气自动化控制的控制系统都是由继电器控制来实现的，这种自动化系统在自动化控制领域主导了相当长的一段时间，这种硬件自动化系统使得所生产产品每一次改型都需重新设计和安装继电器自动控制装置。随着生产的发展，各种产品更新的周期越来越短，这样，就需要经常地重新设计和安装继电器自动控制装置，十分费事，为此我们有必要掌握先进的控制方法，如 PLC、单片机、变频器等控制技术。

4. 从逻辑角度看可以把 PLC 想象成不含操作（按钮、选择开关等）元件和动力元件（如接触器、热继电器等）的、缩小了的电气控制箱环节，其内部控制功能是由软件来完成的。对逻辑控制而言，PLC 的用户软件就相当于继电器组成的逻辑控制电路，它代替了传统的中间继电器、时间继电器、记数器等电气元件，而且有多种多样的软件编辑方法。

5. 过程控制的角度看又可以把 PLC 想象成一块可通过编程改变其功能的智能仪表，只不过其内部控制功能是由 PLC 应用软件来完成的，它取代了仪表内部的各种电子元件及单片机软件等，同样有多种多样的软件编辑方法。

【思考与习题】

10-1 设备电气控制图的设计阅读方法有哪些？

10-2 简述 PLC 系统设计以及程序调试的一般方法。

10-3 试用 PLC 实现三相异步电动机的反接制动控制。

10-4 试用 PLC 实现三相异步电动机的正反转及其 Y—Δ 降压启动。

10-5 试用 PLC 与变频器联合控制实现三相异步电动机逐级切除电阻启动。

10-6 从专业资料中找到并读懂 X62W 万能铣床电气控制图，在此基础上利用 PLC 进行改装设计。控制要求为：

主轴两地控制，连续正转；快速移动点动，两地控制；主轴或快速移动启动后，才能开始进给运动等。

10-7 专业资料中找到并读懂 Z3050 摇臂钻床电气控制图，在此基础上利用 PLC 进行改装设计。具体要求为：

主电路保持原样不变，控制电路中门控、电源指示及照明电路部分保持原电路不变。主轴电动机工作指示灯改用交流 110 V 额定电压。

10-8 某生产线要求以小车执行以下控制：初始状态下，小车停在行程开关 ST1 的位置，且行程开关 ST1 被压合。第一次按下按钮 SB1 后，小车前进至行程开关 ST2 处停止，5 min 后退回行程开关 ST1 处停止；第二次按下 SB1 后，小车前进到行程开关 ST3 处停止，8 min 后退回到行程开关 ST1 处停止；第三次按下 SB1 后，小车前进到行程开关 ST4 处停止，10 min 后退回至行程开关 ST1 处停止；第四次按下按钮 SB1 后，小车前进到行程开关 ST5 处停止，6 min 后退回到行程开关 ST1 处停止；再按下按钮 SB1，重复以上过程。生产流水线小车运动示意图如题图 10-8 所示。试利用 PLC 实现该小车的功能要求。

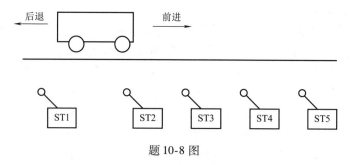

题 10-8 图

备注：以上 10-6 ~ 10-8 三题不适合课堂作业，可作为课程设计参考题型。

参 考 文 献

[1] 邓星钟. 机电传动控制 [M]. 武汉：华中科技大学出版社，2001.

[2] 张发军. 机电一体化系统设计 [M]. 武汉：华中科技大学出版社，2013.

[3] 张忠夫. 机电传动与控制 [M]. 北京：机械工业出版社，2001.

[4] 王仁祥. 常用低压电器原理及其控制技术 [M]. 北京：机械工业出版社，2001.

[5] 刘子林. 电动机与电气控制 [M]. 北京：电子工业出版社，2003.

[6] 李益民. 电动机与电气控制技术 [M]. 北京：高等教育出版社，2006.

[7] 李忠文. 实用电动机控制电路维修技术 [M]. 北京：化学工业出版社，2004.

[8] 姚永刚. 机电传动与控制技术 [M]. 北京：中国轻工业出版社，2005.

[9] 孟宪芳. 电动机及拖动基础 [M]. 西安：西安电子科技大学出版社，2006.

[10] 孙平. 可编程控制器原理及应用 [M]. 北京：高等教育出版社，2002.